최신판
2022

길잡이
건축기사
실기 문제

김우식 · 이중호 · 유민수

최근 건축기사 실기시험은 출제범위도 광범위하고 현장실무와 관련된 문제들과 함께 신규문제도 자주 출제되고 있다.

건축기사를 준비하는 수험생들이 '오로지 내용적인 부분만 학습하는 것이 합격에 도움이 되는가' 라는 고민을 해소할 수 있도록 단기간에 올바른 공부방향을 세우는 데 초점을 두고 본서를 출간하게 되었다.

이에 본서는 기존의 기출문제를 완벽하게 학습함으로써, 열악한 환경과 모자라는 시간 속에서 건축기사를 준비하는 모든 수험생들이 단기간에 가장 효과적인 학습이 되도록 본서를 다음과 같이 구성하였다.

▌본서의 **특징**

첫째, 2007년부터 지금까지의 기출문제를 제시하여 출제경향을 파악할 수 있도록 함으로써 짧은 시간에 효율적인 학습이 가능하도록 하였다.

둘째, 수험생이 직접 답을 작성할 수 있도록 책을 구성함으로써 경험을 축적하어 실전에 완벽하게 적응하고 시험장에서 바로 문제의 답을 연상할 수 있도록 하였다.

셋째, 모의고사 5회를 첨가함으로써 기출문제를 학습한 후 한 번 더 자기 테스트를 할 수 있도록 하고, 마지막 시험 전 부족한 부분을 확인하여 실전에 임하도록 하였다.

앞으로도 꾸준히 노력하여 건축기사 수험생들의 가장 좋은 길잡이로서 부족함이 없게 본서를 다듬어 나갈 것을 약속드리며 모두에게 합격의 영광이 있기를 바란다.

끝으로 이 책이 나오기까지 힘써주신 도서출판 예문사 정용수 사장님과 편집부 직원들에게 감사드리며, 본서가 출간되도록 허락하신 하나님께 영광을 돌린다.

저 자

▌응시자격기준

건축기사	산업기사
1. 산업기사 등급 이상의 자격을 취득한 후 응시하고자 하는 종목이 속하는 동일직무분야에서 1년 이상 실무에 종사한 자	1. 기능사 등급 이상의 자격을 취득한 후 응시하고자 하는 종목이 속하는 동일직무분야에 1년 이상 실무에 종사한 자
2. 기능사자격을 취득한 후 응시하고자 하는 종목이 속하는 동일직무분야에서 3년 이상 실무에 종사한 자	2. 응시하고자 하는 종목이 속하는 동일직무분야의 다른 종목의 산업기사 등급 이상의 자격을 취득한 자
3. 응시하고자 하는 종목과 응시하고자 하는 종목이 속하는 동일직무분야의 다른 종목의 기사 등급 이상의 자격을 취득한 자	3. 관련학과의 2년제 또는 3년제 전문대학졸업자 등 또는 그 졸업예정자
4. 관련학과의 대학졸업자등 또는 그 졸업예정자	4. 대학졸업자등 또는 그 졸업예정자
5. 대학졸업자등으로서 졸업 후 응시하고자 하는 종목이 속하는 동일직무분야에서 2년 이상 실무에 종사한 자	5. 3년제 전문대학졸업자등으로서 졸업 후 응시하고자 하는 종목이 속하는 동일직무분야에서 6월 이상 실무에 종사한 자
6. 3년제 전문대학졸업자등으로서 졸업 후 응시하고자 하는 종목이 속하는 동일직무분야에서 2년 6월 이상 실무에 종사한 자(다만, 관련학과의 3년제 전문대학 졸업자등은 1년 이상 실무에 종사하면 됨)	6. 2년제 전문대학졸업자등으로서 졸업 후 응시하고자 하는 종목이 속하는 동일직무분야에서 1년 이상 실무에 종사한 자
7. 2년제 전문대학졸업자등으로서 졸업 후 응시하고자 하는 종목이 속하는 동일직무분야에서 3년 이상 실무에 종사한 자(다만, 관련학과의 2년제 전문대학졸업자등은 2년 이상 실무에 종사하면 됨)	7. 산업기사 수준의 기술훈련과정 이수자 또는 그 이수예정자
8. 기사 수준의 기술훈련과정 이수자 또는 그 이수예정자	8. 응시하고자 하는 종목이 속하는 동일직무분야에서 2년 이상 실무에 종사한 자
9. 산업기사 수준의 기술훈련과정 이수자로서 이수 후 응시하고자 하는 종목이 속하는 동일직무분야에서 2년 이상 실무에 종사한 자	9. 노동부령이 정하는 기능경기대회 입상자
10. 응시하고자 하는 종목이 속하는 동일직무분야에서 4년 이상 실무에 종사한 자	10. 외국에서 동일한 종목에 해당하는 자격을 취득한 자
11. 외국에서 동일한 종목에 해당하는 자격을 취득한 자	

▌합격기준

유형	출제문항수	소요시간	기준
주관식	20~30항	3시간	평균 60점 이상

출제기준

적용기간 : 2020.1.1~2024.12.31

실기과목명	주요항목	세부항목	
건축시공실무	1. 해당 공사 분석	1. 계약사항 파악하기	2. 공사내용 분석하기
		3. 유사공사 관련자료 분석하기	
	2. 공정표작성	1. 공종별 세부공정관리계획서 작성하기	
		2. 세부공정내용 파악하기	
		3. 요소작업(Activity)별 산출내역서 작성하기	
		4. 요소작업(Activity) 소요공기 산정하기	
		5. 작업순서관계 표시하기	
		6. 공정표 작성하기	
	3. 진도관리	1. 투입계획 검토하기	2. 자원관리 실시하기
		3. 진도관리계획 수립하기	4. 진도율 모니터링하기
		5. 진도 관리하기	6. 보고서 작성하기
	4. 품질관리 자료관리	1. 품질관리 관련자료 파악하기	
		2. 해당공사 품질관리 관련자료 작성하기	
	5. 자재 품질관리	1. 시공기자재보관계획 수립하기	
		2. 시공기자재 검사하기	
		3. 검사·측정시험장비 관리하기	
	6. 현장환경점검	1. 환경점검계획 수립하기	2. 환경점검표 작성하기
		3. 점검실시 및 조치하기	
	7. 현장착공관리 (6수준)	1. 현장사무실 개설하기	2. 공동도급 관리하기
		3. 착공관련 인·허가법규 검토하기	
		4. 보고서작성/신고하기	
		5. 착공계(변경) 제출하기	
	8. 계약관리	1. 계약관리하기	2. 실정보고하기
		3. 설계변경하기	
	9. 현장자원관리	1. 노무관리하기	2. 자재관리하기
		3. 장비관리하기	
	10. 하도급관리	1. 발주하기	2. 하도급업체 선정하기
		3. 계약/발주처 신고하기	4. 하도급업체계약 변경하기
	11. 현장준공관리	1. 예비준공 검사하기	2. 준공하기
		3. 사업종료 보고하기	
		4. 현장사무실철거 및 원상복구하기	
		5. 시설물인수·인계하기	

실기과목명	주요항목	세부항목	
12. 프로젝트파악	1. 건축물의 용도 파악하기		
13. 자료조사	1. 사례조사하기	2. 관련도서 검토하기	
	3. 지중주변환경 조사하기		
14. 하중검토	1. 수직하중 검토하기	2. 수평하중 검토하기	
	3. 하중조합 검토하기		
15. 도서작성	1. 도면작성하기		
16. 구조계획	1. 부재단면 가정하기		
17. 구조시스템계획	1. 구조형식 사례 검토하기	2. 구조시스템 검토하기	
	3. 구조형식 결정하기		
18. 철근콘크리트 부재	1. 철근콘크리트 구조 부재 설계하기		
19. 강구조 부재설계	1. 강구조 부재 설계하기		
20. 건축목공시공계획 수립	1. 설계도면 검토하기	2. 공정표 작성하기	
	3. 인원투입 계획하기	4. 자재장비투입 계획하기	
21. 검사하자보수	1. 시공결과 확인하기	2. 재작업 검토하기	
	3. 하자원인 파악하기	4. 하자보수 계획하기	
	5. 보수보강하기		
22. 조적미장공사시공 계획수립	1. 설계도서 검토하기	2. 공정관리 계획하기	
	3. 품질관리 계획하기	4. 안전관리 계획하기	
	5. 환경관리 계획하기		
23. 방수시공계획수립	1. 설계도서 검토하기	2. 내역검토하기	
	3. 가설계획하기	4. 공정관리 계획하기	
	5. 작업인원투입 계획하기	6. 자재투입 계획하기	
	7. 품질관리 계획하기	8. 안전관리 계획하기	
	9. 환경관리 계획하기		
24. 방수검사	1. 외관검사하기	2. 누수검사하기	
	3. 검사부위손보기		
25. 타일석공시공계획 수립	1. 설계도서 검토하기	2. 현장실측하기	
	3. 시공상세도 작성하기	4. 시공방법절차 검토하기	
	5. 시공물량산출하기	6. 작업인원자재투입 계획하기	
	7. 안전관리 계획하기		
26. 검사보수	1. 품질기준 확인하기	2. 시공품질 확인하기	
	3. 보수하기		

실기과목명	주요항목	세부항목	
27. 건축도장시공계획 수립		1. 내역검토하기	2. 설계도서 검토하기
		3. 공정표 작성하기	4. 인원투입 계획하기
		5. 자재투입 계획하기	6. 장비투입 계획하기
		7. 품질관리 계획하기	8. 안전관리 계획하기
		9. 환경관리 계획하기	
28. 건축도장시공검사		1. 도장면의 상태 확인하기	2. 도장면의 색상 확인하기
		3. 도막두께 확인하기	
29. 철근콘크리트시공 계획수립		1. 설계도서 검토하기	2. 내역검토하기
		3. 공정표 작성하기	4. 시공계획서 작성하기
		5. 품질관리 계획하기	6. 안전관리 계획하기
		7. 환경관리 계획하기	
30. 시공 전 준비		1. 시공상세도 작성하기	2. 거푸집 설치 계획하기
		3. 철근가공 조립 계획하기	4. 콘크리트 타설 계획하기
31. 자재관리		1. 거푸집 반입·보관하기	2. 철근 반입·보관하기
		3. 콘크리트 반입검사하기	
32. 철근가공조립검사		1. 철근절단 가공하기	2. 철근조립하기
		3. 철근조립 검사하기	
33. 콘크리트양생 후 검사보수		1. 표면상태 확인하기	2. 균열상태 검사하기
		3. 콘크리트 보수하기	
34. 창호시공계획수립		1. 사전조사 실측하기	2. 협의조정하기
		3. 안전관리 계획하기	4. 환경관리 계획하기
		5. 시공순서 계획하기	
35. 공통가설계획수립		1. 가설측량하기	2. 가설건축물 시공하기
		3. 가설동력 및 용수확보하기	4. 가설양중시설 설치하기
		5. 가설환경시설 설치하기	
36. 비계시공계획수립		1. 설계도서작성 검토하기	2. 지반상태확인 보강하기
		3. 공정계획 작성하기	4. 안전품질환경관리 계획하기
		5. 비계구조 검토하기	
37. 비계검사점검		1. 받침철물기자재설치 검사하기	
		2. 가설기자재조립결속상태 검사하기	
		3. 작업발판안전시설재설치 검사하기	

실기과목명	주요항목	세부항목	
	38. 거푸집동바리시공 계획수립	1. 설계도서작성 검토하기 2. 공정계획 작성하기 3. 안전품질환경관리 계획하기 4. 거푸집동바리구조 검토하기	
	39. 거푸집동바리검사 점검	1. 동바리설치 검사하기 3. 타설전중점검 보정하기	2. 거푸집설치 검사하기
	40. 가설안전시설물설치 점검해체	1. 가설통로설치점검해체하기 2. 안전난간설치점검해체하기 3. 방호선반설치점검해체하기 4. 안전방망설치점검해체하기 5. 낙하물방지망설치점검해체하기 6. 수직보호망설치점검해체하기 7. 안전시설물해체점검정리하기	
	41. 수장시공계획수립	1. 현장조사하기 3. 공정관리 계획하기 5. 안전환경관리 계획하기	2. 설계도서 검토하기 4. 품질관리 계획하기 6. 자재인력장비투입 계획하기
	42. 검사마무리	1. 도배지 검사하기 3. 보수하기	2. 바닥재 검사하기
	43. 공정관리계획수립	1. 공법 검토하기 3. 공정표 작성하기	2. 공정관리 계획하기
	44. 단열시공계획수립	1. 자재투입양중 계획하기 3. 품질관리 계획하기	2. 인원투입 계획하기 4. 안전환경관리 계획하기
	45. 검사	1. 육안검사하기 3. 화학적 검사하기	2. 물리적 검사하기
	46. 지붕시공계획수립	1. 설계도서 확인하기 3. 공정관리 계획하기 5. 안전관리 계획하기	2. 공사여건 분석하기 4. 품질관리 계획하기 6. 환경관리 계획하기
	47. 부재제작	1. 재료관리하기 3. 방청도장하기	2. 공장제작하기
	48. 부재설치	1. 조립준비하기 3. 조립검사하기	2. 가조립하기
	49. 용접접합	1. 용접준비하기 3. 용접 후 검사하기	2. 용접하기

실기과목명	주요항목	세부항목	
	50. 볼트접합	1. 재료검사하기 3. 체결하기	2. 접합면관리하기 4. 조임검사하기
	51. 도장	1. 표면처리하기 3. 검사보수하기	2. 내화도장하기
	52. 내화피복	1. 재료공법 선정하기 3. 검사보수하기	2. 내화피복 시공하기
	53. 공사준비	1. 설계도서 검토하기 3. 품질관리 검토하기	2. 공작도 작성하기 4. 공정관리 검토하기
	54. 준공 관리	1. 기성검사 준비하기 3. 준공검사하기	2. 준공도서 작성하기 4. 인수 · 인계하기

시험정보

▌수험자 유의사항

1. 시험문제지를 받는 즉시 응시하고자 하는 종목의 문제지가 맞는지 여부를 확인하여야 합니다.

2. 시험문제지 총면수·문제번호 순서·인쇄상태 등을 확인하고, 수험번호 및 설명을 답안지에 기재하여야 합니다.

3. 부정행위 방지를 위하여 답안작성(계산식 포함)은 흑색 또는 청색 필기구만 사용하되, 동일한 한 가지 색의 필기구만 사용하여야 하며, 흑색, 청색을 제외한 유색 필기구 또는 연필류를 사용하거나 2가지 이상의 색을 혼합 사용하였을 경우 그 문항은 0점 처리됩니다.

4. 답란에는 문제와 관련 없는 불필요한 낙서나 특이한 기록사항 등을 기재하여서는 안 되며, 부정의 목적으로 특이한 표식을 하였다고 판단될 경우에는 모든 득점이 0점 처리됩니다.

5. 답안을 정정할 때에는 반드시 정정부분을 두 줄로 그어 표시하여야 하며, 두 줄로 긋지 않은 답안은 정정하지 않은 것으로 간주합니다.

6. 계산문제는 반드시 「계산과정」과 「답」란에 계산과정과 답을 정확히 기재하여야 하며 계산과정이 틀리거나 없는 경우 0점 처리됩니다.(단, 계산연습이 필요한 경우는 연습란을 이용하여야 하며, 연습란은 채점대상이 아닙니다.)

7. 계산문제는 최종 결과 값(답)에서 소수 셋째 자리에서 반올림하여 둘째 자리까지 구하여야 하나 개별문제에서 소수 서리에 대한 요구사항이 있을 경우 ⊥ 요구사항에 따라야 합니다. (단, 문제의 특수한 성격에 따라 점수로 표기하는 문제도 있으며, 반올림한 값이 0이 되는 경우는 첫 유효숫자까지 기재하되 반올림하여 기재하여야 합니다.)

8. 답에 단위가 없으면 오답으로 처리됩니다.(단, 문제의 요구사항에 단위가 주어졌을 경우는 생략되어도 무방합니다.)

9. 문제에서 요구한 가지 수(항수) 이상을 답란에 표기한 경우에는 답란기재 순으로 요구한 가지 수(항수)만 채점하여 한 항에 여러 가지를 기재하더라도 한 가지로 보며 그중 정답과 오답이 함께 기재되어 있을 경우 오답으로 처리됩니다.

10. 한 문제에서 소문제로 파생되는 문제나, 가지 수를 요구하는 문제는 대부분의 경우 부분배점을 적용합니다.

11. 부정 또는 불공정한 방법으로 시험을 치른 자는 부정행위자로 처리되어 당해 시험을 중지 또는 무효로 하고, 3년간 국가기술자격시험의 응시자격이 정지됩니다.

12. 복합형 시험의 경우 시험의 전 과정(필답형, 작업형)을 응시하지 않은 경우 채점대상에서 제외됩니다.

13. 저장용량이 큰 전자계산기 및 유사 전자제품 사용 시에는 반드시 저장된 메모리를 초기화한 후 사용하여야 하며 시험 위원이 초기화 여부를 확인할 시 협조하여야 합니다. 초기화되지 않은 전자계산기 및 유사 전자제품을 사용하여 적발 시에는 부정행위로 간주합니다.

14. 시험위원이 시험 중 신분확인을 위하여 신분증과 수험표를 요구할 경우 반드시 제시하여야 합니다.

15. 시험 중에는 통신기기 및 전자기기(휴대용 전화기 등)를 지참하거나 사용할 수 없습니다.

16. 문제 및 답안(지), 채점기준은 일체 공개하지 않습니다.

▍ 답안작성 시 유의사항

❶ 시험문제지의 이상유무(문제지, 총면수, 문제번호순서, 인쇄상태 등)를 확인한 후 답안을 작성하여야 한다.

❷ 인적사항(수검번호, 성명 등)은 매 장마다 반드시 흑색필기구(연필류 제외)로 기재하여야 한다.

❸ 답안은 연필류를 제외한 흑색필기구로 작성하여야 하며, 기타의 필기구를 사용한 답항은 0점 처리된다.

❹ 계산기를 사용 시 커버를 제거하고 특정 공식이나 수식이 입력되는 계산기는 사전에 반드시 감독위원의 검사(입력소멸)를 받고 사용하여야 한다.

❺ 답안 내용은 간단명료하게 작성하여야 하며, 문제 및 답안지에 불필요한 낙서나 특이한 기록사항 등 부정의 목적이 있었다고 판단될 경우에는 모든 득점이 0점으로 처리된다.(단, 계산연습이 필요한 경우 는 주어진 계산연습란에 한함)

❻ 계산문제는 답란에 반드시 계산과정과 답을 기재하여야 하며 계산식이 없는 답은 0점 처리된다.

❼ 계산과정에서 소수가 발생되면 문제의 요구사항에 따르고 명시가 없으면 소수점 이하 셋째 자리에서 반올림하여 둘째 자리까지만 구하여 답하여야 한다.

❽ 문제의 요구사항에서 단위가 주어졌을 경우에는 계산식 및 답에서 생략되어도 되나, 기타의 경우 계산식 및 답란에 단위를 기재하지 않을 경우에는 틀린 답으로 처리된다.

❾ 문제에서 요구한 가지수(항수) 이상을 답란에 표기한 경우에는 답란 기재순으로 요구한 가지수(항수) 만 채점한다.

❿ 건축적산 문제의 풀이는 건교부 제정 건축적산 기준에 의거 산출하고 동 적산 기준에 명시되지 않은 사항은 학계나 실무에서 일반적으로 통용되는 방법으로 풀이하되 정확한 물량을 산출하는 것을 원칙으로 한다.

▌과목별 답안작성 요령

시 공	1. 최근 신규문제가 평균 2문제 이상 출제되고 있다. 따라서 애매한 문제가 나오더라도 부분점수가 있으므로 포기하지 말고 기억을 되살려 최대한 적어주는 것이 좋다. 2. 공단에서는 문제에서 요구한 가지수(항수) 이상을 답안에 표기한 경우에는 답안 기재순으로 요구한 가지수(항수)만 채점한다. 따라서 확실한 답은 한 개씩 우선적으로 기재하고 자신이 없는 것들은 묶어서 ○○와 ××식으로 기재한다. 3. 서술형 문제와 단답형 문제 중, 특히 서술형 문제는 집중적으로 학습하되 Key-word 중심으로 암기한다.
공 정	1. 공정은 수험자 입장에서 절대적으로 맞추어야 하는 실수가 용납되지 않는 과목이므로 주의하여야 한다. 2. 문제의 요구사항이 ① PERT 기법인지, CPM 기법인지 ② 표준네트워크인지, 단축된 네트워크인지 ③ 총공사비 산출인지, 추가공사비 산출인지 등을 반드시 확인해야 한다. 또한 비고란도 주의깊게 읽어본다. 3. 감점이 되지 않으려면 CP는 반드시 굵은 선으로 표시하고 Event time과 Event number 등을 기입하여야 한다.
적 산	1. 계산근거를 답안지에 반드시 기입하여야 하며 최종결과 값에는 항상 단위를 기입한다. 2. 계산과정을 계산기에 입력한 후 = 버튼을 누르기 전에 다시 한 번 계산기 화면을 보고 정확하게 입력이 되었는지 검토하는 것이 시간을 절약하는 길이다. 3. 최근에는 기존의 과년도 문제에서 약간씩 변형시켜 출제하는 것이 일반적이므로 도면을 구석구석 검토할 필요가 있다.
품 질	1. 오답처리 되지 않기 위해서는 수량산출근거를 반드시 기재하여야 하며 단위를 붙였는지 확인하여야 한다. 2. 계산기 사용 시 원둘레율 π는 유효숫자 3자리 3.14로 입력하여야 한다.
구조	1. 우선 정확한 개념을 파악하고, 주요 공식을 암기하여 기출문제를 철저히 파악한다. 2. 필기시험문제 중 실기문제화 할 수 있는 문제를 학습한다.

차 례

차 례

실전 모의고사 ▌문제

Engineer Architecture

5점

01 다음 설명과 같은 거푸집 관련 용어를 아래의 보기에서 골라 쓰시오.

① 갱폼	② 박리제
③ 긴결재	④ 콘크리트 헤드
⑤ 페코빔	

가. 사용할 때마다 작은 부재의 조립, 분해를 반복하지 않고 대형화·단순화하여 한 번에 설치하고 해체하는 거푸집
나. 거푸집을 떼기 쉽게 바르는 물질
다. 거푸집 상호 간의 간격을 유지하며 측압에 의해 벌어지는 것을 막는 긴장재
라. 콘크리트를 연속하여 치면 치어붓기 높이의 상승에 따라 측압도 크게 되나 어느 일정한 높이에서 최대측압이 생기는 것
마. 신축이 가능한 수평지지보

4점

02 특명입찰(수의계약)의 장단점을 각각 2가지씩 쓰시오.

가. 장점

①

②

나. 단점

①

②

5점
03 강재 창호의 제작순서를 쓰시오.

> 원척도-(①)-변형 바로잡기-(②)-(③)-구부리기-(④)
> - (⑤)-마무리-검사

4점
04 브레인스토밍의 4대 원칙을 쓰시오.

3점
05 유동화 콘크리트의 유동화 방법에 대해 3가지를 기술하시오.

① ....

② ....

③ ....

6점

06 그림과 같은 철근콘크리트보의 주근 철근량을 구하시오. (단, D22＝3.04kg/m, 정착길이는 인장근의 경우 40d, 압축근의 경우 25d로 하고 Hook 길이와 할증률은 무시한다.)

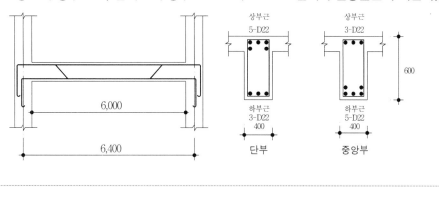

5점

07 지하실 바깥방수 시공순서를 보기에서 골라 번호를 쓰시오.

① 밑창(버림) 콘크리트   ② 잡석다짐

③ 바닥콘크리트   ④ 보호누름 벽돌쌓기

⑤ 외벽 콘크리트   ⑥ 외벽방수

⑦ 되메우기   ⑧ 바닥방수층 시공

4점

08 JIT(Just In Time)의 정의를 쓰시오.

6점

09 다음 도면의 철근콘크리트 독립기초 1개소 시공에 필요한 다음 소요재료량을 정미량으로 산출하시오.

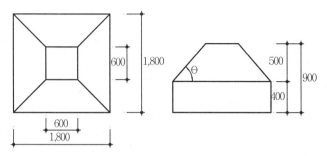

가. 콘크리트량(m³)을 구하시오.

나. 거푸집량(m²)을 구하시오.

4점

10 콘크리트 재료분리에서 다음의 원인과 대책을 쓰시오.

가. 원인 : 물시멘트비가 (①), 굵은골재가 (②)

나. 대책 : 혼화제를 (③), 잔골재율을 (④)

3점

11 언더피닝공법의 종류 3가지를 쓰시오.

①

②

③

12 다음 데이터를 네트워크 공정표로 작성하시오.

작업명	작업일수	선행작업	비고
A	6	–	
B	3	–	
C	4	–	EST LST ／LFT EFT
D	3	B	작업명
E	6	A, B	(i) ──작업일수──→ (j) 로
F	5	A, C	표기하고 주공정선은 굵은 선으로 표기하시오.

13 다음 용어의 정의를 쓰시오.

가. 조립률

나. 인트레인드 에어(Entrained Air)

다. 인트랩트 에어(Entrapped Air)

14 CM에 대한 다음 설명을 읽고 맞는 것을 보기에서 고르시오.

① GMPCM	② OCM
③ XCM	④ ACM

가. 공사관리자가 대리인 업무만 수행하는 기법

나. 비용한계선을 미리 정하고 관리하는 기법

다. 발주자가 설계도 하고 시공도 하는 기법

라. 기능 확대형의 기법

15 다음 설명이 의미하는 시방서명을 쓰시오.

가. 공사기일 등 공사 전반에 걸친 비기술적인 사항을 규정한 시방서

나. 모든 공사의 공통적인 사항을 국토교통부가 제정한 시방서

다. 특정공사별로 건설공사 시공에 필요한 사항을 규정한 시방서

라. 공사시방서를 작성하는 데 안내 및 지침이 되는 시방서

16 구멍이 있는 시멘트 블록의 치수 3가지를 쓰시오.

① ....

② ....

③ ....

17 표준형 벽돌 1,000매로 1.5B일 때 쌓을 수 있는 벽 면적을 구하시오.(단, 할증률은 고려하지 않는다.)

18 QC수법으로 알려진 도구에 대한 내용이다. 해당되는 도구명을 쓰시오.

가. 계량치가 어떤 분포를 하는지 알아보기 위하여 작성하는 그림

나. 불량 등 발생건수를 분류 항목별로 나누어 크기 순서대로 나열해 놓은 그림

다. 결과에 원인이 어떻게 관계하고 있는가를 한눈에 알 수 있도록 작성한 그림

19 다음 공사관리 계약방식에 대해 설명하시오.

가. CM for Fee 방식

나. CM at Risk 방식

20 다음 설명의 콘크리트 줄눈 종류를 쓰시오.

> 콘크리트 작업관계로 경화된 콘크리트에 새로 콘크리트를 타설할 경우 발생하는 줄눈

21 지내력 시험방법 2가지를 쓰시오.

① _____

② _____

22 다음 ( ) 안에 알맞은 말을 보기에서 골라 번호를 쓰시오.

① 높을	② 낮을
③ 빠를	④ 늦을
⑤ 두꺼울	⑥ 얇을
⑦ 클	⑧ 작을

생콘크리트의 측압은 슬럼프가 (㉮)수록, 벽두께가 (㉯)수록, 부어넣기 속도가 (㉰)수록, 대기 중의 습도가 (㉱)수록 측압이 크다.

23 강관비계를 수직, 수평, 경사방향으로 연결 또는 이음고정시킬 때 사용하는 부속철물의 명칭을 3가지 쓰시오.

① _____

② _____

③ _____

4점

24 다음 지반 탈수공법의 명칭을 쓰시오.

가. 점토질 지반의 대표적인 탈수공법으로서 지름 40~60cm 구멍을 뚫고 모래를 넣은 후, 성토 및 기타 하중을 가하여 점토질 지반을 압밀함으로써 탈수하는 공법

나. 사질지반의 대표적인 탈수공법으로서 직경이 약 20cm인 특수 파이프를 상호 2m 내외 간격으로 관입하여 모래를 투입한 후 진동다짐하여 탈수통로를 형성시켜 탈수하는 공법

3점

25 건축시공의 현대화 방안 중 건축부품의 품질향상과 대량생산을 위한 3S System이란 무엇을 말하는지 쓰시오.

과년도 기출문제 | 2007년 제2회

[3점]
01 레디믹스트 콘크리트(Ready Mixed Concrete)에 대하여 설명하시오.

[3점]
02 BOT(Build-Operate-Transfer) 계약방식과 BTO(Build-Transfer-Operate) 계약방식의 차이점에 대해 설명하시오.

[2점]
03 다음은 지반조사의 이행순서이다. ( ) 안에 알맞은 말을 쓰시오.

(①   ) → (②   ) → 본조사 → (③   )

3점
04 철골 주각부의 현장 시공순서를 보기에서 골라 번호로 나타내시오.

> ① 기초 상부 고름질　　　　　② 가조립
> ③ 변형 바로잡기　　　　　　　④ 앵커 볼트 접착
> ⑤ 철골 세우기　　　　　　　　⑥ 기초 콘크리트 치기
> ⑦ 철골 도장

3점
05 철근콘크리트 공사를 하면서 철근간격을 일정하게 유지하는 이유를 3가지 쓰시오.

① _____

② _____

③ _____

3점
06 건축공사 표준시방서에서 정한 콘크리트 공사 시 거푸집의 존치기간에 대한 내용이다.
( )을 채우시오.

가. 기초, 보옆, 기둥 및 벽의 거푸집널 존치시간은 콘크리트의 압축강도가 ( )N/mm²
이상에 도달한 것이 확인될 때까지로 한다.

나. 받침기둥의 존치기간은 슬래브 밑 및 보 밑 모두 설계기준강도의 ( )% 이상 콘크리트
압축강도가 얻어진 것이 확인될 때까지로 한다.

다. 위 '나'항보다 먼저 받침기둥을 해체할 경우는 대상으로 하는 부재가 해체 직후, 그 부재에
가해지는 하중을 안전하게 지지할 수 있는 강도를 적절한 계산방법에 따라 구하고, 그 압
축강도가 실제의 콘크리트 압축강도보다 상회하는지 확인하여야 한다. 다만, 해체 가능한
압축강도는 이 계산결과에 관계없이 최저 ( )N/mm² 이상이어야 한다.

2점
07 철골공사의 접합방법의 하나로서 큰 소음과 현장용접의 불편을 피하기 위하여 많이 사용되고 있는 방법으로 너트를 강하게 죄어 볼트에 강한 인장력이 생기게 하여 그 인장력의 반력으로 접합된 판 사이에 강한 압력이 작용하여 이에 의한 접합재 간의 마찰저항에 의하여 힘을 전달하는 것은?

4점
08 다음 설명에 알맞은 공법의 명칭을 쓰고, ( ) 안에 해당되는 검토사항에 대하여 3가지만 쓰시오.

> 건물의 창과 외벽을 구성하는 유리와 패널류를 구조 실란트(Structural Sealant)를 사용해 실내측의 멀리온, 프레임 등에 접착 고정하는 공법으로 구조 실란트의 장기에 걸친 접착성, 강도 및 내구성을 확보하기 위해 (①) (②) (③) 등에 대한 검토를 충분하게 한다.

가. 공법의 명칭 :
나. 검토사항
　①
　②
　③

3점
09 다음은 한중콘크리트 공사에 대한 설명이다. ( ) 안에 알맞은 말을 쓰시오.

가. 하루의 평균기온이 ( )℃ 이하가 되는 기상조건하에서는 응결경화반응이 몹시 지연되어, 밤중이나 새벽뿐만 아니라 낮에도 콘크리트가 동결할 염려가 있으므로 한중콘크리트로서 시공한다.

나. 한중콘크리트 배합 시 물시멘트비는 원칙적으로 ( )% 이하로 한다.

다. 한중콘크리트에는 ( )콘크리트를 사용하는 것을 원칙으로 한다.

10 돌붙이기의 시공순서를 보기에서 골라 번호로 나타내시오.

① 치장줄눈 ② 보양
③ 청소 ④ 모르타르 사춤
⑤ 돌나누기 ⑥ 탕개줄 또는 연결철물 설치
⑦ 돌붙이기

4점
11 강판을 그림과 같이 가공하여 30개의 수량을 사용하고자 한다. 강판의 비중이 7.85일 때 강판의 소요량(kg)과 스크랩의 발생량(kg)을 산출하시오.

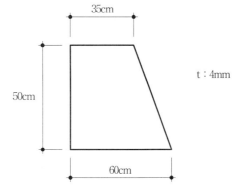

가. 소요량 :
나. 스크랩량 :

4점
12 다음의 각종 모르타르의 주요 용도를 보기에서 골라 번호로 쓰시오.

① 경량·단열용 ② 내산바닥용
③ 보온·불연용 ④ 방사선 차단용

가. 아스팔트 모르타르 : (   ) 나. 질석 모르타르 : (   )
다. 바라이트 모르타르 : (   ) 라. 활석면 모르타르 : (   )

3점
13 다음 설명에 적합한 용어를 보기에서 골라 번호로 쓰시오.

> ① PMIS(Project Management Information System)
> ② EC(Engineering Construction)화
> ③ CALS(Continuous Acquisition and Life Cycle Support)
> ④ Turn-key Contract
> ⑤ SOC(Social Overhead Capital)
> ⑥ LCC(Life Cycle Cost)

가. 기획, 설계, 계약, 시공, 유지관리 등 건설의 생산활동 전 과정의 정보를 전자화하고, 발주자 및 건설관련자가 정보 Network를 통하여 정보를 신속하게 교환, 공유, 연계함으로써 공기단축, 비용절감, 품질향상 등을 이루어 내는 통합정보시스템

나. 건설사업의 발굴 및 기획, 설계, 시공, 유지관리에 이르기까지 사업(Project) 전반에 관한 것을 종합, 기획 관리하는 업무영역의 확대

다. 건물의 초기건설비로부터 유지관리, 해체에 이르기까지 건축물의 전 생애에 소요되는 총 비용으로서 건물의 경제성 평가의 기준

3점
14 콘크리트공사에서 거푸집의 역할에 대해 3가지만 쓰시오.

①
②
③

4점
15 다음의 TQC(Total Quality Control) 도구에 대해 설명하시오.

가. 파레토도 :

나. 특성요인도 :

다. 층별 :

라. 산점도 :

16 다음의 설명에 알맞은 벽타일 붙이기 공법을 보기에서 골라 번호로 쓰시오.

3점

> ① 개량압착붙이기   ② 압착붙이기
> ③ 떠붙이기   ④ 접착붙이기
> ⑤ 동시줄눈붙이기

가. 타일 뒷면에 모르타르를 바르고 빈틈이 생기지 않게 바탕에 눌러 붙인다.

나. 붙임 모르타르의 두께는 타일두께의 1/2 이상으로 하고, 5~7mm 정도를 표준으로 하여 붙임바탕에 바르고 자막대로 눌러 표면을 평탄하게 고른다.

다. 타일은 한 장씩 붙이고 반드시 타일면에 수직하여 충격공구로 좌우, 중앙의 3점에 충격을 가해 붙임 모르타르 안에 타일이 박히도록 하며 타일의 줄눈부위에 붙임 모르타르가 타일 두께의 2/3 이상 올라오도록 한다.

17 가치공학(Value Engineering)의 기본 추진절차 4단계를 순서대로 쓰시오.

4점

18 다음 기초에 소요되는 철근, 콘크리트, 거푸집량을 산출하시오.(단, 이형철근 D16의 단위중량은 1.56kg/m, D13의 단위중량은 0.995kg/m이다.)

6점

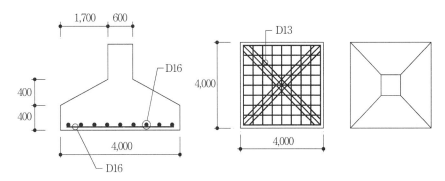

가. 철근량(kg)

나. 콘크리트량(m³)

다. 거푸집량(m²)

[10점]

19 다음 데이터를 이용하여 네트워크 공정표를 작성하고 각 작업의 여유시간을 계산하시오.

작업명	선행작업	작업일수	비고
A	없음	5	
B	없음	2	
C	없음	4	
D	A, B, C	4	
E	A, B, C	3	
F	A, B, C	2	

비고:
$$\boxed{\text{EST} \mid \text{LST}} \quad \triangle{\text{LFT} \backslash \text{EFT}}$$
$$(i) \xrightarrow[\text{작업일수}]{\text{작업명}} (j)$$ 로 일정 및 작업을 표기하고, 주공정선을 굵은선으로 표시한다. 또한 여유시간 계산 시는 각 작업의 실제적인 의미의 여유시간으로 계산한다.(더미의 여유시간은 고려하지 않을 것)

가. 공정표

나. 여유시간

20 다음 철골 트러스 1개분의 철골량을 산출하시오. (단, L−65×65×6=5.91kg/m, L−50×50×6=4.43kg/m, PL−6=46.1kg/m²)

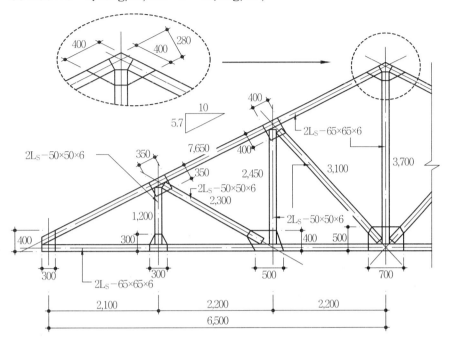

가. 앵글량(kg)

나. 플레이트(PL−6)량(kg)

21 다음은 지반조사법 중 보링에 대한 설명이다. 설명에 알맞은 보링의 종류를 쓰시오.

가. 비교적 연약한 토사에 수압을 이용하여 탐사하는 방식

_____

나. 경질층을 깊이 파는 데 이용되는 방식

_____

다. 지층의 변화를 연속적으로 비교적 정확히 알고자 할 때 사용하는 방식

_____

22 건설공사현장에 시멘트가 반입되었다. 특기시방서에 시멘트의 비중이 3.10 이상으로 규정되어 있다고 할 때, 르샤틀리에 비중병을 이용하여 KS 규격에 의거 시멘트 비중을 시험한 결과에 대하여 시멘트의 비중을 구하고, 자재품질관리상 합격 여부를 판정하시오.

> 시험결과 비중병에 광유를 채웠을 때의 최초눈금은 0.5mL, 실험에 사용한 시멘트량은 64g, 광유에 시멘트를 넣은 후의 눈금은 20.8mL이었다.

가. 시멘트의 비중

_____

나. 판정

_____

5점

23 다음 설명에 알맞은 조립식 공법을 쓰시오.

가. 창호가 붙어 있는 대형 콘크리트 벽판을 조립하여 아파트 등을 건축하는 공법

──

나. 1실 내지 2실로 된 벽과 슬래브가 붙어 있는 박스형의 건물을 쌓아올려 건축하는 공법

──

다. 지상의 평면에서 제작한 큰 벽체나 뼈대를 수직으로 일으켜 세워서 건축하는 공법

──

라. 각층 슬래브를 여러 겹으로 지상에 제작해 놓고, 이를 순차적으로 들어올려 건축하는 공법

──

마. 창문틀 등을 건축물의 벽판에 설치한 후 구조체에 붙여대어 이용하는 공법

──

4점

24 건축물의 단열에 사용되는 단열재의 요구조건 4가지를 쓰시오.

① ....

② ....

③ ....

④ ....

4점
25 건설프로젝트의 자원에는 소모성 자원과 내구성 자원으로 구분된다. 각각의 자원에 대하여 2가지씩 쓰시오.

　가. 소모성 자원

　　① ....

　　② ....

　나. 내구성 자원

　　① ....

　　② ....

4점
26 콘크리트 중성화에 대한 설명이다. (　) 안에 알맞은 용어를 쓰고 반응식으로 나타내시오.

　가. 공기 중 탄산가스의 작용으로 콘크리트 중의 (①)이 서서히 (②)으로 되어 콘크리트가 알칼리성을 상실해 가게 되는 과정을 말한다.
　나. 반응식 : (③) + CO_2 → (④) + H_2O

6점
01 다음 기초공사에 소요되는 터파기량(m³), 되메우기량(m³), 잔토처리량(m³)을 산출하시오.
(단, 토량환산계수 C = 0.9, L = 1.2임)

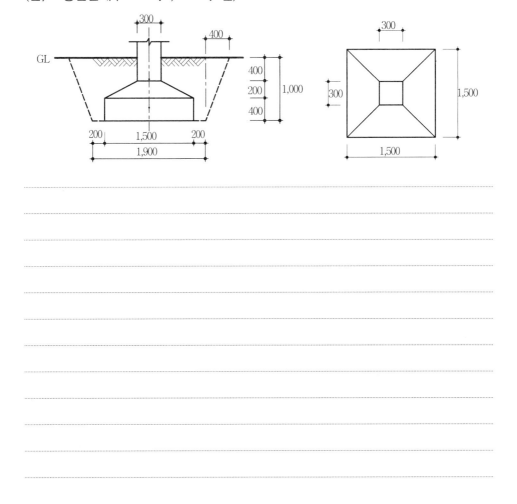

4점

02 다음 용어를 설명하시오.

① 정초식 : ....

② 상량식 : ....

10점

03 다음 작업의 리스트에서 네트워크 공정표를 작성하고, 각 작업의 여유시간을 구하시오.

작업명	선행작업	작업일수	비 고
A	없음	4	
B	A	6	
C	A	5	① CP는 굵은 선으로 표시하시오.
D	A	4	② 각 결합점에는 다음과 같이 표시
E	B	3	한다.
F	B, C, D	7	
G	D	8	③ 각 작업은 다음과 같이 표시한다.
H	E	6	
I	E, F	5	
J	E, F, G	8	
K	H, I, J	6	

① 공정표

② 여유시간

3점
04 다음은 지반조사방법 중 보링에 대한 설명이다. 알맞은 용어를 쓰시오.

가. 비교적 연약한 토사에 수압을 이용하여 탐사하는 방식

나. 경지층을 깊이 파는 데 이용되는 방식

다. 지층의 변화를 연속적으로 비교적 정확히 알고자 할 때 사용하는 방식

5점
05 기준점(Bench Mark)의 정의 및 설치 시 주의사항을 3가지 쓰시오.

가. 정의

나. 주의사항
   ①
   ②
   ③

3점
06 보강 블록구조의 시공에서 반드시 모르타르 또는 콘크리트로 사춤을 채워 넣는 부위를 3가지만 쓰시오.
   ①
   ②
   ③

07 생콘크리트 측압에서 콘크리트 헤드(Concrete Head)에 대하여 간략하게 쓰시오.

08 건설업의 TQC에 이용되는 도구 중 다음을 간단히 설명하시오.

가. 파레토도 :

나. 특성요인도 :

다. 층별 :

라. 산점도 :

09 혼화제와 혼화재의 정의와 종류를 2가지 쓰시오.

가. 정의
　① 혼화제

　② 혼화재

나. 종류
　① 혼화제 종류 2가지

　② 혼화재 종류 2가지

4점

10 아래 평면의 건물높이가 16.5m일 때 비계면적을 산출하시오.(단, 쌍줄비계로 한다.)

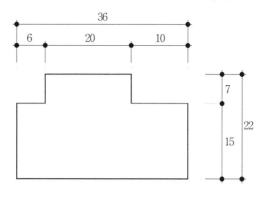

....

....

4점

11 다음 그림과 같은 철근콘크리트 T형 보에서 하부의 주근이 1단으로 배근될 때 배근 가능한 개수를 구하시오.(단, 보의 피복두께는 30mm이고, 늑근은 D10@200이며 주근은 D16를 이용하고, 사용 콘크리트의 굵은 골재 최대치수는 20mm이며, 이음정착은 고려하지 않는 것으로 한다.)

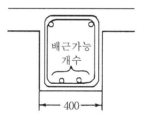

....

....

....

4점

12 다음 용어를 설명하시오.

가. 예민비

....

나. 지내력 시험

....

3점

13 다음 (   ) 안을 쓰시오.

가. (   ) : 건설공사 계약체결 후 실제 현장공사 착수 시까지 준비기간

나. (   ) : 계산공기를 지정공기에 일치시키는 과정

다. (   ) : 공기단축과정에서 1일당 그 작업을 단축하는 데 소요되는 직접비의
증가액

3점

14 다음 (   ) 안을 쓰시오.

가. (   ) : 공사시공과정에서 발생하는 재료비, 노무비, 경비의 합계액

니. (   ) : 기업의 유지를 위한 관리활동부분에서 발생히는 제 비용

다. (   ) : 공사계약 목적물을 완성하기 위하여 직접작업에 종사하는 종업원 및
기능공에게 제공되는 노동력의 대가

3점

15 컨소시엄 공사에 있어서 페이퍼 조인트에 관하여 기술하시오.

....

....

16 철골 세우기에서 기초 상부 고름질의 방법 3가지만 쓰시오.

① _____

② _____

③ _____

2점

17 고력볼트에서 F10T 중 10이 가리키는 의미는 무엇인가?

_____

_____

4점

18 다음 보기에서 번호를 골라 ( ) 안에 쓰시오.

① 리탬핑　　　　　　　② 쇼트크리트
③ 디스펜스　　　　　　④ 이넌데이터
⑤ 워세크리터　　　　　⑥ 레이턴스

가. ( ) : 물시멘트비를 일정하게 유지시키면서 골재를 계량하는 장치

나. ( ) : 모래의 용적계량장치

다. ( ) : 모르타르를 압축공기로 분사하면서 바르는 시공법

라. ( ) : 콘크리트를 부어 넣은 후 블리딩수의 증발에 따라 그 표면에 나오는 백색의 미세한 물질

4점

19 콘크리트의 각종 Joint에 대하여 설명하시오.

가. Cold Joint

_____

나. Construction Joint

_____

다. Control Joint

_____

라. Expansion Joint

_____

4점

20 다음은 철골조 기둥공사의 작업 흐름도이다. 알맞은 번호를 보기에서 골라 번호를 채우시오.

① 본접합   ② 세우기 검사
③ 앵커볼트 매립   ④ 세우기
⑤ 중심내기   ⑥ 접합부의 검사

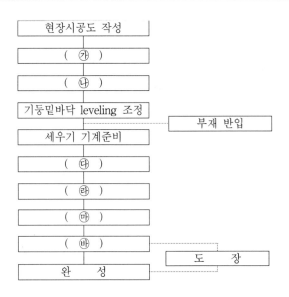

4점
21 Pre-stressed Concrete 중 Post-tension 공법의 시공순서를 보기에서 골라 기호로 쓰시오.

> ① 강현재 삽입　　　　　　② 그라우팅
> ③ 콘크리트 타설　　　　　　④ 강현재 긴장
> ⑤ 쉬스(Sheath) 설치　　　⑥ 강현재 고정
> ⑦ 콘크리트 경화

....

4점
22 다음 용어를 설명하시오.

가. 성능발주

....

나. Construction Management

....

다. Life Cycle Cost

....

라. 실비정산 보수가산도급

....

3점
23 Two Envelope System(선기술 후 가격협상제도)를 간략하게 설명하시오.

....

....

24 다음은 소운반에 관한 내용이다. 빈칸을 채우시오.

> 건설공사 표준품셈의 품에서 규정된 소운반이라 함은 (　①　)m 이내를 말하며 소운반이 포함된 품에 있어서 소운반거리가 (　②　)m를 초과할 경우에는 초과분에 대하여 이를 별도 계상하며 경사면의 소운반거리는 직고 1m를 수평거리 (　③　)m의 비율로 본다.

25 철골공사에서 고장력 볼트조임의 장점에 대해서 4가지를 쓰시오.

①
②
③
④

5점

01 포틀랜드 시멘트의 종류 5가지를 쓰시오.

① _____

② _____

③ _____

④ _____

⑤ _____

3점

02 개방 잠함(Open Caisson)의 시공순서를 보기에서 골라 기호로 쓰시오.

㉮ 지하 구조체 지상 설치	㉯ 중앙부 기초 구축
㉰ 주변 기초 구축	㉱ 하부 중앙흙을 파서 침하

3점
03 레미콘 비비기와 운반방식에 따른 종류를 설명한 명칭을 쓰시오.

가. 트럭믹서에 모든 재료가 공급되어 운반 도중에 비벼지는 것

나. 믹싱 플랜트 고정믹서에서 어느 정도 비빈 것을 트럭믹서에 실어 운반 도중 완전히 비비는 것

다. 믹싱 플랜트 고정믹서로 비빔이 완료된 것을 애지테이터 트럭으로 운반하는 것

4점
04 벽 타일 붙이기 공법의 종류를 4가지 쓰시오.

①

②

③

④

4점
05 다음 설명이 의미하는 혼화제의 명칭을 쓰시오.

가. 공기 연행제로서 미세한 기포를 고르게 분포시킨다.

나. 염화물에 대한 철근의 부식을 억제한다.

다. 기포작용으로 인해 충진성을 개선하고 중량을 조절한다.

06 철근콘크리트공사의 바닥(Slab) 철근물량 산출에서 주어진 그림과 같은 Two Way Slab의 철근물량을 산출(정미량)하시오.(단, Top Bar의 내민길이는 무시하고, D10＝0.56kg/m, D13＝0.995kg/m임)

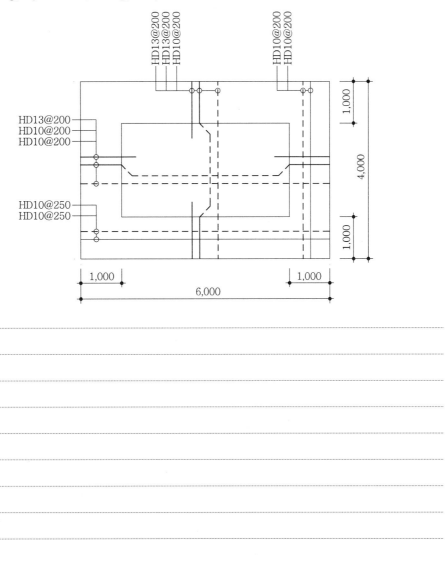

4점
07 벽돌벽의 표면에 생기는 백화의 정의와 방지대책 3가지를 쓰시오.

가. 정의

_____

나. 방지대책

① _____

② _____

③ _____

3점
08 파이프 구조에서 파이프 절단면 단부는 녹막이를 고려하여 밀폐하여야 하는데, 이때 실시하는 방법에 대하여 3가지만 쓰시오.

① _____

② _____

③ _____

3점
09 3.2의 조립률과 7의 조립률을 중량배합비 1 : 2 비율로 섞었을 때 혼합조립률(FM)을 계산하시오.

_____

_____

3점

10 세로규준틀에 설치되어 있는 벽돌조 건축물의 벽돌쌓기 순서를 보기에서 골라 번호로 쓰시오.

① 기준쌓기　　　　　② 벽돌 물축이기
③ 보양　　　　　　　④ 벽돌 나누기
⑤ 재료 건비빔　　　　⑥ 벽돌면 청소
⑦ 줄눈파기　　　　　⑧ 중간부 쌓기
⑨ 치장줄눈　　　　　⑩ 줄눈누름

4점

11 다음의 설명이 뜻하는 용어를 쓰시오.

가. 사회간접시설의 확충을 위해 민간이 시설물을 완성하고, 그 시설물을 일정기간 동안 운영하여 투자자금을 회수한 후 발주자에게 그 시설을 양도하는 방식

나. 사회간접시설의 확충을 위해 민간이 시설물을 완성하고, 그 시설물의 운영과 함께 소유권도 민간에 양도하는 방식

다. 사회간접시설의 확충을 위해 민간이 시설물을 완성하여 소유권을 공공부분에 먼저 양도하고, 그 시설물을 일정기간 동안 운영히여 투자금액을 회수하는 방식

라. 발주자는 설계에서 시공까지 건물의 요구성능만 제시하고 시공자가 재료나 시공방법을 선택하여 요구성능을 실현하는 방식

4점
12 아래 강관파이프 비계의 설치에 관한 설명에 해당하는 용어를 쓰시오.

　가. 간사이 방향 0.9~1.5m, 도리방향 1.5~1.8m 간격으로 설치하며, 최상부터 31m 넘는 부분은 2개의 기둥으로 겹쳐 세운다.

　나. 간격 1.5m 이내로 하여 띠장에 결속한다.

　다. 수평간격 14m 내외, 각도 40~60°로 결속한다.

　라. 제1띠장은 지면에서 2m 이하로 하고 그 윗부분은 1.5m 이내로 한다.

3점
13 다음 ( ) 안에 알맞은 용어를 쓰시오.

> 철근콘크리트 부재의 이어치기에서 보, 슬래브의 이음은 스팬(Span)의 (①) 부근에서 수직으로 하며, 수평으로 지붕슬래브, 보는 (②)부위이며, 바닥슬래브, 지중보는 (③)부위이다.

4점
14 VE 가치향상의 방법 4가지를 쓰시오.

　①
　②
　③
　④

15 다음 미장공사 관련 용어를 설명하시오.

　가. 바탕처리 :
　나. 덧먹임 :

16 철골공사에서 용접부의 비파괴 시험방법 종류를 3가지 쓰시오.

① ....

② ....

③ ....

17 철근콘크리트 구조에서 철근피복두께의 확보목적 3가지를 쓰시오.

① ....

② ....

③ ....

18 다음 데이터를 이용하여 네트워크 공정표를 작성하고, 각 작업의 여유시간을 구하시오.

작업명	선행작업	작업일수	비 고
A	없음	3	
B	없음	2	
C	없음	4	
D	C	5	
E	B	2	
F	A	3	
G	A, C, E	3	
H	D, F, G	4	

EST│LST   ⟋LFT⟍EFT

ⓘ ──작업명──→ ⓙ 로
   작업일수

표기하고 주공정선은 굵은 선으로 표기하시오.

가. 공정표

나. 여유시간

2점
19 타일의 종류를 소지질(素地質 : 재료의 질) 및 용도에 따라 분류하시오.

가. 소지질

나. 용도

4점
20 커튼월의 성능시험항목 4가지를 쓰시오.

①

②

③

④

4점
21 공개경쟁입찰의 순서를 보기에서 골라 번호로 쓰시오.

> ① 입찰   ② 현장설명
> ③ 낙찰   ④ 계약
> ⑤ 견적   ⑥ 입찰등록
> ⑦ 입찰공고

3점
22 다음 설명의 빈칸을 완성하시오.

> 철근콘크리트 슬럼프 값의 표준은 일반적인 경우 (①)mm이며, 단면이 큰 경우는 (②)mm이다. AE제의 공기량 기준은 (③)% 정도이다.

3점
23 하절기 콘트리트 시공 시 발생하는 문제점에 대한 대책을 다음 보기에서 골라 기호로 쓰시오.

> ㉠ 단위시멘트량 증가   ㉡ AE제 사용
> ㉢ 운반 타설시간 단축   ㉣ 재료의 온도상승 방지
> ㉤ 중용열 시멘트 사용   ㉥ 단위수량 증가

4점
24 연약지반의 수분을 탈수시켜 지반을 경화 개량하는 공법을 4가지 쓰시오.

① _____
② _____
③ _____
④ _____

4점

25 다음 용어를 설명하시오.

가. MCX : _____

나. 특급점 : _____

4점

26 콘크리트의 시방배합 결과 필요한 잔골재량이 300kg, 굵은골재량이 700kg이었다. 현장
배합을 위한 검사결과 5mm체에 남는 잔골재량이 10%이고 5mm체를 통과하는 굵은골
재량이 10%일 때 수정된 굵은골재량은 얼마인가?

_____

_____

_____

_____

_____

_____

_____

_____

3점
01 철골 용접 시 융합부에 대한 다음 그림의 각 번호에 해당되는 명칭을 쓰시오.

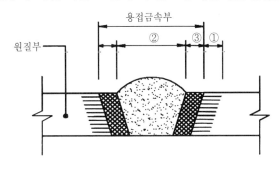

3점
02 조적조를 바탕으로 하는 지상부 건축물의 외부벽면 방수방법의 내용을 3가지 쓰시오.

①

②

③

03 지반개량공법 중 탈수법에서 다음의 토질에 적합한 대표적 공법을 각각 1가지씩 쓰시오.

　가. 사질토 : _____

　나. 점성토 : _____

04 토공사에 흙의 전단강도(剪斷强度) 공식을 쓰고 각 변수에 대해 설명하시오.

　① 공식 : _____

　② 설명 : _____

_____

05 건설업의 품질관리에 이용되는 관리사이클의 명칭을 4단계로 나누어 쓰시오.

_____

_____

06 다음 그림에서 한 층분의 콘크리트량(m³)과 거푸집 면적(m²)을 산출하시오. (단, 부재치수 단위 : mm, 전 기둥(C_1) : 500×500, 슬래브 두께(t) : 120, G_1, G_2 : 400×600(b×D), G_3 : 400×700, B_1 : 300×600, 층고 : 4,000)

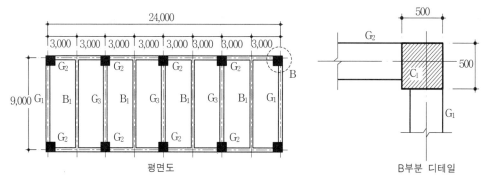

평면도　　　　　　　　　　B부분 디테일

가. 콘크리트량(m³)

....

....

....

나. 거푸집면적(m²)

....

....

....

2점
07 금속공사에 사용되는 다음 철물에 대해 설명하시오.

가. 메탈라스 : ....

나. 펀칭메탈 : ....

2점
08 다음 ( ) 안에 알맞은 용어를 쓰시오.

콘크리트 다짐 시 진동기를 과도하게 사용할 경우에는 (①) 현상이 나타나고, AE콘크리트의
경우는 (②)이 많이 감소한다.

3점
09 다음 레디믹스트 콘크리트의 규격, (25-30-210)에 대하여 3가지 수치가 뜻하는 바를
쓰시오. (단, 단위까지 명확히 기재)

가. 25 : ....

나. 30 : ....

다. 210 : ....

10 다음 설명이 뜻하는 콘크리트 명칭을 쓰시오.

가. 콘크리트 면에 미장 등을 하지 않고, 직접 노출시켜 마무리한 콘크리트

나. 부재 혹은 구조물의 치수가 커서 시멘트의 수화열에 의한 온도상승을 고려해 설계·시공해야 하는 콘크리트

다. 콘크리트의 설계기준강도가 보통 콘크리트에서 40MPa, 경량골재 콘크리트에서 27MPa 이상인 콘크리트

---

11 시멘트 창고에 시멘트 저장 시 저장 및 관리방법 4가지를 쓰시오.

① _____

② _____

③ _____

④ _____

12 한중 콘크리트의 문제점에 대한 대책을 보기에서 모두 골라 기호로 쓰시오.

㉮ AE제 사용	㉯ 응결지연제 사용
㉰ 보온양생	㉱ 물시멘트비를 60% 이하로 유지
㉲ 중용열 시멘트 사용	㉳ Pre-cooling 방법 사용

3점

13 다음 설명이 의미하는 용어명을 쓰시오.

가. 길이조절이 가능한 무지주공법의 수평지지보

나. 무량판 구조에서 2방향 장선 바닥판 구조가 가능하도록 된 특수상자 모양의 기성재 거푸집

다. 벽식 철근콘크리트 구조를 시공할 때 한 구획 전체의 벽판과 바닥판을 일체로 제작하여 한 번에 설치·해체할 수 있도록 한 거푸집

4점

14 공정관리에 있어서 자원평준화 중 Crew Balance 방식에 관하여 기술하시오.

4점

15 커튼월 공법에서 스팬드럴 방식(Spandrel Type)에 관하여 기술하시오.

4점

16 다음 ( ) 안에 알맞은 용어를 쓰시오.

건설공사의 도급방식에는 공사수행방식에 따라 (①), 분할도급, 공동도급으로 구분할 수 있으며, 공동도급에는 공동이행방식과 (②)이 있다.

17 다음 데이터를 Network 공정표로 작성하고, 각 작업의 여유시간을 구하시오.

작업명	작업일수	선행작업	비　　고
A	2	없음	
B	3	없음	
C	5	없음	
D	4	없음	
E	7	A, B, C	
F	4	B, C, D	

비고 란:

EST | LST　　LFT | EFT

(i) 작업명 / 작업일수 → (j) 로

표기하고 주공정선은 굵은 선으로 표기하시오.

가. 공정표

나. 여유시간

18 목구조에서 횡력에 저항하는 부재 3가지를 쓰시오.

① _____

② _____

③ _____

19 표준형 벽돌 1,000장으로 1.5B 두께의 벽체를 쌓는 경우, 쌓을 수 있는 벽면적(m^2)을 구하시오. (단, 할증률은 고려하지 않음)

_____

_____

20 철골구조물에서 보 및 기둥에는 H형강이 많이 사용되는 Long Span에서는 기성품인 Rolled 형강을 사용할 수 없을 정도의 큰 단면의 부재가 필요하게 된다. 이 경우 공장에서 두꺼운 철강판을 절단하여 소요크기로 용접제작하여 현장제작(Built Up) 형강을 사용하게 되는데 H-1200×500×25×100 부재(ℓ=20m) 20개의 중량은 얼마(ton)인지 구하시오. (단, 철강의 비중은 7.85로 한다.)

_____

_____

_____

21 다음 설명이 의미하는 현상을 쓰시오.

흙막이벽을 이용하여 지하수위 이하의 사질토 지반을 굴착하는 경우에 생기는 현상으로 사질토 속을 상승하는 물의 침투압에 의해 모래가 입자 사이의 평형을 잃고 액상화되어 분출되는 현상

_____

22 벽돌쌓기 중 영식쌓기의 구조적 특징을 간단히 설명하시오.

---

23 다음 측정기별 용도를 쓰시오.

가. Washington Meter

나. Piezo Meter

다. Earth Pressure Meter

라. Dispenser

---

24 다음 보기를 보고 콘크리트 표준 배합설계 순서를 번호로 나열하시오.

① 배합강도의 결정	② 단위수량의 결정
③ 현장배합의 결정	④ 물시멘트비의 결정
⑤ 시방배합의 산출 및 조정	⑥ 굵은골재 최대치수의 결정
⑦ 슬럼프 값의 결정	⑧ 소요강도의 결정
⑨ 잔골재율의 결정	⑩ 시멘트 강도의 결정

3점
25 철골공사에서 철골부재를 접합할 때 발생하는 용접(鎔接) 결함을 6가지만 쓰시오.

4점
26 다음 건축공사용 재료의 할증률을 쓰시오.

가. 유리 :

나. 시멘트벽돌 :

다. 붉은벽돌 :

라. 기와 :

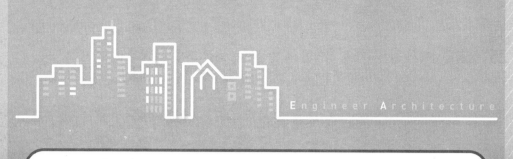

4점
01 벽돌쌓기법의 종류 중 국가 이름이 들어간 쌓기방법 4가지를 기술하시오.

① ....

② ....

③ ....

④ ....

3점
02 바닥돌 깔기의 경우 형식 및 문양에 따른 명칭을 5가지만 쓰시오.

① ....

② ....

③ ....

④ ....

⑤ ....

3점

03 시트(Sheet) 방수공법의 시공순서를 쓰시오.

> 바탕처리 → (㉮) → 접착제 칠 → (㉯) → (㉰)

3점

04 벽돌벽을 이중벽으로 하여 공간 쌓기로 하는 목적을 3가지 쓰시오.

① ....
② ....
③ ....

3점

05 철골구조공사에 있어서 철골습식 내화피복공법의 종류를 3가지 쓰시오.

① ....
② ....
③ ....

4점

06 아래 보기에서 가치공학(Value Engineering)의 기본추진절차를 순서대로 나열하시오.

㉮ 정보수집	㉯ 기능정리
㉰ 아이디어 발상	㉱ 기능정의
㉲ 대상선정	㉳ 제안
㉴ 기능평가	㉵ 평가
㉶ 실시	

....
....

6점

07 다음 조건에서 콘크리트 1m³를 생산하는 데 필요한 시멘트, 모래, 자갈의 중량을 산출하시오.

> ㉮ 단위수량 160kg/m³   ㉯ 물시멘트비 50%
> ㉰ 잔골재율 40%   ㉱ 시멘트 비중 3.15
> ㉲ 모래, 자갈 비중 2.6   ㉳ 공기량 1%

3점

08 철골공사에 사용되는 용어를 설명하였다. 알맞은 용어를 쓰시오.

가. 철골부재 용접 시 이음 및 접합부위의 용접선이 교차되어 재용접된 부위가 열영향을 받아 취약해지기 때문에 모재에 부채꼴 모양의 모따기를 한 것

나. 철골기둥의 이음부를 가공하여 상하부 기둥 밀착을 좋게 하여 축력의 50%까지 하부 기둥 밀착면에 직접 전달시키는 이음방법

다. Blow Hole, Crater 등의 용접결함이 생기기 쉬운 용접 Bead의 시작과 끝지점에 용접을 하기 위해 용접 접합하는 모재의 양단에 부착하는 보조강판

4점

09 언더피닝의 정의를 간단히 적고 그 종류를 2가지 적으시오.

가. 정의

나. 종류

①

②

4점

10 다음은 창호공사에 관한 용어설명이다. 설명이 의미하는 용어명을 쓰시오.

가. 창문을 창문틀에 다는 일

나. 미닫이 또는 여닫이 문짝이 서로 맞닿는 선대

다. 미서기 또는 오르내리창이 서로 여며지는 선대

라. 창호가 닫아졌을 때 각종 선대 등 접하는 부분에 틈새가 나지 않도록 대어 주는 것

6점

11 다음 도면을 보고 옥상방수면적(m²), 누름콘크리트량(m³), 보호벽돌량(매)을 구하시오.
(단, 벽돌의 규격은 190×90×57이며, 할증률은 5%임)

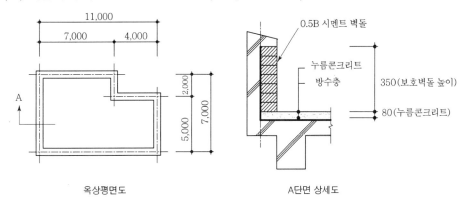

옥상평면도   A단면 상세도

2점

12 다음 설명이 가리키는 용어명을 쓰시오.

가. 건설업체의 공사수행능력을 기술적 능력, 재무능력, 조직 및 공사능력 등 비가격 요인을 검토하여 가장 효율적으로 공사를 수행할 수 있는 업체에 입찰참가 자격을 부여하는 제도는?

나. 설계에서부터 각종 공사정보의 활용성 및 시공성을 고려하여 원가절감 및 공기단축을 꾀할 수 있는 설계와 시공의 통합 시스템은?

2점

13 시멘트의 분말도시험 2가지를 쓰시오.

①

②

3점

14 다음 (   ) 안에 적당한 용어를 쓰시오.

가. 프리스트레스트 콘크리트 강재(강선, 강연선, 강봉)를 무엇이라 하는가? (①)
나. 포스트텐션공법은 (②) 설치-콘크리트 타설-콘크리트 경화 후 강재 삽입하여 긴장시킨 후 정착하고 (③)하는 방법이다.

6점

15 다음 용어를 설명하시오.

가. 인트랩트 에어(Entrapped Air)

나. 배처플랜트(Batcher Plant)

다. 알칼리 골재반응(Alkali Aggregate Reaction)

3점

16 BOT 방식을 설명하시오.

2점

17 용접형식의 분류는 두 부재 간의 사이를 트이게 하여 그 사이에 용착금속으로 채워 용접하는(①)과 유효 목두께가 모살치수의 (②)배로 하는 모살용접이 있다.

3점

18 샌드드레인 공법에 대해 간단히 설명하시오.

2점

19 벽 면적 20m²에 표준형 벽돌 1.5B로 쌓을 때 벽돌 정미량을 구하시오.

4점

20 다음 보기는 콘크리트 문제점을 설명한 것이다. 해당 콘크리트를 보기에서 골라 기호로 쓰시오.

① 서중콘크리트	② 한중콘크리트
③ 유동화 콘크리트	④ 매스콘크리트
⑤ 진공콘크리트	⑥ 프리팩트 콘크리트

가. 수화반응이 지연되어 콘크리트 응결 및 강도발현이 늦어진다. (   )

나. 슬럼프 로스가 증대하고 슬럼프가 저하하며 동일 슬럼프를 얻기 위해 단위수량이 증가한다. (   )

다. 슬럼프의 경사변화가 보통콘크리트보다 커서 여름에 30분, 겨울에는 1시간 정도에서 베이스 콘크리트의 슬럼프로 돌아오는 경우도 있다. (   )

라. 수화열이 내부에 축적되어 콘크리트 온도가 상승하고 균열발생이 쉽다. (   )

21 다음 통합공정관리(EVMS ; Earned Value Management System) 용어를 설명한 것 중 맞는 것을 보기에서 선택하여 번호로 쓰시오.

> ① 프로젝트의 모든 작업내용을 계층적으로 분류한 것으로 가계도와 유사한 형상을 나타낸다.
> ② 성과측정시점까지 투입예정된 공사비
> ③ 공사착수일로부터 추정준공일까지의 실 투입비에 대한 추정치
> ④ 성과측정시점까지 지불된 공사비(BCWP)에서 성과측정시점까지 투입예정된 공사비를 제외한 비용
> ⑤ 성과측정시점까지 실제로 투입된 금액
> ⑥ 성과측정시점까지 지불된 공사비(BCWP)에서 성과측정시점까지 실제로 투입된 금액을 제외한 비용
> ⑦ 공정, 공사비 통합, 성과측정, 분석의 기본단위

가. CA(Cost Account) :

나. CV(Cost Variance) :

다. ACWP(Actual Cost for Work Performed) :

22 칼럼쇼트닝에 대하여 설명하시오.

23 다음 설명에 알맞은 것을 쓰시오.

가. 질컥한 상태에서 소성상태로 넘어가는 함수비율은?

나. 소성상태에서 반고체상태로 넘어가는 함수비율은?

24 레미콘 품질관리지침에서 시공 품질관리 시험빈도(횟수)는 배합종류별, 구조물별 1일 타설량 (①)마다 1회의 비율로 하여 시험을 실시하여야 하며, 다만 강도에 대한 검사는 1롯트(피검사 구조물대상 기준)당 최소 (②)의 시험결과치로 합·불합격을 판단해야 하며, 정기점검의 적용대상은 자재 총 설계량이 레미콘 (③) 이상이다.

25 다음 데이터를 네트워크 공정표로 작성하고, 각 작업의 여유시간을 구하시오.

작업명	작업일수	선행작업	비 고
A	3	없음	
B	4	없음	
C	5	없음	
D	6	A, B	EST LST LFT EFT
E	7	B	작업명
F	4	D	ⓘ ───→ ⓙ 로
G	5	D, E	표기하고 주공정선은 굵은 선으로 표기하시오.
H	6	C, F, G	작업일수
I	7	F, G	

가. 공정표

나. 여유시간

12점

01 주어진 데이터에 의하여 다음 물음에 답하시오.

(단, ① Network 작성은 Arrow Network로 할 것

② Critical Path는 굵은 선으로 표시할 것

③ 각 결합점에서는 다음과 같이 표시한다.)

(Data)

Activity Name	선행작업	Duration	공기 1일 단축 시 비용(원)	비 고
A	없음	5	10,000	
B	없음	8	15,000	
C	없음	15	9,000	
D	A	3	공기단축 불가	① 공기단축은 Activity I에서 2일, Activity H에서 3일, Activity C에서 5일로 한다. ② 표준공기시 총공사비는 1,000,000원이다.
E	A	6	25,000	
F	B, D	7	30,000	
G	B, D	9	21,000	
H	C, E	10	8,500	
I	H, F	4	9,500	
J	G	3	공기단축 불가	
K	I, J	2	공기단축 불가	

가. 표준(Normal) Network를 작성하시오.

나. 공기를 10일 단축한 Network를 작성하시오.

다. 공기단축된 총공사비를 산출하시오.

3점
02 수평버팀대의 흙막이에 작용하는 응력이 아래의 그림과 같을 때 번호에 알맞은 말을 보기에서 골라 기호로 쓰시오.

㉮ 수동토압	㉯ 정지토압
㉰ 주동토압	㉱ 버팀대의 하중
㉲ 버팀대의 반력	㉳ 지하수압

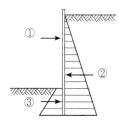

4점

03 다음의 설명에 해당되는 용접결함의 용어를 쓰시오.

가. 용접금속과 모재가 융합되지 않고 단순히 겹쳐지는 것

나. 용접 상부에 모재가 녹아 용착금속이 채워지지 않고 홈으로 남게 된 부분

다. 용접봉의 피복재 용해물인 회분이 용착금속 내에 혼합된 것

라. 용융금속이 응고할 때 방출되었어야 할 가스가 남아서 생기는 용접부의 빈 자리

04 Fastener는 커튼월을 구조체에 긴결시키는 부품을 말하며, 외력에 대응할 수 있는 강도를 가져야 하며 설치가 용이하고 내구성, 내화성 및 층간변위에 대한 추종성이 있어야 한다. 커튼월 공사에서 구조체의 층간변위, 커튼월의 열팽창, 변위 등을 해결하는 Fastener의 긴결방식 3가지를 쓰시오.

① ....

② ....

③ ....

05 프리팩트 콘크리트 말뚝의 종류를 3가지 쓰시오.

① ....

② ....

③ ....

06 생콘크리트 측압에서 콘크리트 헤드(Concrete Head)에 대하여 간략하게 쓰시오.

....

....

07 인텔리전트 빌딩의 Access 바닥에 관하여 기술하시오.

....

....

....

4점
08 다음 용어를 간단히 설명하시오.

가. 스페이서(Spacer)

나. 온도조절 철근

5점
09 히스토그램(Histogram)의 작업순서를 보기에서 골라 순서를 기호로 쓰시오.

① 히스토그램과 규격값을 대조하여 안정상태인지 검토한다.
② 히스토그램을 작성한다.
③ 도수분포도를 만든다.
④ 데이터에서 최솟값과 최댓값을 구하여 전 범위를 구한다.
⑤ 구간폭을 정한다.
⑥ 데이터를 수집한다.

4점
10 숏크리트(Shotcrete)에 대해 설명하고, 장단점을 설명하시오.

4점
11 다음 용어를 간단히 설명하시오.

가. 물시멘트비(W/C)

나. 침입도

8점

12 다음 그림과 같은 창고를 시멘트벽돌로 신축하고자 할 때 벽돌 쌓기량(매)과 내외벽 시멘트 미장할 때 미장면적을 구하시오.

(단, ① 벽두께는 외벽 1.5B 쌓기, 칸막이벽 1.0B 쌓기로 하고 벽높이는 안팎 공히 3.6m 로 가정하며, 벽돌은 표준형(190×90×57)으로 할증률은 5%이다.

② 창문틀 규격 : $\frac{1}{D}$: 2.2m×2.4m $\frac{2}{D}$: 0.9m×2.4m

$\frac{3}{D}$: 0.9m×2.1m $\frac{1}{W}$: 1.8m×1.2m

$\frac{2}{W}$: 1.2m×1.2m)

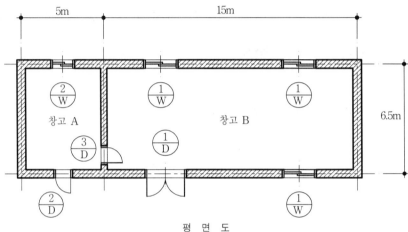

평 면 도

가. 벽돌량

나. 미장면적

13 PERT기법에서 낙관시간 4일, 정상시간 5일, 비관시간 6일일 때 기대시간(t_e)을 구하시오.

14 비중이 2.65이고 단위용적중량이 1,600kg/m³일 때 골재의 공극률(%)을 구하시오.

15 다음 두 용어를 구분지어 설명하시오.

가. 다시비빔(Remixing)

나. 되비빔(Retempering)

16 다음 측정기별 용도를 쓰시오.

① Washington Meter

② Piezo Meter

③ Earth Pressure Meter

④ Dispenser

17 염분을 포함한 바닷모래를 골재로 사용하는 경우 철근 부식에 대한 방청상 유효한 조치를 3가지 쓰시오.

① ....

② ....

③ ....

18 철근콘크리트 공사에서 철근이음을 하는 방법으로 가스압접이 있는데, 가스압접으로 이음을 할 수 없는 경우를 3가지 쓰시오.

① ....

② ....

③ ....

19 다음 (   ) 안에 적합한 숫자를 쓰시오.

> 기초, 보 옆, 기둥 및 벽의 거푸집 널 존치기간은 콘크리트의 압축강도가 최소 (①)MPa 이상에 도달한 것이 확인될 때까지로 한다. 다만, 거푸집널 존치기간 중의 평균기온이 20℃ 미만 10℃ 이상인 경우에 보통 포틀랜드 시멘트를 사용한 콘크리트는 그 재령이 최소 (②)일 이상 경과하면 압축강도시험을 하지 않고도 거푸집을 떼어낼 수 있다.

20 대형 시스템거푸집 중에서 갱폼(Gang Form)의 장단점을 각각 2개씩 쓰시오.

....

....

....

....

2점
21 철근콘크리트 기둥에서 띠(Hoop) 철근의 역할 2가지를 쓰시오.

① ....

② ....

3점
22 다음의 데이터는 비중이 0.4인 경량 기포콘크리트의 압축강도시험 결과이다. 이 데이터를 이용하여 표본표준편차와 변동계수를 구하시오.

> 데이터 : 4.19, 4.17, 4.27, 4.80, 4.22, 4.47, 3.89, 4.28, 4.00, 3.97(MPa)

....

....

....

....

3점
23 콘크리트의 유효흡수량에 대해 기술하시오.

....

3점
24 다음 그림은 철골 보−기둥 접합부의 개략적인 그림이다. 각 번호에 해당하는 구성재의 명칭을 쓰시오.

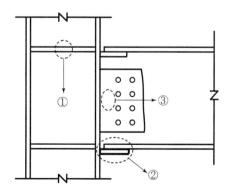

3점

25 다음 설명에 알맞은 용어를 쓰시오.

> ① 상시하중, 지진하중 등의 하중에 의한 응력을 상쇄하도록 미리 계획적으로 도입된 콘크리트의 응력
> ② 프리캐스트 부재의 콘크리트 치기를 수평위치에서 부어넣고 경사지게 세워 탈형하는 공법
> ③ 주로 수량에 의하여 좌우되는 아직 굳지 않은 콘크리트의 반죽질기

① : ....

② : ....

③ : ....

2점
01 길이가 5m이고, 13.3kg/m인 2L-90×90×15 형강의 중량은?

4점
02 다음 용어를 설명하시오.

① 슬럼프 플로우(Slump Flow)

---

② 조립률

4점
03 프리스트레스트 콘크리트에서 다음 내용에 대해 간단하게 기술하시오.

가. 프리텐션(Pre-tension) 방식

나. 포스트텐션(Post-tension) 방식

3점
04 다음과 같은 작업데이터에서 비용구배(Cost Slope)를 산출하고 가장 적은 작업부터 순서대로 작업명을 쓰시오.

작업명	정상계획		급속계획	
	공기(일)	비용(원)	공기(일)	비용(원)
A	4	6,000	2	9,000
B	15	14,000	14	16,000
C	7	5,000	4	8,000

가. 산출근거

나. 작업순서

3점
05 제자리콘크리트 말뚝공법을 3가지 쓰시오.

①

②

③

3점
06 굴착지반 안전성 검토에서 보일링(Boiling)과 히빙(Heaving) 파괴의 대책 3가지를 쓰시오.

①

②

③

3점
07 390mm × 190mm × 190mm 시멘트블록의 압축강도시험에서 하중속도를 매초 20MPa 로 한다면 압축강도 800MPa인 블록은 몇 초에서 붕괴되겠는지 붕괴시간을 구하시오.

3점
08 Value Engineering 개념에서 $V = \dfrac{F}{C}$ 식의 각 기호를 설명하시오.

2점
09 베노토 공법(Benoto Method)에 대하여 쓰시오.

3점
10 콘크리트의 크리프(Creep) 현상에 대하여 쓰시오.

3점

11 콘크리트의 압축강도를 시험하지 않을 경우 거푸집의 존치기간을 쓰시오.

기초, 보 옆, 기둥 및 벽의 거푸집널 존치기간을 정하기 위한 콘크리트의 재령(일)

시멘트의 종류 / 평균기온	조강포틀랜드시멘트	보통포틀랜드시멘트 고로슬래그시멘트 특급	고로슬래그시멘트 1급 포틀랜드포졸란시멘트 B종
20℃ 이상	①	③	4
20℃ 미만 10℃ 이상	②	4	④

3점

12 목재의 섬유포화점과 관련된 함수율 증가에 따른 강도 변화에 대하여 쓰시오.

3점

13 실비정산 비율보수가산 도급비용을 계산하시오.

가. 제한금액 : 1억 원   나. 공사비 : 9천만 원
다. 보수율 : 15%

3점

14 탑다운 공법(Top−down)의 특징을 3가지 쓰시오.

①
②
③

5점
15 철골 내화피복 공법 중 습식공법을 설명하고 습식공법의 종류 3개와 사용재료 3개를 쓰시오.

....

....

....

....

4점
16 Sand Drain 공법의 목적을 설명하고 방법을 쓰시오.

....

....

....

....

4점
17 다음 흙파기 공법의 시공순서를 쓰시오.

가. 아일랜드 컷 공법 : 흙막이 설치 - (①) - (②) - (③) - (④) - 지하구조물 완성
나. 트렌치 컷 공법 : 흙막이 설치 - (①) - (②) - (③) - (④) - 지하구조물 완성

3점
18 지반조사 시 실시하는 보링(Boring)의 종류를 3가지만 쓰시오.

① ....

② ....

③ ....

19 다음 용어를 설명하시오.

① AE 감수제

_____

② 슈링크 믹스트 콘크리트

_____

20 다음 데이터를 네트워크 공정표로 작성하고, 4일의 공기를 단축한 최종 상태의 총공사비를 산출하시오. (단, 최초 작성 네트워크 공정표에서 크리티칼 패스는 굵은 선으로 표시하고, 결합점 시간은 다음과 같이 표시한다.)

[10점]

작업명	선행작업	표준(Nomal)		급속(Crash)	
		소요일수	공사비	소요일수	공사비
A	없음	3일	70,000	2일	130,000
B	없음	4일	60,000	2일	80,000
C	A	4일	50,000	3일	90,000
D	A	6일	90,000	3일	120,000
E	A	5일	70,000	3일	140,000
F	B, C, D	3일	80,000	2일	120,000

가. 공정표

나. 공기단축 총공사비 산출

경로 / 작업	A-E	A-D-F	A-C-F	B-F	비용구배	공기단축	추가비용
A							
B							
C							
D							
E							
F							
공기							

2점

21 녹막이 방지용 도료를 2가지 쓰시오.

① ....

② ....

4점

22 폴리머시멘트콘크리트의 특성을 보통시멘트콘크리트와 비교하여 4가지 기술하시오.

① ....

② ....

③ ....

④ ....

2점

23 표준볼트장력과 설계볼트장력을 비교하여 설명하시오.

....

....

4점

24 지하구조물은 지하수위에서 구조물 밑면까지의 깊이만큼 부력을 받아 건물이 부상하게 되는데, 이것에 대한 방지대책을 4가지 기술하시오.

① ....

② ....

③ ....

④ ....

3점

01 어떤 골재의 비중이 2.65이고, 단위용적중량이 1,800kg/m³이라면 이 골재의 실적률을 구하시오.

4점

02 건축공사표준시방서의 방수공사 표지방법 중 각 공법에서 최후의 문자는 각 방수층에 대하여 공통으로 고정상태, 단열재의 유무 및 적용부위를 의미한다. 이에 사용되는 영문 기호 F, M, S, U, T, W 중 4개를 선택하여 그 의미를 설명하시오.

2점
03 조강포틀랜드시멘트의 28일간의 예상 평균기온의 범위 5℃ 이상 15℃ 미만의 경우 보정값 T(N/mm²)는 얼마인가?

3점
04 특성요인도에 대해 설명하시오.

4점
05 공동도급의 장점을 4가지 쓰시오.

① _____
② _____
③ _____
④ _____

2점
06 지반 개량 공법 중 탈수법에서 다음의 토질에 적당한 대표적 공법을 각각 1가지씩 쓰시오.

① 사질토 : _____
② 점성토 : _____

07 다음 도면에서 기둥의 주근 및 대근 철근량의 합계를 산출하시오. (단, 층고는 3.6m, 주근의 이음길이는 25d로 하고, 철근의 중량은 D22는 3.04kg/m, D19는 2.25kg/m, D10은 0.56kg/m로 한다.)

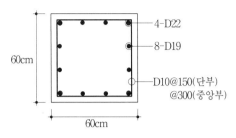

08 다음 조건일 때 파워셔블(Power Shovel)의 1시간당 추정 굴착작업량을 산출하시오. (단, 단위를 명기하시오.)

$$q=0.8m^3, \quad f=1.28, \quad E=0.83, \quad k=0.8, \quad C_m=40sec$$

09 다음 공법에 대하여 기술하시오.

가. 도막방수

나. 시트방수

4점

10 Pre-cooling 방법과 Pipe-cooling 방법에 대해 설명하시오.

① Pre-cooling

_____

② Pipe-cooling

_____

3점

11 매스콘크리트 온도균열의 기본대책을 [보기]에서 선택하시오.

> ㉮ 응결촉진제 사용　　　　㉯ 중용열시멘트 사용
> ㉰ Pre-cooling 방법 사용　　㉱ 단위시멘트량 감소
> ㉲ 잔골재율 증가　　　　　㉳ 물시멘트비 증가

_____

2점

12 골재의 함수상태에 따른 용어를 쓰시오.

① 골재를 100~110℃의 온도에서 중량변화가 없어질 때까지(24시간 이상) 건조한 상태

_____

② 골재를 공기 중에 건조하여 내부는 수분을 포함하고 있는 상태

_____

③ 골재의 내부는 이미 포화상태이고, 표면에도 물이 묻어 있는 상태

_____

④ 표면건조 내부포수 상태의 골재에 포함된 수량

_____

⑤ 습윤상태의 골재표면의 수량

_____

6점

13 다음 용어를 설명하시오.

① 이음 :

② 맞춤 :

③ 쪽매 :

4점

14 외부 쌍줄비계와 외줄비계의 면적 산출방법을 쓰시오.

① 쌍줄비계 면적

② 외줄비계 면적

4점

15 $8m^3$의 모래를 운반하려고 한다. 소요 인부 수를 구하시오. (단, 질통의 무게 40kg, 상하차시간 2분, 운반거리 150m, 평균운반속도 60m/분, 모래의 단위 용적중량 $1,600kg/m^3$, 1일 8시간 작업하는 것으로 가정한다.)

4점

16 혼화제의 사용목적 4가지를 쓰시오.

① _____

② _____

③ _____

④ _____

3점

17 다음의 (   )을 채우시오.

뿜칠의 노즐 끝과 시공면의 거리는 (①)mm를 유지, 시공 면과의 각도는 (②)°, (③)℃ 이하는 작업 중단이 원칙

3점

18 다음 철근의 간격에 대한 설명 중 (   ) 안에 알맞은 내용을 쓰시오.

철근과 철근의 순간격은 굵은 골재 최대 치수 (①)배 이상, (②)mm 이상, 이형철근 공칭 직경의 (③)배 이상으로 한다.

4점

19 다음 커튼월 공법의 분류를 쓰시오.

① 구조형식에 의한 분류 2가지

_____

_____

② 조립방식에 의한 분류 2가지

_____

_____

5점

20 다음은 거푸집공사에 관계되는 용어설명이다. 알맞은 용어를 쓰시오.

㉮ 슬래브에 배근되는 철근이 거푸집에 밀착하는 것을 방지하기 위한 간격재(굄재)

㉯ 벽거푸집이 오므라지는 것을 방지하고 간격을 유지하기 위한 격리재

㉰ 거푸집 긴장철선을 콘크리트 경화 후 절단하는 절단기

㉱ 콘크리트에 달대와 같은 설치물을 고정하기 위하여 매입하는 철물

㉲ 거푸집의 간격을 유지하며 벌어지는 것을 막는 긴장재

4점

21 다음 설명하는 용어를 쓰시오.

① 보링 구멍을 이용하여 +자 날개를 지반에 때려 박고 회전하여 그 회전력에 의하여 지반의 점착력을 판별하는 지반조사 시험

② 블로운 아스팔트에 광물성, 동식물섬유, 광물질가루 등을 혼합하여 유동성을 부여한 것

5점

22 지하실 외벽의 경우에 안방수와 바깥방수를 다음의 관점에서 각각 비교하여 쓰시오.

구 분	안방수	바깥방수
① 사용환경		
② 공사시기		
③ 내수압성		
④ 경제성		
⑤ 보호누름		

4점
23 PERT 기법에서 시간 견적치와 기대시간을 구하시오. (낙관시간 4일, 정상시간 7일, 비관시간 8일)

① 시간 견적치

② 기대시간

5점
24 철골공사 시 고장력 볼트 조임의 장점에 대하여 5가지를 쓰시오.

①

②

③

④

⑤

8점
25 다음 철근의 인장강도(N/mm^2)의 시험결과 Data를 이용하여 다음 물음에 답하시오.

Data : 460, 540, 450, 490, 470, 500, 530, 480, 490

① 산술평균($\overline{x}$)

② 변동(S)

③ 표본분산(s^2)

④ 표본표준편차(s)

4점

01 다음 용어를 설명하시오.

가. 기준점

나. 방호선반

4점

02 지하구조물 공사 시 인접 구조물의 피해를 막기 위해 실시하는 언더피닝(Under Pinning) 공법의 종류를 4가지 쓰시오.

①

②

③

④

3점

03 터널 폼(Tunnel Form)에 대하여 쓰시오.

04 LCC(Life Cycle Cost : 생애주기비용)에 대하여 기술하시오.

05 다음 데이터를 공정표로 작성하시오. (단, 이벤트(Event)에는 번호를 기입하고,

로 작업 및 일정을 표기하며 주공정선은 굵은 선으로 표기한다.)

작업	선행작업	소요일수
A	없음	4
B	없음	8
C	A	6
D	A	11
E	A	14
F	B, C	7
G	B, C	5
H	D	2
I	D, F	8
J	E, H, G, I	9

2점

06 공정관리 중 진도관리에 사용되는 S-Curve(바나나 곡선)에 대하여 쓰시오.

....

....

2점

07 철근콘크리트 공사 시 철근 간격을 일정하게 유지하는 이유를 쓰시오.

....

....

4점

08 건축공사 표준시방서에서 방수공사 시 다음 기호의 뜻을 쓰시오.

가. Pr : ....

나. Mi : ....

다. Al : ....

라. Th : ....

마. In : ....

6점

09 PQ제도의 장단점에 대해서 쓰시오.

(1) 장점

....

....

(2) 단점

....

....

5점

10 알칼리 골재반응을 설명하고 방지대책 3가지를 쓰시오.

(1) 정의

(2) 방지대책

①

②

③

4점

11 거푸집 측압의 증가 원인에 대해서 4가지를 쓰시오.

3점

12 표준관입시험에 대해 쓰시오.

3점

13 실링 방수제의 품질성능 요소를 3가지 쓰시오.

①

②

③

3점
14 목재의 방부처리 방법을 쓰고 간단히 설명하시오.

3점
15 공기단축기법에서 MCX기법을 순서에 따라 나열하시오.

① 보조주공정선의 동시 단축 경로를 고려한다.
② 주공정선상의 작업을 선택한다. ③ 보조주공정선의 발생을 확인한다.
④ 단축 한계까지 단축한다. ⑤ 우선 비용구배가 최소인 작업을 단축한다.

3점
16 샌드 드레인 공법에 대하여 쓰시오.

3점
17 다음 설명하는 콘크리트의 종류를 쓰시오.

(가) 콘크리트 제작 시 골재는 전혀 사용하지 않고 물, 시멘트, 발포제만으로 만든 경량 콘크리트

(나) 콘크리트 타설한 후 진공매트(Vaccum Mat)로 수분과 공기를 흡수하고, 대기의 압력으로 다짐하여 초기강도, 내구성을 증대시킨 콘크리트

(다) 거푸집 안에 미리 굵은 골재를 채워 넣은 후 그 공극 속으로 특수한 모르타르를 주입하여 만든 콘크리트

18 조적조 안전 규정에 대한 내용이다. 아래 ( ) 안을 채우시오.

조적조 대린 벽으로 구획된 벽길이는 (①) 이하이어야 하며, 내력벽으로 둘러싸인 바닥면적은 (②) 이하이어야 한다.

19 다음 그림과 같은 연속기초에 있어서 기초 터파기량과 되메우기량 및 잔토처리량을 구하시오. (단, 토량변화계수 $L = 1.2$로 한다.)

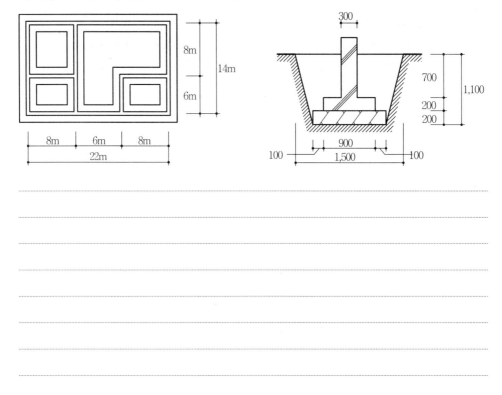

20 옥상 8층 아스팔트 방수공사의 표준 시공순서를 쓰시오.

① 1층   ② 2층
③ 3층   ④ 4층
⑤ 5층   ⑥ 6층
⑦ 7층   ⑧ 8층

4점

21 다음 블록들의 명칭을 쓰시오.

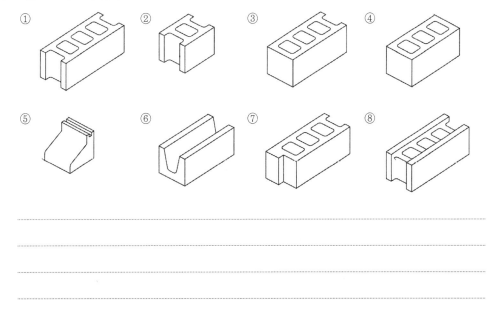

4점
22 건설사업통합전산망인 CALS(Continuous Acquisition & Life-cycle Support)에 관하여 기술하시오.

5점
23 두께 0.15m, 길이 100m, 폭 6m 도로를 7m³ 레미콘을 이용하여 하루 8시간 작업 시 레미콘의 배차간격(분)을 구하시오.(단, 100% 효율로 휴식시간은 없는 것으로 한다.)

4점
24 다음 용어의 정의를 쓰시오.

(1) 코너비드

----

(2) 차폐용 콘크리트

----

25 벽타일 붙이기의 시공순서를 쓰시오.

① 벽타일 붙임   ② 타일 나누기
③ 보양   ④ 치장줄눈
⑤ 바탕처리

26 다음 콘크리트의 균열보수법에 대하여 설명하시오.

가. 표면처리법

나. 주입공법

10점
01 다음 그림에서 한 층분의 물량을 산출하시오.

> 부재치수(단위 : mm)
> 전 기둥(C_1) : 500×500, 슬래브 두께(t) : 120
> G_1, G_2 : 400×600, G_3 : 400×700, B_1 : 300×600($b×D$), 층고 : 4,000

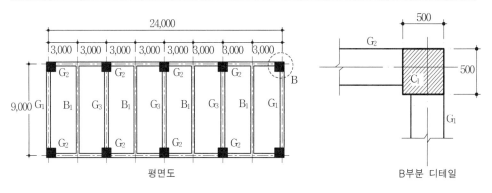

평면도   B부분 디테일

1. 전체 콘크리트 물량(m^3)

2. 전체 거푸집 면적(m²)

3. 시멘트(포대수), 모래(m³), 자갈량(m³)을 계산하시오.(1.항에 의거 산출된 물량을 이용, 배합비 1 : 3 : 6, 약산식 이용)
   ① 시멘트량(포대 수)

   ② 모래량(m³)

   ③ 자갈량(m³)

02 다음 데이터를 네트워크 공정표로 작성하고, 각 작업의 여유시간을 구하시오. 또한 이를 횡선식 공정표로 전환하시오.

작업	선행작업	소요일수	비 고
A	없음	5	
B	없음	6	EST|LST △LFT|EFT
C	A	5	(i) ──작업명──→ (j) 작업일수
D	A, B	2	주공정선은 굵은 선으로 표기하시오.
E	A	3	(단, Bar Chart로 전환하는 경우)
F	C, E	4	■ : 작업일수
G	D	2	□ : FF
H	G, F	3	▢ : DF로 표기함

① 공정표

② 여유시간

작업명	TF	FF	DF	CP
A				
B				
C				
D				
E				
F				
G				
H				

③ 횡선식 공정표(Bar Chart)

작업\일수	1	2	3	4	5	6	7	8	9	10	11	12	13	14	15	16	17	비고
A																		
B																		
C																		
D																		
E																		
F																		
G																		
H																		

[3점]
03 철근콘크리트 선팽창계수가 1.0×10^{-5}이라면 10m 부재가 10℃의 온도 변화 시 부재의 길이 변화량은 몇 cm인가?

[3점]
04 벽체 전용 거푸집 시스템의 종류를 3가지 쓰시오.

　①
　②
　③

[3점]
05 콘크리트 압축강도를 조사하기 위해 슈미터 해머를 사용할 때 반발경도를 조사한 후 추정 강도를 계산할 때 보정방안 3가지를 쓰시오.

　①
　②
　③

3점

06 철골 용접공사에서 과대전류에 의한 용접결함을 고르시오.

---

① 슬래그 감싸기　　　　　② 언더 컷

③ 오버랩　　　　　　　　④ 블로홀

⑤ 크랙　　　　　　　　　⑥ 피트

⑦ 용입 부족　　　　　　　⑧ 크레이터

⑨ 피쉬아이

3점

07 구멍이 있는 시멘트 블록(속 빈 블록)의 치수(길이×높이×두께)를 3가지 쓰시오.

① ....

② ....

③ ....

4점

08 다음 용어를 설명하시오.

가. 레이턴스(Laitance)

나. 콜드조인트(Cold Joint)

다. 모세관 공극(Capillary Cavity)

라. 크리프(Creep)

4점
09 대형 시스템거푸집 중에서 갱 폼(Gang Form)의 장단점을 각각 2개씩 쓰시오.

　가. 장점 :

　나. 단점 :

3점
10 벽 면적 20m²에 표준형 벽돌 1.5B로 쌓을 때 정미량을 구하시오.

4점
11 철근공사에서 피복 두께의 정의와 목적을 쓰시오.

　가. 정의 :

　나. 목적 :

3점
12 중량콘크리트의 용도를 쓰고 대표적으로 사용되는 골재 2가지를 쓰시오.

　가. 용도

　나. 사용골재

3점

13 벽타일 붙이기 공법의 종류를 3가지 쓰시오.

① ....

② ....

③ ....

2점

14 아래 ( )에 적당한 내용을 쓰시오.

물시멘트 비는 시멘트에 대한 물의 ( ) 백분율이다.

3점

15 다음은 도급업자 선정 시 입찰방식에 대한 설명이다. 각 설명에 맞는 입찰방식을 쓰시오.

가. 부적격자가 제거되어 공사의 신뢰성을 확보할 수 있으나 담합의 우려가 있음

나. 입찰참가에 균등한 기회를 부여한 민주적 방식으로 과다 경쟁으로 인한 부실공사 우려가
발생

다. 공사비가 상승할 우려가 있으나 공사의 기밀유지가 가능

3점

16 슬러리 월(Slurry Wall) 공법의 특징을 3가지 쓰시오.

① ....

② ....

③ ....

4점
17 다음 공사관리 계약방식에 대해 설명하시오.

가. 대리인형 CM(CM For Fee)

나. 시공자형 CM(CM At Risk)

3점
18 프리스트레스트 콘크리트에 이용되는 긴장재의 종류 3가지를 쓰시오.

①

②

③

4점
19 Access Floor의 지지방식을 4가지 쓰시오.

①

②

③

④

3점
20 CIC(Computer Integrated Construction)에 대하여 쓰시오.

5점

21 지반의 허용 지내력과 관련된 내용이다. ( )를 채우시오.

   (1) 장기허용 지내력도

      ① 경암반 : ( )kN/m²

      ② 연암반 : ( )kN/m²

      ③ 자갈과 모래와의 혼합물 : ( )kN/m²

      ④ 모래 : ( )kN/m²

   (2) 단기허용 지내력도＝장기허용 지내력도×( )배

2점

22 히빙(Heaving) 현상에 대하여 쓰시오.

4점

23 기초공사 중 무소음, 무진동 공법을 3가지 쓰시오.

   ①

   ②

   ③

4점

24 철골공사에서 고력볼트 접합의 종류에 대한 설명이다. ( ) 안에 알맞은 용어를 쓰시오.

   가. Torque Control 볼트로서 일정한 조임 토크치에서 볼트축이 절단 ( )

   나. 2겹의 특수너트를 이용한 것으로 일정한 조임 토크치에서 너트(Nut)가 절단 ( )

   다. 일반 고장력볼트를 개량한 것으로 조임이 확실한 방식 ( )

   라. 직경보다 약간 작은 볼트구멍에 끼워 너트를 강하게 조이는 방식 ( )

3점
01 콘크리트의 알칼리 골재반응을 방지하기 위한 대책을 3가지만 쓰시오.

① _____

② _____

③ _____

3점
02 철골공사에서 앵커볼트 매입공법의 종류 3가지를 쓰시오.

① _____

② _____

③ _____

3점
03 시멘트 풍화작용에 대한 설명이다. ( ) 안에 알맞은 말을 쓰시오.

시멘트의 풍화작용은 시멘트가 대기 중에서 수분을 흡수하여 수화작용으로 (㉮)이 생기고 공기 중의 (㉯)를 흡수하여 (㉰)을 생기게 하는 작용이다.

04 칼럼 쇼트닝의 원인 및 영향을 설명하시오.

(1) 원인

_____

_____

(2) 영향

_____

_____

05 다음 데이터를 이용하여 네트워크 공정표를 작성하고, 각 작업의 여유시간을 계산하시오.

작업명	선행작업	작업일수	비 고
A	없음	5	ESTLST ／LFT EFT
B	없음	2	로 일정 및 작업을 표기하고,
C	없음	4	주공정선을 굵은선으로 표시
D	A, B, C	4	한다. 또한 여유시간 계산 시는 각 작업의 실제적인
E	A, B, C	3	의미의 여유시간으로 계산한다.(더미의 여유시간은
F	A, B, C	2	고려하지 않을 것)

① 공정표

② 여유시간

06 다음 용어에 대하여 쓰시오.

　가. LCC

　나. VE

　다. Task Force 조직

---

07 표준볼트장력과 설계볼트장력을 비교하여 설명하시오.

---

08 토공사용 건설기계 중 정지용 기계장비를 3가지 쓰고, 특성 및 용도를 쓰시오.

① _____

② _____

③ _____

5점
09 하절기콘크리트 시공 시 발생하는 문제점으로서 콘크리트 품질 및 시공면에 미치는 영향에 대해 5가지를 쓰시오.

① _____

② _____

③ _____

④ _____

⑤ _____

4점
10 석고보드의 장단점을 각각 2가지 쓰시오.

(1) 장점

_____

_____

(2) 단점

_____

_____

3점
11 레디믹스트 콘크리트가 현장에 도착하여 타설될 때 현장에서 일반적으로 행하는 품질 관리항목을 보기에서 선택하시오.

① 슬럼프 시험	② 물의 염소이온량 측정
③ 골재반응성 시험	④ 공기량 시험
⑤ 압축강도 공시체 제작	⑥ 시멘트 알칼리량 측정

_____

12 다음 용어의 정의를 쓰시오.

가. Longest Path

나. 주공정선(Critical Path)

다. 급속점(Crash Point)

라. 비용구배(Cost Slope)

13 다음의 설명이 뜻하는 용어를 쓰시오.

가. 사회간접시설의 확충을 위해 민간이 시설물을 완성하고, 그 시설물을 일정기간 동안 운영하여 투자자금을 회수한 후 발주자에게 그 시설을 양도하는 방식

나. 사회간접시설의 확충을 위해 민간이 시설물을 완성하고, 그 시설물의 운영과 함께 소유권도 민간에 양도하는 방식

다. 사회간접시설의 확충을 위해 민간이 시설물을 완성하여 소유권을 공공부분에 먼저 양도하고, 그 시설물을 일정기간 동안 운영하여 투자금액을 회수하는 방식

라. 발주자는 설계에서 시공까지 건물의 요구 성능만을 제시하고 시공자가 재료나 시공방법을 선택하여 요구성능을 실현하는 방식

2점
14 백화현상에 대하여 쓰시오.

_____

_____

4점
15 다음의 타일 공법을 쓰시오.

가. 타일 측에 붙임재를 바르는 공법

_____

나. 바탕 측에 붙임재를 바르는 공법

_____

4점
16 다음 두 용어를 구분지어 설명하시오.

가. 다시비빔(Remixing)

_____

_____

나. 되비빔(Retempering)

_____

_____

4점
17 건설업에 있어서 일반적인 품질관리 절차를 보기에서 맞게 기호로 쓰시오.

㉮ 품질관리 항목 선정	㉯ 교육 및 작업 실시
㉰ 품질시험 및 검사	㉱ 관리한계선의 재결정
㉲ 공정의 안정성 검토	㉳ 품질 및 작업기준 결정
㉴ 이상원인 조사 및 수정조치	

_____

4점

18 다음의 공정관리에 대한 용어를 쓰시오.

가. TF : ....

나. FF : ....

2점

19 다음 괄호에 공통적으로 들어갈 용어를 쓰시오.

가. 한중콘크리트에서는 초기강도 발현이 늦어지므로 (   )를 이용하여 거푸집의 해체시기, 콘크리트 양생기간 등을 검토한다.

나. 양생온도가 달라져도 그 (   )가 같으면 콘크리트 강도는 비슷하다고 본다.

4점

20 시험에 관계되는 것을 보기에서 골라 번호로 쓰시오.

① 신 월 샘플링(Thin Wall Sampling)   ② 베인시험(Vane Test)
③ 표준관입시험   ④ 정량분석시험

㉮ 진흙의 점착력
㉯ 지내력
㉰ 연한 점토
㉱ 염분

4점

21 슬러리 월(Slurry Wall) 공사에서 사용되는 벤토나이트 용액의 사용목적에 대하여 2가지를 쓰시오.

① ....

② ....

22 다음 기초에 소요되는 철근, 콘크리트, 거푸집의 양을 산출하시오.(단, 이형철근 D16의
단위중량은 1.56kg/m, D13의 단위중량은 0.995kg/m이다.)

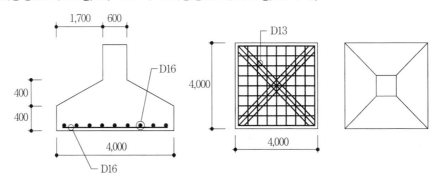

① 철근량(kg)

② 콘크리트량(m³)

③ 거푸집량(m²)

23 포틀랜드 시멘트의 종류 5가지를 쓰시오.

①

②

③

④

⑤

24 다음 용어의 정의를 쓰시오.

가. 페이퍼 드레인

....

....

나. 생석회 공법

....

....

25 PMIS(Project Management Information System)에 대해서 쓰시오.

....

....

4점
01 철골구조의 내화피복공사 시 활용되는 습식공법 4가지를 쓰시오.

① ....

② ....

③ ....

④ ....

3점
02 커튼월 공사에서 구조체의 증간변위, 커튼월의 열팽창, 변위 등을 해결하기 위한 긴결 방법 3가지를 쓰시오.

① ....

② ....

③ ....

4점

03 블록 압축강도시험에 대한 다음 물음에 답하시오.

가. $390 \times 190 \times 150mm$ 속 빈 콘크리트 블록의 압축강도시험에서 블록에 대한 가압면적 (mm^2)

나. 압축강도 10MPa인 블록이 하중속도를 매초 0.2MPa로 할 때의 붕괴시간(sec)

3점

04 철근콘크리트 구조의 1방향 슬래브와 2방향 슬래브를 구분하는 기준에 대해 설명하시오.

3점

05 철골공사의 용접부 내부결함에 대한 비파괴검사 방법 3가지를 쓰시오.

①

②

③

4점

06 콘크리트의 중성화에 대한 다음 ( ) 안을 채우시오.

가. 공기 중 탄산가스의 작용으로 콘크리트 중의 (①)이 서서히 (②)으로 되어 콘크리트가 알칼리성을 상실하게 되는 과정

나. 반응식 : (③)+CO_2 → (④)+H_2O

07 철골 주각부 현장 시공 순서에 맞게 번호를 나열하시오.

① 기초 상부 고름질   ② 가조립
③ 변형 바로잡기   ④ 앵커볼트 정착
⑤ 철골 세우기   ⑥ 기초콘크리트 치기
⑦ 철골 도장

08 흙의 함수량 변화와 관련하여 ( ) 안을 채우시오.

흙이 소성상태에서 반고체 상태로 옮겨지는 경계의 함수비를 (　①　)라 하고 액성상태에서 소성상태로 옮겨지는 함수비를 (　②　)라고 한다.

09 다음 형강을 단면 형상의 표시방법으로 표시하시오.

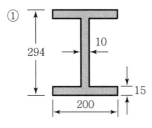

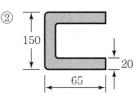

10 시멘트계 바닥 바탕의 내마모성, 내화학성, 분진방지성을 증진시켜 주는 바닥강화재 (Harder) 중 침투식 액상하드너 시공 시 유의사항 2가지를 쓰시오.

① ....

② ....

2점
11 다음이 설명하는 구조의 명칭을 쓰시오.

> 건축물의 기초부분 등에 적층고무 또는 미끄럼받이 등을 넣어서 지진에 대한 건축물의 흔들림을 감소시키는 구조

5점
12 경화된 콘크리트의 크리프 현상에 대한 설명이다. 맞으면 ○, 틀리면 ×로 표시하시오.

① 재하기간 중 습도가 클수록 크리프는 커진다. ( )
② 재하개시 재령이 짧을수록 크리프는 커진다. ( )
③ 재하응력이 클수록 크리프는 커진다. ( )
④ 시멘트 페이스트양이 적을수록 커진다. ( )
⑤ 부재치수가 작을수록 크리프는 커진다. ( )

3점
13 유동화콘크리트의 제조방법 3가지를 쓰시오.

①
②
③

5점
14 기준점(Bench Mark)의 정의 및 설치 시 주의사항 3가지를 쓰시오.

가. 정의

나. 설치 시 주의사항

①
②
③

3점

15 목공사 마무리 중 모접기(면접기)의 종류 3가지를 쓰시오.

① ....

② ....

③ ....

4점

16 다음 용어를 간단히 설명하시오.

① 잔골재율(s/A)

....

....

② 조립률(FM)

....

....

5점

17 점토지반 개량공법 두 가지를 제시하고 그 중에서 한 가지를 선택하여 간단히 설명하시오.

① ....

② ....

....

4점

18 커튼월의 외관형태 타입 4가지를 쓰시오.

① ....

② ....

③ ....

④ ....

19 그림과 같은 라멘의 부정정 차수를 구하시오.

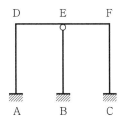

20 다음 라멘의 휨모멘트도를 개략적으로 도시하시오.

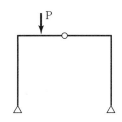

21 설계시공 일괄계약(Design–Build Contract)의 장점을 3가지 기술하시오.

① ....

② ....

③ ....

3점
22 다음 설명에 해당하는 시멘트 종류를 고르시오.

> 조강 시멘트, 실리카 시멘트, 내황산염 시멘트, 중용열 시멘트, 백색시멘트,
> 콜로이드 시멘트, 고로슬래그 시멘트

가. ① 특성 : 조기강도가 크고 수화열이 많으며 저온에서 강도의 저하율이 낮다.
　② 용도 : 긴급공사, 한중공사

나. ① 특성 : 석탄 대신 중유를 원료로 쓰며, 제조 시 산화철분이 섞이지 않도록 주의한다.
　② 용도 : 미장재, 인조석 원료

다. ① 특성 : 내식성이 좋으며 발열량 및 수축률이 작다.
　② 용도 : 대단면 구조재, 방사성 차단몰

3점
23 금속재 바탕처리법 중 화학적 방법 3가지를 쓰시오.

①
②
③

3점
24 역타설공법(Top-Down Method)의 장점 3가지를 쓰시오.

①
②
③

3점
25 강구조 볼트접합과 관련하여 용어를 쓰시오.

① 볼트 중심 사이의 간격

② 볼트 중심 사이를 연결하는 선

③ 볼트 중심 사이를 연결하는 선 사이의 거리

3점
26 커튼월 조립방식에 의한 분류에서 각 설명에 해당하는 방식을 번호로 쓰시오.

① Stick Wall 방식
② Window Wall 방식
③ Unit Wall 방식

(1) 구성 부재 모두가 공장에서 조립된 프리패브(Pre-fab) 형식으로 현장상황에 융통성을 발휘하기가 어려우며, 창호와 유리, 패널의 일괄발주 방식

(2) 구성 부재를 현장에서 조립·연결하여 창틀이 구성되는 형식으로 유리는 현장에서 주로 끼우며, 현장 적응력이 우수하여 공기조절이 가능. 창호와 유리, 패널의 분리발주방식

(3) 창호와 유리, 패널의 개별발주방식으로 창호 주변이 패널로 구성됨으로써 창호의 구조가 패널 트러스에 연결할 수 있어서 비교적 경제적인 시스템 구성이 가능한 방식

2점
27 T부재에 발생하는 부재력을 구하시오.

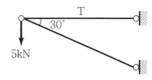

3점
28 다음이 설명하는 용어를 쓰시오.

① 길이조절이 가능한 무지주공법의 수평지지보

---

② 무량판 구조에서 2방향 장선 바닥판 구조가 가능하도록 된 특수상자 모양의 기성재 거푸집

---

③ 벽식 철근콘크리트 구조를 시공할 때 한 구획 전체의 벽판과 바닥판을 일체로 제작하여 한 번에 설치 · 해체할 수 있도록 한 거푸집

4점
29 다음 용어를 간단히 설명하시오.

① 부대입찰제도

---

② 대안입찰제도

---

30 보의 압축연단에서 중립축까지의 거리 c를 구하시오. (단, $f_{ck} = 35\mathrm{MPa}$, $f_y = 400\mathrm{MPa}$, $A_s = 2,028\mathrm{mm}^2$)

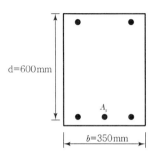

3점
01 철근의 응력−변형도 곡선에서 해당하는 4개의 주요 영역과 6개의 주요 포인트에 관련된 용어를 쓰시오.

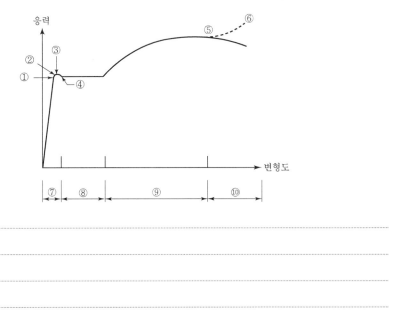

02 다음 도면과 같은 기둥 주근의 철근량을 산출하시오.(단, 층고는 3.6m, 주근의 이음길이는 25d로 하고, 철근의 중량은 D22는 3.04kg/m, D19는 2.25kg/m, D10은 0.56kg/m로 한다.)

```
                            ┌─ 4-D22
        ┌──────────────┐
        │ ●  ●  ●  ● │ ─ 8-D19
        │ ●          ● │
  50cm  │ ●          ● │
        │ ●          ● │ ─ D10 @150(단부)
        │ ●  ●  ●  ● │      @300(중앙부)
        └──────────────┘
              50cm
```

03 다음 보기에서 열거한 항목을 이용하여 시트방수의 시공순서를 기호로 쓰시오.

① 시트붙이기   ② 프라이머칠
③ 바탕처리   ④ 접착제칠

(가   ) – (나   ) – (다   ) – (라   ) – 마무리

04 콘크리트 구조체공사의 VH(Vertical Horizontal) 공법에 관하여 기술하시오.

4점

05 다음 설명이 의미하는 거푸집 관련 용어를 쓰시오.

① 철근의 피복두께를 유지하기 위해 벽이나 바닥 철근에 대어주는 것

② 벽 거푸집 간격을 일정하게 유지하여 격리와 긴장재 역할을 하는 것

③ 기둥 거푸집의 고정 및 측압 버팀용으로 주로 합판 거푸집에서 사용되는 것

④ 거푸집의 탈형과 청소를 용이하게 만들기 위해 합판 거푸집 표면에 미리 바르는 것

3점

06 콘크리트의 크리프(Creep) 현상에 대하여 쓰시오.

2점

07 건축공사에서 기준점(Bench Mark)을 설정할 때 주의사항을 2가지 쓰시오.

①
②

3점

08 지반조사 시 실시하는 보링(Boring)의 종류를 3가지만 쓰시오.

①
②
③

5점
09 벽돌벽의 표면에 생기는 백화현상의 정의와 발생방지대책을 3가지 쓰시오.

2점
10 다음이 설명하는 용어를 쓰시오.

① 창 밑에 돌 또는 벽돌을 15도 정도 경사지게 옆세워 쌓는 방법

② 벽돌벽 등에 장식적으로 구멍을 내어 쌓는 방법

4점
11 한중기 콘크리트에 관한 내용 중 (   ) 안을 맞게 채우시오.

① 한중콘크리트는 초기강도 (   )MPa까지는 보양을 실시한다.
② 한중콘크리트 물시멘트비(W/C)는 (   )% 이하로 한다.

5점
12 구조물을 신축하기 전에 실시하는 Mock-up Test의 정의와 시험항목을 3가지만 쓰시오.

① 정의 :

② 시험항목 :

13 아래에 표기된 실비정산보수 가산방식의 종류를 보기에 주어진 기호를 사용하여 적절히 표기하시오.

> A : 공사실비　　　　　　　　　A′ : 한정된 실비
> f : 비율보수　　　　　　　　　F : 정액보수

① 실비비율보수가산식

② 실비한정비율보수가산식

③ 실비정액보수가산식

14 다음에 설명하는 콘크리트의 줄눈 명칭을 쓰시오.

> 지반 등 안정된 위치에 있는 바닥판이 수축에 의하여 표면에 균열이 생길 수 있는데 이러한 균열을 방지하기 위해 설치하는 줄눈

15 다음 측정기별 용도를 쓰시오.

① Washington Meter

② Earth Pressure Meter

③ Piezo Meter

④ Dispenser

4점

16 목재에 가능한 방부제 처리법을 4가지 쓰시오.

① _____

② _____

③ _____

④ _____

4점

17 TQC에 이용되는 7가지 도구 중 4가지를 쓰시오.

① _____

② _____

③ _____

④ _____

5점

18 BOT(Build-Operate-Transfer Contract) 방식을 설명하고 이와 유사한 방식을 3가지 쓰시오.

① BOT 방식 : _____

_____

② 유사한 방식 : _____

_____

4점

19 다음은 철근콘크리트 부재의 구조계산을 수행한 결과이다. 물음에 답하시오.

> (1) 하중조건
>   ① 고정하중 : $M = 150\text{kN} \cdot \text{m}, \ V = 120\text{kN}$
>   ② 활하중 : $M = 130\text{kN} \cdot \text{m}, \ V = 110\text{kN}$
> (2) 강도감소계수
>   ① 휨에 대한 강도감소계수 : $\phi = 0.85$
>   ② 전단에 대한 강도감소계수 : $\phi = 0.75$

① 소요공칭휨강도

② 소요공칭전단강도

4점

20 다음 그림과 같은 구조물의 전단력도와 휨모멘트도를 그리고 최대전단력, 최대휨모멘트 값을 구하시오.

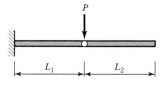

21 다음 그림과 같은 겔버보의 A, B, C 지점반력을 구하시오.

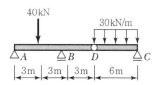

22 그림과 같은 철근콘크리트 보가 f_{ck}=21MPa, f_y=400MPa, D22(단면적 387mm²)일 때 강도감소계수 ϕ=0.85를 적용함이 적합인지 부적합인지를 판정하시오.

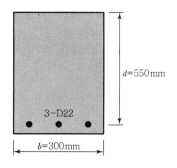

23 철골세우기에서 기초 상부 고름질의 방법을 3가지만 쓰시오.

① ....

② ....

③ ....

3점
24 다음 보기는 용접부의 검사항목이다. 보기에서 골라 공정에 알맞은 번호를 써 넣으시오.

① 트임새모양   ② 전류
③ 침투수압   ④ 운봉
⑤ 모아대기법   ⑥ 외관 판단
⑦ 구속법   ⑧ 용접봉
⑨ 초음파검사

㉮ 용접 착수 전 : _____

㉯ 용접 작업 중 : _____

㉰ 용접 완료 후 : _____

4점
25 굵은골재의 최대치수 25mm, 4kg을 물속에서 채취하여 표면건조 내부포수 상태의 질량이 3.95kg, 절대건조 질량이 3.60kg, 수중에서의 질량이 2.45kg일 때 흡수율과 비중을 구하시오.

① 흡수율 : _____

② 표건비중 : _____

③ 겉보기비중 : _____

④ 진비중 : _____

2점
26 총 단면적 A_g=5,624mm²의 H−250×175×7×11(SM355)의 설계인장강도를 한계상태설계법에 의해 산정하시오.(단, 설계저항계수 ϕ=0.90을 적용한다.)

_____

_____

_____

_____

27

다음에 제시된 화살표형 네트워크 공정표를 통해 일정계산 및 여유시간, 주공정선(CP)과 관련된 빈칸을 모두 채우시오. (단, CP에 해당하는 작업은 ※ 표시를 하시오.)

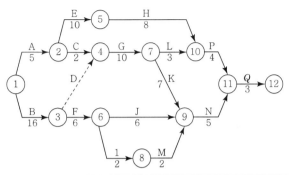

	EST	EFT	LST	LFT	TF	FF	DF	CP
A	0	5	9	14	9	0	9	
B	0	16	0	16	0	0	0	※
C	5	7	14	16	9	9	0	
D	16	16	16	16	0	0	0	※
E	5	15	16	26	11	0	11	
F	16	22	21	27	5	0	5	
G	16	26	16	26	0	0	0	※
H	15	23	26	34	11	6	5	
I	22	24	29	31	7	0	7	
J	22	28	27	33	5	5	0	
K	26	33	26	33	0	0	0	※
L	26	29	31	34	5	0	5	
M	24	26	31	33	7	7	0	
N	33	38	33	38	0	0	0	※
P	29	33	34	38	5	5	0	
Q	38	41	38	41	0	0	0	※

6점
01 아래 도면은 건물 옥상 도면이다. 다음을 산출하시오.(단, 벽돌의 규격은 $190 \times 90 \times 57$
이며, 벽돌의 할증률은 5%로 한다.)

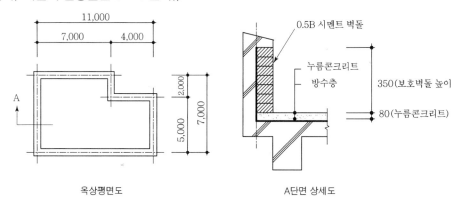

옥상평면도   A단면 상세도

가. 옥상 방수면적

나. 누름 콘크리트량

다. 누름 벽돌(시멘트벽돌, 표준형) 소요량

02 철근콘크리트 공사에서의 헛응결(False Set)에 대하여 설명하시오.

---

03 일반적으로 흙은 흙입자, 물, 공기로 구성되며, 도식화하면 다음과 같다. 그림에서 주어진 기호로 아래의 각종 용어를 표기하시오.

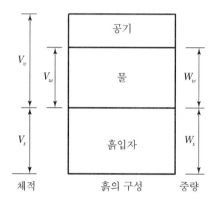

① 간극비

② 함수비

③ 포화도

---

04 대형 시스템 거푸집 중 갱폼(Gang Form)의 장단점을 각각 2가지씩 쓰시오.

가. 장점

①

②

나. 단점

①

②

4점
05 도막방수와 시트방수의 방수층 형성원리에 대해 기술하시오.

가. 도막방수

....
....

나. 시트방수

....
....

3점
06 기존 건물의 기초를 보강하는 언더피닝 공법을 3가지 쓰시오.

① ....
② ....
③ ....

3점
07 네트워크 공정표에서 작업상호 간의 연관관계만을 나타내는 명목상의 작업인 더미 (Dummy)의 종류를 3가지 쓰시오.

① ....
② ....
③ ....

4점
08 공동도급(Joint Venture) 방식의 장점 4가지를 설명하시오.

① ....
② ....
③ ....
④ ....

09 흐트러진 상태의 흙 30m³를 이용하여 30m²의 면적에 다짐상태로 60cm 두께로 더 돋우기할 때 시공완료된 다음의 흐트러진 상태로 남는 토량을 산출하시오. (단, 이 흙의 L=1.2이고, C=0.9이다.)

10 콘크리트 헤드(Concrete Head)의 정의를 쓰시오.

11 토질조사에서의 보링(Boring)의 정의와 종류 4가지를 쓰시오.

　가. 정의

　나. 종류

　　①
　　②
　　③
　　④

4점
12 숏크리트(Shotcrete) 공법의 정의를 기술하고, 그에 대한 장단점을 1가지씩 쓰시오.

가. 숏크리트 공법

나. 장점

다. 단점

4점
13 ALC(Autoclaved Lightweight Concrete) 패널의 설치공법을 4가지 쓰시오.

①

②

③

④

3점
14 그림과 같은 철골조 용접상세에서 번호에 해당하는 부위의 명칭을 쓰시오.

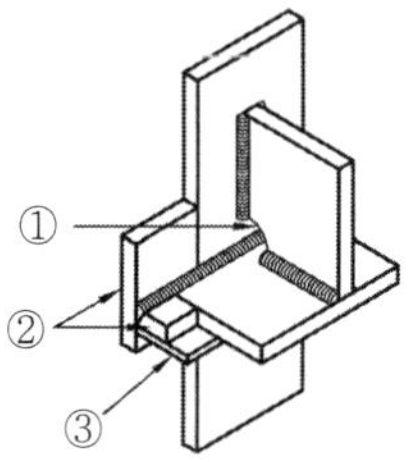

4점
15 Value Engineering의 사고방식 4가지를 쓰시오.

①

②

③

④

16 기둥 철근 배근에서 띠철근의 역할 2가지를 쓰시오.

① ....

② ....

17 시멘트의 성능시험 중 분말도 시험의 종류를 2가지 쓰시오.

① ....

② ....

18 다음 네트워크 공정표의 소요일수를 구하고, 크리티컬 패스(Critical Path)를 공정표에 굵게 표시하시오.

가. Critical Path

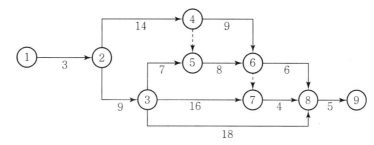

니. Critical Path상 소요일수

....

19 다음 입찰방법을 간단히 설명하시오.

가. 공개경쟁입찰

....

나. 지명경쟁입찰

....

다. 특명입찰

....

2점

20 온도철근의 배근 목적에 대하여 설명하시오.

_____

_____

4점

21 흙막이 공사에 사용하는 어스앵커공법의 특징을 4가지 쓰시오.

① _____

② _____

③ _____

④ _____

2점

22 다음에서 설명하는 용어를 쓰시오.

> 드라이비트라는 일종의 못박기총을 사용하여 콘크리트나 강재 등에 박는 특수못이다.
> 머리가 달린 것을 H형, 나사로 된 것을 T형이라고 한다.

_____

3점

23 슬래브와 보를 일체로 타설한 T형 보에서 압축을 받는 플랜지 부분의 유효폭을 결정할 때는 세 가지 조건에 의하여 산출된 값 중 가장 작은 값으로 결정하여야 하는데, 이 세 가지 조건에 대하여 기술하시오.

① _____

② _____

③ _____

24 강도설계법에서 보통골재를 사용한 콘크리트의 압축강도(f_{ck})가 24MPa이고 철근의 탄성계수(E_s)가 200,000MPa, 항복강도(f_y)가 400MPa일 때 콘크리트의 탄성계수(E_c)와 탄성계수비($\dfrac{E_s}{E_c}$)를 구하시오.

가. 콘크리트 탄성계수

나. 탄성계수비

25 다음 그림과 같은 설계조건에서 플랫슬래브 지판(드롭 패널)의 최소 크기와 두께를 산정하시오. (단, 슬래브 두께(t_s)는 200mm이다.)

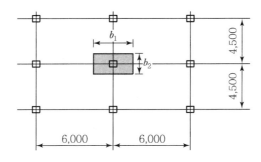

가. 지판의 최소 크기($b_1 \times b_2$)

나. 지판의 최소 두께

26 그림과 같은 한 변의 길이가 1.8m인 정사각형 철근콘크리트 기초판 바닥면에 작용하는 총 토압(kPa)을 계산하시오. (단, 흙의 단위질량 $\rho_s{'}$=2,082kg/m³이고, 철근콘크리트의 단위질량 ρ_s=2,400kg/m³이다.)

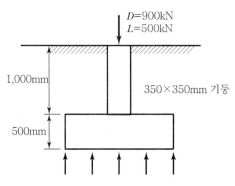

27 다음 그림과 같은 용접부의 설계강도(kN)를 구하시오. (단, 사용강재 SS400, 항복강도 $F_y = 235\text{N/mm}^2$)

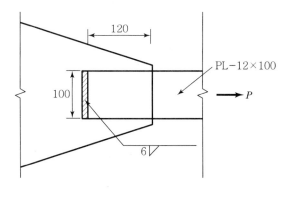

4점

01 그림과 같은 캔틸레버 보의 A점의 반력을 구하시오.

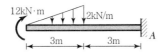

4점

02 기둥의 재질과 단면 크기가 모두 같은 그림과 같은 4개의 장주의 좌굴길이를 쓰시오.

조건	2a	4a	a	a/2
유효좌굴길이	①	②	③	④

03 강재의 탄성계수 205,000MPa, 단면적 10cm², 길이 4m, 외력으로 80kN의 인장력이 작용할 때 변형량(△L)을 구하시오.

04 다음 그림과 같은 단순보의 A지점의 처짐각, 보의 중앙 C점의 최대처짐량을 계산하시오.
(단, $E = 206\text{GPa}$, $I = 1.6 \times 10^{8}\text{mm}^{4}$)

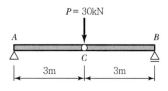

05 그림과 같은 철근콘크리트 보에서 최외단 인장철근의 순인장변형률 ε_{t}를 산정하고, 이 보의 지배단면(인장지배단면, 압축지배단면, 변화구간단면)을 구분하시오.
(단, $A_{s} = 1{,}927\text{mm}^{2}$, $f_{ck} = 24\text{MPa}$, $f_{y} = 400\text{MPa}$, $E_{s} = 200{,}000\text{MPa}$)

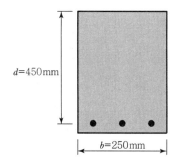

06 철근콘크리트 강도설계법에서 균형철근보의 정의를 쓰시오.

07 강구조에서 메탈터치(Metal Touch)에 대한 개념을 간략하게 그림을 그려서 정의를 설명하시오.

08 콘크리트 충전 강관(CFT) 구조를 설명하고 장단점을 각각 2가지씩 쓰시오.

① 구조 :

② 장점 :

③ 단점 :

09 다음의 [보기]에서 설명하는 구조의 명칭을 쓰시오.

> 철골구조물 주위에 철근배근을 하고 그 위에 콘크리트가 타설되어 일체가 되도록 한 것으로서,
> 초고층 구조물 하층부의 복합구조로 많이 채택되는 구조

10 다음 데이터를 보고 표준 네트워크 공정표를 작성하고, 7일 공기단축한 상태의 네트워크 공정표를 작성하시오.

작업명	작업일수	선행작업	비용구배(천원)	
A(① → ②)	2	없음	50	
B(① → ③)	3	없음	40	(1) 결합점 위에는 다음과 같이 표시한다.
C(① → ④)	4	없음	30	
D(② → ⑤)	5	A, B, C	20	
E(② → ⑥)	6	A, B, C	10	
F(③ → ⑤)	4	B, C	15	
G(④ → ⑥)	3	C	23	(2) 공기단축은 작업일수의 1/2을 초과할 수 없다.
H(⑤ → ⑦)	6	D, F	37	
I(⑥ → ⑦)	7	E, G	45	

(1) 결합점 위에는 다음과 같이 표시한다.

| EST | LST |　　　　　 LFT   EFT

(i) ──작업명／공사일수──▶ (j)

(2) 공기단축은 작업일수의 1/2을 초과할 수 없다.

1. 표준 네트워크 공정표

2. 7일 공기단축한 네트워크 공정표

3점
11 다음 ( ) 안에 들어갈 알맞은 용어를 쓰시오.

> Network 공정표는 공기단축을 위해 작업시간을 3점 추정하는 (①) 공정표와 CPM 공정표가 있다. CPM 공정표는 작업 중심의 (②), 결합점 중심의 (③) 공정표가 있다.

3점
12 다음 통합공정관리(EVMS ; Earned Value Management System) 용어를 설명한 것 중 맞는 것을 보기에서 선택하여 번호로 쓰시오.

> ① 프로젝트의 모든 작업내용을 계층적으로 분류한 것
> ② 성과측정시점까지 투입예정된 공사비
> ③ 공사착수일로부터 추정준공일까지의 실 투입비에 대한 추정치
> ④ 성과측정시점까지 지불된 공사비(BCWP)에서 성과측정시점까지 투입예정된 공사비를 제외한 비용
> ⑤ 성과측정시점까지 실제로 투입된 금액
> ⑥ 성과측정시점까지 지불된 공사비(BCWP)에서 성과측점시점까지 실제로 투입된 금액을 제외한 비용
> ⑦ 공정, 공사비 통합, 성과측정, 분석의 기본단위

㉮ CA(Control Account) (　　)
㉯ CV(Cost Variance) (　　)
㉰ ACWP(Actual Cost for Work Performed) (　　)

4점
13 다음 용어를 간단히 설명하시오.
① 히빙(Heaving) 현상

....

....

② 보일링(Boiling) 현상

....

....

2점
14 다음 ( ) 안에 알맞은 용어를 쓰시오.

> 콘크리트 다짐 시 진동기를 과도하게 사용할 경우에는 (①) 현상이 생기고, AE 콘크리트의
> 경우 (②)이(가) 많이 감소

2점
15 현장에서 반입된 철근은 시험편을 채취한 후 시험을 하여야 하는데, 그 시험의 종류를
2가지만 쓰시오.

① ....

② ....

3점
16 매스콘크리트의 수화열 저감을 위한 대책 3가지만 쓰시오.

① ....

② ....

③ ....

4점
17 Sheet 방수공법의 장단점을 각각 2가지 쓰시오.

4점
18 설계 · 시공 일괄계약(Design−Build)의 장단점을 각각 2가지 쓰시오.

19 가설공사의 수평규준틀 설치목적을 2가지 쓰시오.

20 철골내화피복공법의 종류에 따른 재료를 각 2가지씩 쓰시오.

공법	재료	
타설공법		
조적공법		
미장공법		

21 다음 평면의 건물높이가 13.5m일 때 비계면적을 산출하시오.(단, 도면의 단위는 mm 이며, 비계형태는 쌍줄비계로 한다.)

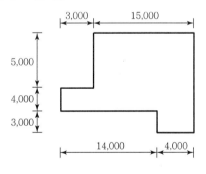

22 시멘트 주요 화합물을 4가지 쓰고, 그 중 28일 이후 장기강도에 관여하는 화합물을 쓰시오. [5점]

23 금속판 지붕공사에서 금속기와의 설치순서를 번호로 나열하시오. [4점]

> ① 서까래 설치(방부처리를 할 것)
> ② 금속기와 Size에 맞는 간격으로 기와걸이 미송각재를 설치
> ③ 경량철골 설치
> ④ Purlin 설치(지붕레벨 고려)
> ⑤ 부식방지를 위한 철골용접부위의 방청도장 실시
> ⑥ 금속기와 설치

24 토질 관련 다음 용어를 설명하시오. [2점]

① 압밀

② 예민비

25 T/S(Torque Shear)형 고력볼트의 시공순서를 번호로 나열하시오. [3점]

> ① 팁 레버를 잡아당겨 내측 소켓에 들어있는 핀테일을 제거
> ② 렌치의 스위치를 켜 외측 소켓이 회전하며 볼트를 체결
> ③ 핀테일이 절단되었을 때 외측 소켓이 너트로부터 분리되도록 렌치를 잡아당김
> ④ 핀테일에 내측 소켓을 끼우고 렌치를 살짝 걸어 너트에 외측 소켓이 맞춰지도록 함

26 다음은 한식기와 잇기에 관한 설명이다. ( ) 안에 해당하는 용어를 써넣으시오.

> 한식기와 잇기에서 산자 위에서 펴 까는 진흙을 (①)(이)라 하며, 수키와 처마 끝에 막새 대신에 회백토로 둥글게 바른 것을 (②)(이)라 한다.

4점
27 SPS(Strut as Permanent System) 공법의 특징을 4가지 쓰시오.

① _____

② _____

③ _____

④ _____

2점
28 부력에 의한 건축물의 부상(浮上) 방지대책을 2가지 쓰시오.

① _____

② _____

3점
29 콘크리트 구조물의 균열발생 시 실시하는 보강공법을 3가지 쓰시오.

① _____

② _____

③ _____

6점
01 다음 데이터를 네트워크 공정표로 작성하시오.

작업명	작업일수	선행작업
A	5	없음
B	2	없음
C	4	없음
D	5	A, B, C
E	3	A, B, C
F	2	A, B, C
G	4	D, E
H	5	D, E, F
I	4	D, F

주공정선은 굵은 선으로 표시한다.
각 결합점 일정계산은 PERT 기법에 의거 다음과
같이 계산한다.

| ET | LT |

작업명 ──→ ⓘ ──→ 작업명
작업일수   작업일수
(단, 결합점 번호는 반드시 기입한다.)

02 철골공사의 절단가공에서 절단방법의 종류를 3가지 쓰시오.

① ....

② ....

③ ....

03 철근콘크리트공사를 하면서 철근간격을 일정하게 유지하는 이유를 2가지 쓰시오.

① ....

② ....

04 탑다운 공법(Top-Down Method)은 지하구조물이 시공순서를 지상에서부터 시작하여 점차 깊은 지하로 진행하며 완성하는 공법으로서 여러 장점이 있다. 이 중 작업공간이 협소한 부지를 넓게 쓸 수 있는 이유를 기술하시오.

....

....

05 흙막이 계측관리 측정기기 3가지를 쓰시오.

① ....

② ....

③ ....

06 기초의 부동침하는 구조적으로 문제를 일으키게 된다. 이러한 기초의 부동침하를 방지하기
위한 대책 중 기초구조부분에 처리할 수 있는 사항을 4가지 기술하시오.

① ....

② ....

③ ....

④ ....

07 철골공사 중 용접접합과 고장력볼트 접합의 장점을 각각 2가지씩 쓰시오.

....

....

....

....

08 지반 개량공법 중 샌드드레인 공법(Sand Drain)에 대하여 설명하시오.

....

....

09 품질관리도구 중 특성요인도(Characteristics Diagram)에 대하여 설명하시오.

....

....

10 거푸집 측압에 영향을 주는 요소는 여러 가지가 있지만, 건축현장의 콘크리트 부어넣기 과정에서 거푸집 측압에 영향을 줄 수 있는 요인을 3가지 쓰시오.

11 공사내용의 분류방법에서 목적에 따른 Breakdown Structure의 3가지 종류를 쓰시오.

①
②
③

12 A.E제에 의하여 생성된 Entrained Air의 목적을 4가지를 쓰시오.

①
②
③
④

13 표준형 벽돌 1,000장으로 1.5B 두께로 쌓을 수 있는 벽 면적은?(단, 할증률은 고려하지 않는다.)

4점

14 프리스트레스트 콘크리트(Pre-stressed Concrete)의 프리텐션(Pre-tension) 방식과 포스트텐션(Post-tension) 방식에 대하여 설명하시오.

① 프리텐션 방식 : _____

② 포스트텐션 방식 : _____

3점

15 하절기(서중) 콘크리트의 문제점에 대한 대책을 보기에서 모두 골라 번호를 쓰시오.

> ① 단위시멘트량 증대　　　　　② 응결촉진제 사용
> ③ 운반 및 타설시간의 단축계획 수립　　　④ 중용열 시멘트 사용
> ⑤ 재료의 온도상승 방지대책 수립

4점

16 다음은 건축공사표준시방서에 따른 거푸집널 존치기간 중의 평균기온이 10℃ 이상인 경우에 콘크리트의 압축강도시험을 하지 않고 거푸집을 떼어낼 수 있는 콘크리트의 재령(일)을 나타낸 표이다. 빈칸에 알맞은 숫자를 표기하시오.

기초, 보옆, 기둥 및 벽의 거푸집널 존치기간을 정하기 위한 콘크리트의 재령(일)

시멘트의 종류 평균기온	조강포틀랜드시멘트	보통포틀랜드시멘트 고로슬래그시멘트특급	고로슬래그시멘트 1급 포틀랜드포졸란시멘트 B종
20℃ 이상	①	③	4
20℃ 미만 10℃ 이상	②	4	④

4점

17 미장재료 중 기경성(氣硬性)과 수경성(水硬性) 재료를 각각 2가지씩 쓰시오.

(1) 기경성 :

(2) 수경성 :

4점

18 안방수와 바깥방수의 차이점을 4가지 쓰시오.

①

②

③

④

4점

19 커튼월(Curtain Wall) 방식을 다음의 분류에 따라 각각 2가지씩 쓰시오.

(1) 구조형식에 의한 분류

(2) 조립방식에 의한 분류

2점

20 철골공사에서 베이스 플레이트(Base Plate)의 시공 시 사용되는 충전재의 명칭을 쓰시오.

3점
21 콘크리트 골재에서 유효 흡수량에 대해 기술하시오.

3점
22 다음 그림은 철골 보 기둥 접합부의 개략적인 그림이다. 각 번호에 해당하는 구성재의 명칭을 쓰시오.

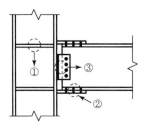

4점
23 다음의 미장공사와 관련된 용어에 대하여 설명하시오.

가. 바탕처리

나. 덧먹임

3점
24 휨 부재의 공칭강도에서 최외단 인장철근의 순인장 변형률 ε_t가 0.004일 경우 강도감도 계수 ϕ를 구하시오. (단, $f_y = 400\text{MPa}$)

25 그림과 같이 8-D22로 배근된 철근콘크리트 기둥에서 띠철근의 최대 수직간격을 구하시오.

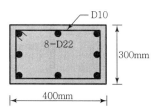

26 철근콘크리트로 설계된 보에서 압축을 받는 D22 철근의 기본정착길이를 구하시오.
(단, $f_y = 400\text{MPa}$, 보통중량콘크리트 $f_{ck} = 24\text{MPa}$이다.)

27 다음 그림의 X축에 대한 단면 2차 모멘트를 구하시오.

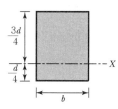

3점
28 다음 구조물의 부정정 차수를 구하시오.

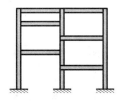

3점
29 1단 자유, 타단 고정인 길이 2.5m인 압축력을 받는 철골조 기둥의 탄성좌굴하중을 구하시오.(단, 단면 2차 모멘트 $I = 798,000\text{mm}^4$, 탄성계수 $E = 200,000\text{MPa}$)

3점
30 철골부재에서 비틀림이 생기지 않고 휨변형만 유발하는 위치를 전단중심(Shear Center)이라 한다. 다음 형강들에 대하여 전단중심의 위치를 각 단면에 표기하시오.

3점

01 아래 그림에서와 같이 터파기를 했을 경우, 인접 건물의 주위 지반이 침하할 수 있는 원인을 3가지 쓰시오. (단, 일반적으로 인접하는 건물보다 깊게 파는 경우)

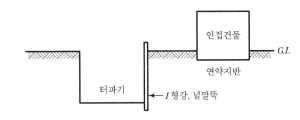

①

②

③

2점

02 지내력 시험방법 2가지를 쓰시오.

①

②

3점

03 다음 설명에 알맞은 콘크리트용 혼화재료의 명칭을 쓰시오.

① 콘크리트 내부에 미세한 독립된 기포를 발생시켜 콘크리트의 작업성 및 동결융해 저항성능을 향상시키기 위해 사용되는 혼화제

① 콘크리트 내부의 철근이 콘크리트에 혼입되는 염화물에 의해 부식되는 것을 억제하기 위해 이용되는 혼화제

③ 콘크리트의 단위용적중량의 경감 혹은 단열성의 부여를 목적으로 안정된 기포를 물리적인 수법으로 도입시키는 혼화제

2점

04 다음 조적식 구조 내용의 빈칸을 채우시오.

① 조적식 구조인 내력벽의 길이는 ( )m를 넘을 수 없다.
② 조적식 구조인 내력벽으로 둘러싸인 부분의 바닥면적은 ( )m²를 넘을 수 있다.

2점

05 길이가 5m이고, 13.3kg/m인 2L−90×90×15 형강의 중량은?

4점

06 다음 금속공사에 이용되는 철물이 뜻하는 용어를 보기에서 골라 그 번호를 쓰시오.

① 철선을 꼬아 만든 철망
② 얇은 철판에 각종 모양을 도려낸 것
③ 벽, 기둥의 모서리에 대어 미장바름을 보호하는 철물
④ 테라초 현장갈기의 줄눈에 쓰이는 것
⑤ 얇은 철판에 자름금을 내어 당겨 늘린 것
⑥ 연강 철선을 직교시켜 전기 용접한 것
⑦ 천정, 벽 등을 이음새를 감추고 누르는 것

가. 와이어라스

나. 메탈라스

다. 와이어메시

라. 펀칭메탈

4점
07 다음 그림과 같이 배근된 보에서 외력에 의해 휨 균열을 일으키는 균열모멘트(M_{cr})를 구하시오. (단, 보통중량콘크리트 f_{ck}=24MPa, f_y=400MPa이다.)

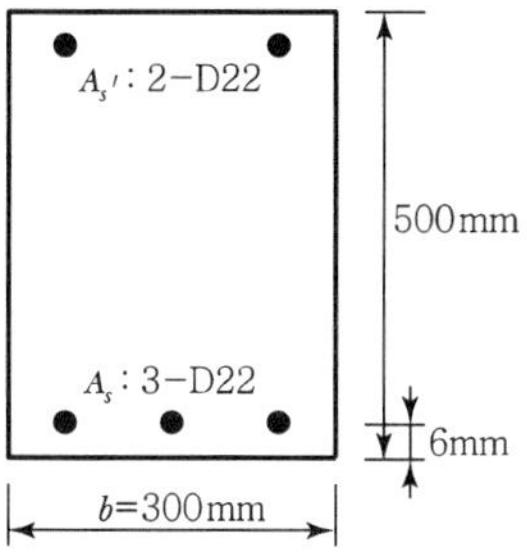

3점
08 목공사에서 활용되는 이음, 맞춤, 쪽매에 대해 설명하시오.

6점
09 토질과 관련된 아래의 용어에 대해 설명하시오.

가. 히빙(Heaving) 현상

나. 보일링(Boiling) 현상

다. 흙의 휴식각

2점
10 Life Cycle Cost(LCC)에 대해 간단히 설명하시오.

3점
11 중심축하중을 받는 단주의 최대 설계축하중을 구하시오. (단, $f_{ck}=27\text{MPa}$, $f_y=400\text{MPa}$, $A_{st}=3,096\text{mm}^2$이다.)

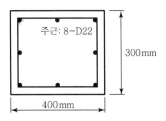

주근: 8-D22
300mm
400mm

9점

12 다음 조건으로 요구하는 물량을 산출하시오.(단, L=1.3, C=0.9)

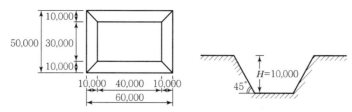

① 터파기량을 산출하시오.

② 운반대수를 산출하시오.(단, 운반대수는 1대, 적재량은 12m^3)

③ 5,000m²에 흙을 이용 성토하여 다짐할 때 표고는 몇 m인지 구하시오.(비탈면은 수직으로 생각함)

3점

13 수동 아크용접에서 용접봉 피복재의 역할에 대하여 3가지를 쓰시오.

①

②

③

14 1단 자유, 타단고정, 길이 2.5m인 압축력을 받는 H형강 기둥(H−100×100× 6×8)의 탄성좌굴하중을 구하시오. (단, $I_x = 383 \times 10^4 \text{mm}^4$, $I_y = 134 \times 10^4 \text{mm}^4$, $E = 205,000$ N/mm²)

P_{cr}

2.5m

15 TQC에 이용되는 도구 중 다음에 대하여 서술하시오.

가. 파레토도 :

나. 특성요인도 :

다. 층별 :

라. 산점도 :

16 다음 작업리스트에서 네트워크 공정표를 작성하고, 각 작업의 여유시간을 구하시오.

작업명	선행작업	작업일수	비고
A	없음	4	
B	A	6	
C	A	5	
D	A	4	① CP는 굵은 선으로 표시하시오.
E	B	3	② 각 결합점에는 다음과 같이 표시한다.
F	B, C, D	7	EST | LST LFT \ EFT
G	D	8	③ 각 작업은 다음과 같이 표시한다.
H	E	6	작업명
I	E, F	5	i ——작업일수—→ j
J	E, F, G	8	
K	H, I, J	6	

1. 공정표

2. 여유시간

3점
17 콘크리트의 알칼리 골재반응을 방지하기 위한 대책을 3가지 쓰시오.

① _____

② _____

③ _____

2점
18 도장공사에 쓰이는 녹막이용 도장재료를 2가지 쓰시오.

① _____

② _____

3점
19 지반조사를 위한 보링의 종류를 3가지 쓰시오.

① _____

② _____

③ _____

4점
20 기초와 지정의 차이점을 기술하시오.

_____

_____

4점
21 콘크리트공사와 관련된 다음 용어를 간단히 설명하시오.

가. 콜드 조인트(Cold Joint)

나. 블리딩(Bleeding)

4점
22 그림과 같은 평행현 트러스의 U_2, L_2 부재의 부재력을 절단법으로 구하시오.

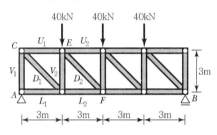

3점
23 다음 설명이 가리키는 용어명을 쓰시오.

① 신축이 가능한 무지주공법의 수평지지보

② 무량판 구조에서 2방향 장선 바닥판구조가 가능하도록 된 기성재 거푸집

③ 한 구획 전체의 벽판과 바닥판을 ㄱ자형 또는 ㄷ자형으로 짜는 거푸집

24 다음 장방형 단면에서 각 축에 대한 단면2차모멘트의 비 I_X / I_Y를 구하시오.

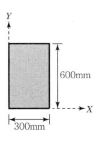

600mm

300mm

25 철골부재 용접부의 결함 종류를 3가지만 쓰시오.

① ....

② ....

③ ....

26 어스 앵커(Earth Anchor) 공법에 대하여 설명하시오.

4점

27 네트워크(Net Work) 공정관리기법 중 서로 관계있는 항목을 연결하시오.

① 계산공기　　　　　　　　　　㉮ 네트워크 중 둘 이상의 작업이 연결된 작업의 경로

② 패스(Path)　　　　　　　　　㉯ 네트워크 시간산식에 의하여 얻은 기간

③ 더미(Dummy)　　　　　　　　㉰ 작업의 여유시간

④ 플로트(Float)　　　　　　　　㉱ 네트워크 작업의 상호관계를 나타내는 점선 화살선

2점

28 다음 그림과 같은 겔버 보에서 A단의 휨모멘트를 구하시오.

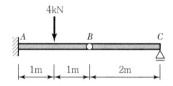

10점
01 데이터를 네트워크 공정표로 작성하고, 각 작업의 여유시간을 구하시오.

작업명	작업일수	선행작업	비고
A	3	–	
B	2	–	단, 주 공정선은 굵은 선으로 나타내고,
C	4	–	결합점에서는 다음과 같이 표시한다.
D	5	C	
E	2	B	EST LST LFT EFT
F	3	A	
G	3	A, C, E	i —작업명/작업일수→ j
H	4	D, F, G	

가. 네트워크 공정표

나. 각 작업의 여유시간

작업명	TF	FF	DF	CP
A				
B				
C				
D				
E				
F				
G				
H				

4점

02 중량콘크리트의 용도를 쓰고, 대표적으로 사용되는 골재 2가지를 쓰시오.

가. 용도 :

나. 사용골재 :

2점

03 공정관리 중 진도관리에 사용되는 S-Curve(바나나곡선)는 주로 무엇을 표시하는 데 활용되는지 설명하시오.

3점

04 용접 착수 전의 용접부 검사항목을 3가지 쓰시오.

①

②

③

05 시멘트 창고에 시멘트 저장 시 저장 및 관리방법 4가지를 쓰시오.

① _____

② _____

③ _____

④ _____

06 염분을 포함한 바닷모래를 골재로 사용하는 경우 철근 부식에 대한 방청상 유효한 조치를 3가지 쓰시오.

① _____

② _____

③ _____

07 다음 그림과 같은 창고를 시멘트 벽돌로 신축하고자 한다. 소요 벽돌량과 내·외벽을 시멘트 모르타르로 미장할 때 미장면적(㎡)을 구하시오.

(단, ① 벽두께는 외벽 1.5B 쌓기, 칸막이벽 1.0B 쌓기로 하고 벽높이는 안팎 공히 3.6m 로 가정하며, 벽돌은 표준형(190×90×57)으로 할증률은 5%이다.

② 창문틀 규격 : $\frac{1}{D}$: 2.2m×2.4m $\frac{2}{D}$: 0.9m×2.4m

$\frac{3}{D}$: 0.9m×2.1m $\frac{1}{W}$: 1.8m×1.2m

$\frac{2}{W}$: 1.2m×1.2m

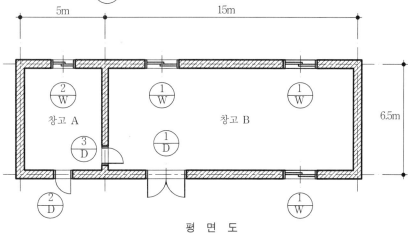

평 면 도

1. 벽돌량

....

....

....

2. 미장면적

....

....

....

4점

08 토량 2,000m³을 2대로 불도저로 작업할 예정이다. 삽날용량 0.6m³, 토량환산계수 0.7, 작업효율 0.9이며, 1회 사이클 시간이 15분일 때 작업완료에 필요한 시간을 산출하시오.

3점

09 Mass Concrete의 온도균열에 대한 기본적인 대책을 보기에서 모두 골라 기호로 쓰시오.

> 가. 응결촉진제 사용 나. 중용열시멘트 사용
> 다. Pre-Cooling 방법 사용 라. 잔골재율을 크게 함
> 마. 단위시멘트량을 작게 함 바. 물시멘트비를 크게 함

3점

10 건축주와 시공자 간에 아래와 같은 조건으로 실비한정비율보수가산식을 적용한 시공계약을 체결하였다. 공사완료 후 실제소요공사비를 상호 확인한 결과 90,000,000원이었다. 이때 건축주가 시공자에게 지불해야 하는 총 공사금액은 얼마인지 산출하시오.

> 가. 한정된 실비 : 100,000,000원 나. 보수비율 : 5%

2점

11 다음 ( ) 안에 알맞은 숫자를 써 넣으시오.

> 기성콘크리트말뚝을 타설할 때 그 중심간격은 말뚝머리지름의 (①)배 이상 또한 (②)mm 이상으로 한다.

12 흙막이 구조물 계측기 종류에 적합한 설치위치를 한 가지씩 쓰시오.

① 토압계 : ....

② 하중계 : ....

③ 경사계 : ....

④ 변형률계 : ....

13 다음은 거푸집공사에 관련된 용어에 대한 설명이다. 각 설명에 알맞은 용어를 쓰시오.

① 슬래브에 배근되는 철근이 거푸집에 밀착하는 것을 방지하기 위한 간격재(굄재)

....

② 벽거푸집이 오므라지는 것을 방지하고 간격을 유지하기 위한 격리재

....

③ 거푸집 긴장철선을 콘크리트 경화 후 절단하는 절단기

....

④ 콘크리트에 달대와 같은 설치물을 고정하기 위하여 매입하는 철물

....

⑤ 거푸집의 간격을 유지하며 벌어지는 것을 막는 긴장재

....

14 다음 그림과 같은 단면의 철근콘크리트 띠철근 기둥에서 설계축하중 ϕP_n(kN)를 구하시오.(단, f_{ck}=24MPa, f_y=400MPa, 8−HD22, HD22 한 개의 단면적은 387mm², 강도감소계수는 0.65)

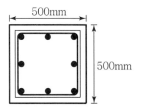

500mm

500mm

---

15 다음과 같이 연직 등분포하중을 받고 있는 두 개의 트러스에서 인장재와 압축재에 해당하는 부재를 골라 번호로 쓰시오.

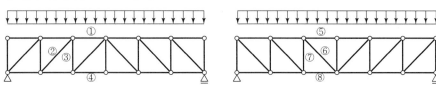

가. 인장재 :

나. 압축재 :

16 철골공사에서 활용되는 표준볼트장력을 설계볼트장력과 비교하여 설명하시오.

3점
17 재령 28일의 콘크리트 표준공시체(ϕ150mm × 300mm)에 대한 압축강도시험 결과 400kN의 하중에서 파괴되었다. 이 콘크리트 공시체의 압축강도 f_{ck}(MPa)를 구하시오.

3점
18 다음 그림은 L−100 × 100 × 7로 된 철골 인장재이다. 사용 볼트가 M20(F10T, 표준구멍)일 때 인장재의 순단면적(mm²)을 구하시오.(단, 그림의 단위는 mm임)

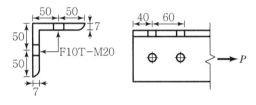

3점
19 그림과 같은 각형 기둥의 양단이 핀으로 지지되었을 때, 약축에 대한 세장비가 150이 되기 위해 필요한 기둥의 길이(m)를 구하시오.

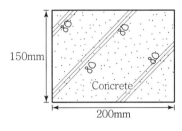

---

20 그림과 같은 독립기초에서 2방향 뚫림 전단(2Way Punching Shear) 응력도를 계산할 때 검토하는 저항면적(cm²)을 구하시오.

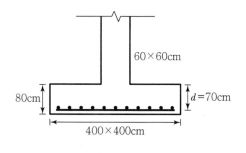

60×60cm

80cm | $d=70$cm

400×400cm

21 철근콘크리트 공사 시 활용되는 철근이음방식 3가지를 쓰시오.

① _____

② _____

③ _____

22 다음과 같은 단순 인장접합부에서 강도한계상태에 대한 볼트의 설계전단강도(kN)를 구하시오. (단, 그림의 단위는 mm, 강재의 재질은 SS400, 고력볼트는 M22(F10T), 공칭 전단강도 F_{nv} =450N/mm², 나사부가 전단면에 포함되지 않은 경우, 표준구멍, 사용하중 상태에서 볼트구멍의 변형이 설계에 고려된다고 가정)

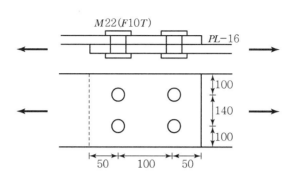

....

....

....

....

23 다음 표에 제시된 창호틀 재료의 종류 및 창호별 기호를 참고하여, 우측의 창호기호표를 완성하시오.

기호	창호틀 재료의 종류
A	알루미늄
G	유리
P	플라스틱
S	강철
SS	스테인리스
W	목재

영문기호	창문구별
D	문
W	창
S	셔터

구분	창	문
목재	1	2
철재	3	4
알루미늄재	5	6

24 대형 시스템거푸집인 갱폼(Gang Form)의 장점을 3가지 쓰시오.

① _____

② _____

③ _____

25 다음 용어를 설명하시오.

① 복층 유리

_____

_____

② 배강도 유리

_____

_____

26 각 색깔에 맞는 콘크리트용 착색재를 보기에서 찾아 번호로 쓰시오.

① 카본블랙	② 군청
③ 크롬산 바륨	④ 산화크롬
⑤ 제2산화철	⑥ 이산화망간

가. 초록색－(   )

나. 빨간색－(   )

다. 노란색－(   )

라. 갈색－(   )

3점

01 콘크리트 알칼리 골재반응을 방지하기 위한 대책 3가지를 쓰시오.

① _____

② _____

③ _____

4점

02 지반개량공법 중 탈수공법의 종류를 4가지만 쓰시오.

① _____

② _____

③ _____

④ _____

2점

03 철골 주각부의 현장 시공순서에 맞게 번호를 나열하시오.

① 기초 상부 고름질	② 가조립
③ 변형 바로잡기	④ 앵커 볼트 설치
⑤ 철골 세우기	⑥ 철골 도장

3점
04 컨소시엄(Consortium) 공사에 있어서 페이퍼 조인트(Paper Joint)에 관하여 기술하시오.

3점
05 철근콘크리트 공사에서 철근이음을 하는 방법으로 가스압접이 있는데, 가스압접으로 이음을 할 수 없는 경우를 3가지 쓰시오.

① _____

② _____

③ _____

3점
06 다음 보기는 시트 방수공사의 항목들이다. 시공순서대로 기호를 나열하시오.

① 단열재 깔기　　　　　② 접착제 도포
③ 조인트 실(Seal)　　　④ 물채우기시험
⑤ 보강 붙이기　　　　　⑥ 바탕처리
⑦ 시트 붙이기

3점
07 다음은 지반조사법 중 토질의 시료를 채취해서 지층의 상황을 판단하는 보링(Boring)에 대한 설명이다. 설명에 알맞은 보링(Boring)의 종류를 쓰시오.

가. 지층의 변화를 연속적으로 비교적 정확히 알고자 할 때 사용하는 방식

나. 경지층을 깊이 파는 데 이용되는 방식

다. 비교적 연약한 토지에 수압을 이용하여 탐사하는 방식

4점
08 다음 비계의 면적 산출방법에 대해 기술하시오. (단, 철근콘크리트조의 경우)

가. 쌍줄비계 면적

나. 외줄비계 면적

2점
09 철근콘크리트공사에 사용되는 스페이서(Spacer)의 용도에 대하여 설명하시오.

4점
10 강판을 그림과 같이 가공하여 30개의 수량을 사용하고자 한다. 강판의 비중이 7.85일 때 강판의 소요량(kg)과 스크랩의 발생량(kg)을 산출하시오.

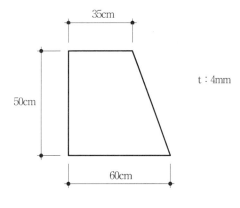

11 다음 데이터를 네트워크 공정표로 작성하고 각 작업의 여유시간을 구하시오.

작업명	선행작업	소요일수	비고
A	없음	5	
B	없음	6	
C	A	5	$\boxed{\text{EST} \mid \text{LST}}$ $\triangle$LFT \ EFT
D	A, B	2	
E	A	3	$i \xrightarrow[\text{작업일수}]{\text{작업명}} j$
F	C, E	4	로 표기하고, 주 공정선은 굵은 선으로
G	D	2	표기하시오.
H	G, F	3	

가. 네트워크 공정표

나. 각 작업의 여유시간

작업명	TF	FF	DF	CP
A				
B				
C				
D				
E				
F				
G				
H				

4점

12 가치공학(Value Engineering)의 기본추진절차 4단계를 순서대로 쓰시오.

4점

13 커튼월의 외관형태에 따른 타입 4가지를 쓰시오.

① _____

② _____

③ _____

④ _____

4점

14 히빙 파괴와 보일링 파괴의 방지대책을 쓰시오.

가. 히빙 파괴 방지대책

나. 보일링 파괴 방지대책

4점

15 인장철근만 배근된 직사각형 단순보에서 하중이 작용하여 5mm의 순간처짐이 발생하였다. 이 하중이 5년 이상 지속될 경우 총 처짐량(순간처짐＋장기처짐)을 구하시오. (단, 모든 하중을 지속하중으로 가정하며 크리프와 건조수축에 의한 장기 추가처짐에 대한 계수(λ)는 다음 식으로 구한다. $\lambda = \dfrac{\xi}{1+50\rho'}$, 지속하중에 대한 시간경과 계수($\xi$)는 2.0으로 한다.)

16 철근콘크리트구조에서 보의 주근으로 4-D25를 1열로 배근할 경우 보 폭의 최솟값을 구하시오. (단, 피복두께 40mm, 굵은 골재의 최대치수 18mm이고, 스터럽은 D13 사용)

17 철근콘크리트구조의 1방향 슬래브와 2방향 슬래브를 구분하는 기준에 대해 설명하시오.

18 다음 설명에 해당하는 용어를 쓰시오.

- 바닥(Slab) 콘크리트 타설을 위한 슬래브 하부 거푸집판이다.
- 아연도 철판을 절곡하여 제작하며 별도의 해체작업이 필요없다.
- 작업 시 안전성 강화 및 동바리 수량 감소로 원가절감이 가능하다.

19 다음 설명에 해당하는 흙파기공법의 명칭을 쓰시오.

가. 구조물 위치 전체를 동시에 파내지 않고 측벽이나 주열선 부분만을 먼저 파내고 그 부분의 기초와 지하구조체를 축조한 다음 중앙부의 나머지 부분을 파내어 지하구조물을 완성하는 공법

나. 중앙부의 흙을 먼저 파고, 그 부분에 기초 또는 지하구조체를 축조한 후, 이것을 지점으로 하여 흙막이 버팀대를 경사지게 또는 수평으로 가설하여 널말뚝 부근의 흙을 마저 파내는 공법

20 공사 시 누수방지대책과 관련된 다음 용어에 대해 설명하시오.

① Closed Joint

② Open Joint

21 콘크리트압축강도 $f_{ck}=30$MPa, 주근의 항복강도 $f_y=400$MPa를 사용한 보 부재에서 인장을 받는 D22(공칭지름은 22.2mm) 철근의 기본정착길이(l_{db})를 구하시오.(단, 경량 콘크리트 계수 $\lambda=1$, 보정계수는 고려하지 않는다.)

22 그림과 같은 단순보의 단면에 생기는 최대 전단응력도(MPa)를 구하시오. (단, 보의 단면은 300×500mm임)

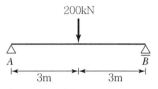

---

23 그림과 같은 철근콘크리트 보 중앙에 집중하중이 작용하고 있다. 이 보에 작용하는 최대 계수 휨모멘트(M_u)를 구하시오. (단, 중앙집중하중 P는 고정하중 20kN이고, 활하중 30kN이며, 보의 자중은 제외함)

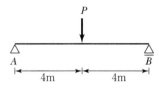

---

24 지정 및 기초공사와 관련된 다음 용어에 대해 설명하시오.

① 재하시험

---

② 합성말뚝

---

25 철근의 단부에 갈고리(Hook)를 만들어야 하는 철근을 모두 골라 번호를 쓰시오.

> ① 원형 철근   ② 스터럽
> ③ 띠철근   ④ 지중보의 돌출부 부분의 철근
> ⑤ 굴뚝의 철근

---

26 콘크리트용 혼화재(混和材)와 혼화제(混和劑)를 간단히 설명하고 각각의 예를 1가지씩 쓰시오.

가. 혼화재(混和材)

나. 혼화제(混和劑)

---

27 다음 용어에 대해 설명하시오.

① 적산(積算)

---

② 견적(見積)

2점
01 다음 그림과 같은 구조물의 T부재에 발생하는 부재력을 구하시오.

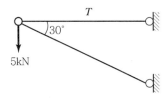

2점
02 민간이 자금조달을 하여 시설을 준공한 후 소유권을 정부에 이전하되, 정부의 시설임대료를 통해 투자비를 회수하는 민간투자사업 계약방식의 명칭을 쓰시오.

4점

03 시멘트 벽돌 1.0B, 두께로 가로 12m, 높이 3m인 벽을 쌓을 때 소요되는 시멘트 벽돌량과 모르타르량을 구하시오.(단, 시멘트 벽돌의 크기는 190×90×57mm이고, 할증률을 고려해야 하며 정수매로 표기, 벽두께 1.0B에서 1,000매당 모르타르 소요량은 0.33m³이며, 할증은 포함되어 있음)

10점

04 다음 데이터를 네트워크 공정표로 작성하고, 각 작업의 여유시간을 구하시오.

작업명	작업일수	선행작업	비고
A	2	없음	
B	3	없음	
C	5	없음	
D	4	없음	
E	7	A, B, C	로 표기하고, 주 공정선은 굵은 선으로 표기하시오.
F	4	B, C, D	

비고란 표기:

$\boxed{\text{EST} \mid \text{LST}}$ $\underset{\text{LFT} \quad \text{EFT}}{\triangle}$

$(i) \xrightarrow[\text{작업일수}]{\text{작업명}} (j)$

로 표기하고, 주 공정선은 굵은 선으로 표기하시오.

가. 네트워크 공정표

나. 각 작업의 여유시간

작업명	TF	FF	DF	CP
A				
B				
C				
D				
E				
F				

05 SS400(F_y=235N/mm²)을 사용한 그림과 같은 모살용접 부위의 설계강도(ϕP_w)를 구하시오. (단, $\phi P_w = 0.9 F_w A_w$, $F_w = 0.6 F_y$ 이다.)

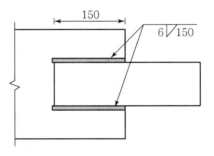

06 다음 [보기]의 용접부 검사항목을 용접착수 전, 작업 중, 완료 후의 검사작업으로 구분하여 번호로 쓰시오.

① 홈의 각도, 간격 치수　　　　② 아크전압
③ 용접속도　　　　　　　　　　④ 청소상태
⑤ 균열, 언더컷 유무　　　　　　⑥ 필렛의 크기
⑦ 부재의 밀착　　　　　　　　　⑧ 밑면 따내기

가. 용접 착수 전 검사 (　　　　　　)
나. 용접 작업 중 검사 (　　　　　　)
다. 용접 완료 후 검사 (　　　　　　)

07 토공사에서 그림과 같은 도면을 검토하여 터파기량, 되메우기량, 잔토처리량을 산출하시오. (단, 토량환산계수 $L=1.2$로 한다.)

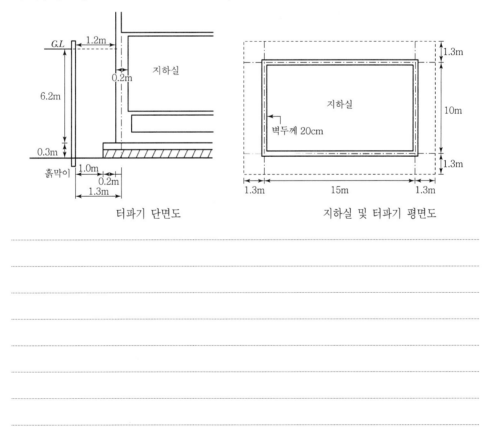

터파기 단면도　　　　　　　　지하실 및 터파기 평면도

3점
08 커튼월의 조립방식에 의한 분류에서 각 설명에 해당하는 방식을 골라 번호로 써 넣으시오.

[조립방식]
① Stick Wall 방식
② Unit Wall 방식
③ Window Wall 방식

조립방식	설명
( )	• 구성부재를 현장에서 조립·연결하여 창틀이 구성되는 형식으로, Glazing은 현장에서 실시 • 현장안전과 품질관리에 부담이 있지만, 현장 적응력이 우수하여 공기조절이 가능
( )	• 건축모듈을 기준으로 하여 취급이 가능한 크기로 나누며 구성 부재 모두가 공장에서 조립된 프리패브 형식으로 대부분 Glazing을 포함 • 시공속도나 품질관리의 업체의존도가 높아 현장상황에 융통성을 발휘하기가 어려움
( )	• 창호 주변이 패널로 구성됨으로써 창호의 구조가 패널트러스에 연결됨 • 패널트러스를 스틸트러스에 연결할 수 있으므로 재료의 사용효율이 높아 비교적 경제적인 시스템 구성이 가능

3점
09 다음 골재 수량에 관한 설명에서 서로 연관되는 것을 골라 기호로 쓰시오.

가. 골재 내부에 약간의 수분이 있는 대기 중의 건조상태
나. 골재알의 표면에 묻어 있는 수량으로 표면건조 포화상태에 대한 시료 중량의 백분율로 표시
다. 골재입자의 내부에 물이 채워져 있고, 표면에도 물이 부착되어 있는 상태
라. 표면건조 내부 포수상태의 골재 중에 포함되는 물의 양
마. 110℃ 정도의 온도에서 24시간 이상 골재를 건조시킨 상태

① 습윤상태 : _____

② 흡수량 : _____

③ 절건상태 : _____

④ 기건상태 : _____

⑤ 표면수량 : _____

4점
10 다음 그림을 보고 줄눈 이름을 쓰시오.

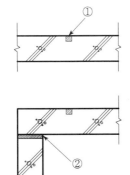 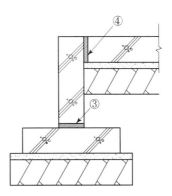

4점
11 다음 용어를 간단하게 설명하시오.

　가. 기준점(Bench Mark)

　나. 방호선반

3점
12 조적공사 후 발생하는 벽돌벽의 백화현상에 대한 방지법을 3가지만 쓰시오.

　① ....

　② ....

　③ ....

3점
13 다음 흙막이벽 공사에서 발생되는 현상을 쓰시오.

가. 시트 파일 등의 흙막이벽 좌측과 우측의 토압차로서, 즉 흙막이 일부분의 흙이 재하하중 등의 영향으로 기초파기하는 공사장 안으로 흙막이 벽 밑을 돌아서 미끄러져 올라오는 현상

나. 모래질 지반에서 흙막이 벽을 설치하고 기초파기 할 때의 흙막이벽 뒷면수위가 높아서 지하수가 흙막이벽을 돌아 모래와 같이 솟아오르는 현상

다. 흙막이 벽의 부실공사로서 흙막이 벽의 뚫린 구멍 또는 이음새를 통하여 물이 공사장 내부 바닥으로 스며드는 현상

2점
14 지반개량공법 중 탈수법에서, 다음의 토질에 적합한 대표적 공법을 각각 1가지씩 쓰시오.

가. 사질토

나. 점성토

3점
15 철근콘크리트 공사 시 주철근 간격을 일정하게 유지하는 이유를 3가지만 쓰시오.

①
②
③

16 다음 라멘의 휨모멘트도를 개략적으로 도시하시오. (단, +휨모멘트는 라멘의 안쪽에, −휨모멘트는 바깥쪽에 도시하며, 휨모멘트의 부호를 휨모멘트 안에 반드시 표기해야 함)

17 미장재료 중 수경성 재료와 기경성 재료를 각각 3가지만 쓰시오.

가. 수경성 재료

나. 기경성 재료

18 전기로에서 금속규소나 규소철을 생산하는 과정 중 부산물로 생성되는 매우 미세한 입자로서 고강도 콘크리트 제조 시 사용되는 포졸란계 혼화재의 명칭을 쓰시오.

19 그림과 같은 150mm×150mm 단면을 가진 무근콘크리트 보가 경간길이 450mm로 단순지지되어 있다. 3등분점에서 2점 재하하였을 때, 하중 P＝12kN에서 균열이 발생함과 동시에 파괴되었다. 이때 무근콘크리트의 휨 균열강도(휨 파괴계수)를 구하시오.

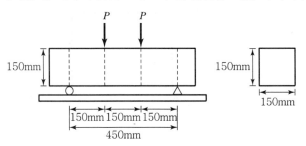

20 특명입찰(수의계약)의 장단점을 각각 2가지씩 쓰시오.

21 그림과 같이 36kN의 하중을 받는 구조물이 있다. 고정단에 발생하는 최대 압축응력도(MPa)를 구하시오.(단, 기둥의 단면은 600×600mm이며, 압축응력도의 부호는 ―로 표기한다.)

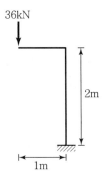

4점

22 커튼월(Curtain Wall)의 실물모형실험(Mock-up Test)에 성능시험의 시험종목을 4가지만 쓰시오.

① _____

② _____

③ _____

④ _____

4점

23 철골 용접접합에서 발생하는 용접결함을 4가지만 쓰시오.

① _____

② _____

③ _____

④ _____

4점

24 프리스트레스트 콘크리트에 관한 다음 기술 중 (   ) 안에 알맞은 용어를 쓰시오.

> 콘크리트에 프리스트레스를 가하기 위하여 사용되는 강재로 강선, 철근, 강연선 등을 총칭하는 것을 긴장재라 하며, (①)방식에 있어서 PC 강재의 배치구멍을 만들기 위하여 콘크리트를 부어 넣기 전에 미리 배치된 튜브(관)를 (②)(이)라 한다.

3점

25 흙막이 공법 중 그 자체가 지하구조물이면서 흙막이 및 버팀대 역할을 하는 공법을 보기에서 모두 골라 그 번호를 쓰시오.

> ① 지반정착(Earth Anchor) 공법　　　② 개방잠함(Open Caisson) 공법
> ③ 수평버팀대 공법　　　　　　　　　④ 강재널말뚝(Sheet Pile) 공법
> ⑤ 우물통(Well) 공법　　　　　　　　⑥ 용기잠함(Pneumatic Caisson) 공법

26 강도설계법에 따른 다음 그림과 같은 콘크리트 단근보의 균형철근비 및 최대철근량을 구하시오. (단, f_{ck}＝27MPa, f_y＝300MPa, E_s＝200,000MPa)

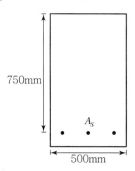

가. 균형철근비

나. 최대철근량

4점
01 다음 용어를 설명하시오.

① 스캘럽(Scallop)

② 뒷댐재(Back Strip)

3점
02 고강도 콘크리트의 폭열현상에 대하여 기술하시오.

3점
03 다음 설명에 해당하는 콘크리트의 줄눈 명칭을 쓰시오.

> 콘크리트 시공과정 중 휴식시간 등으로 응결하기 시작한 콘크리트에 새로운 콘크리트를 이어칠 때 일체화가 저해되어 생기게 되는 줄눈

04 다음 데이터를 네트워크 공정표로 작성하고, 각 작업의 여유시간을 구하시오.

작업명	작업일수	선행작업	비 고
A	5	없음	
B	6	없음	
C	5	A, B	
D	7	A, B	
E	3	B	
F	4	B	
G	2	C, E	
H	4	C, D, E, F	

비고란 그림 설명:

```
EST | LST   /LFT\ EFT

(i) ──작업명──→ (j)  로
    ──작업일수──
```

표기하고 주공정선은 굵은 선으로 표기하시오.

1. 공정표

2. 여유시간

05 다음 그림과 같은 헌치 보에 대하여 콘크리트량과 거푸집 면적을 구하시오.(단, 거푸집 면적은 보의 하부면도 산출할 것)

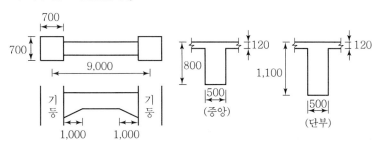

06 공사 착공 시 첨부되는 품질관리 계획서에 포함되는 사항 4가지를 쓰시오.

①
②
③
④

07 철골의 접합방법 중 용접의 장점을 4가지 쓰시오.

①
②
③
④

08 알루미늄 창호를 철제 창호와 비교하고 장점을 2가지 쓰시오.

① ....

② ....

09 타워크레인의 종류로는 T형 타워크레인(T-Tower Crane)과 러핑 크레인(Luffing Crane)이 있는데, 이 중 러핑 크레인을 사용하는 경우 2가지를 쓰시오.

① ....

② ....

10 테두리 보(Wall Girder)의 역할 3가지를 쓰시오.

① ....

② ....

③ ....

11 철근콘크리트 공사를 하면서 철근간격을 일정하게 유지하는 이유를 3가지 쓰시오.

① ....

② ....

③ ....

12 다음에 제시하는 형강을 개략적으로 도시하고, 치수를 기입하시오.

① H-294×200×10×15
② C-150×65×20
③ L-75×75×6

13 목구조에서 횡력에 저항하는 부재 3가지를 쓰시오.

①
②
③

14 콘크리트 설계기준강도 $f_{ck}=30\text{MPa}$일 때, 등가응력 블록의 등가압축영역계수 β_1을 구하시오.

15 그림과 같은 단면의 X-X축에 관한 단면 2차 모멘트를 계산하시오.

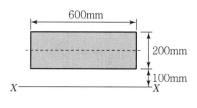

600mm

200mm

100mm

X ——————————— X

---

16 BOT(Build-Operate-Transfer Contract) 방식을 설명하시오.

---

17 기준점(Bench Mark)의 정의를 쓰시오.

---

18 다음 보기 내용의 빈칸을 채우시오.

> 기둥의 띠근 간격은 주근 지름의 (①)배 이하, 띠철근 지름의 (②)배 이하, 기둥의 최소폭
> 이하 중 작은 값으로 한다.

19 다음 그림과 같은 트러스 구조물의 부정정차수를 구하고, 안정구조물인지 불안정구조물인지 판별하시오.

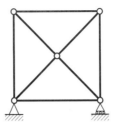

20 그림과 같은 등분포하중을 받는 단순보(A)와 집중하중을 받는 단순보(B)의 최대 휨모멘트가 같을 때 집중하중 P를 구하시오.

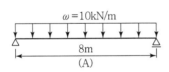

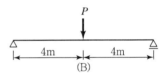

21 QC 수법으로 알려진 도구에 대한 내용이다. 각각에 해당되는 도구명을 쓰시오.

㉮ 계량치가 어떤 분포를 하는지 알아보기 위하여 작성하는 그림

....

㉯ 불량 등 발생건수를 분류 항목별로 나누어 크기 순서대로 나열해 놓은 그림

....

㉰ 결과에 원인이 어떻게 관계하고 있는가를 한눈에 알 수 있도록 작성한 그림

....

22 지하구조물은 지하수위에서 구조물 밑면까지의 깊이만큼 부력을 받아 건물이 부상하게 되는데, 이것에 대한 방지대책을 4가지 기술하시오.

① ....

② ....

③ ....

④ ....

23 철골구조공사에 있어서 철골습식 내화피복공법의 종류를 4가지 쓰시오.

① ....

② ....

③ ....

④ ....

24 한중콘크리트의 문제점에 대한 대책을 보기에서 모두 골라 번호로 쓰시오.

① AE제 사용	② 응결지연제 사용
③ 보온양생	④ 물-시멘트비를 60% 이하로 유지
⑤ 중용열시멘트 사용	⑥ Pre-cooling 방법 사용

4점

25 다음 측정기별 용도를 쓰시오.

(가) Washington Meter

(나) Piezo Meter

(다) Earth Pressure Meter

(라) Dispenser

4점

26 철골공사에서 녹막이 칠을 하지 않는 부분 4곳을 쓰시오.

3점

27 철골공사에서 용접부의 비파괴 시험방법 종류를 3가지 쓰시오.

① _____

② _____

③ _____

Engineer Architecture

과년도 기출문제 | 2014년 제2회

3점

01 건축공사 표준시방서에 의한 석재의 물갈기 마감공정을 순서대로 쓰시오.

4점

02 미장공사와 관련된 다음 용어를 간단히 설명하시오.

㉮ 손질바름

㉯ 실러바름

3점

03 철근공사에서 철근선조립공법의 시공적 측면에서의 장점을 3가지 쓰시오.

①

②

③

3점

04 콘크리트공사에서 소성수축균열(Plastic Shrinkage Crack)에 관해서 기술하시오.

....

....

4점

05 콘크리트 타설 시 현장 가수로 인해 물시멘트비가 큰 콘크리트로 시공하였을 때 예상되는 문제점을 4가지 쓰시오.

① ....

② ....

③ ....

④ ....

3점

06 실시설계도서가 완성되고 공사물량 산출 등 견적업무가 끝나면 공사예정가격 작성을 위한 원가계산을 하게 된다. 원가계산기준 중 아래 내용에 대한 답안을 쓰시오.

가. 공사시공과정에서 발생하는 재료비, 노무비, 경비의 합계액

....

나. 기업의 유지를 위한 관리활동부문에서 발생하는 제 비용

....

다. 공사계약목적물을 완성하기 위하여 직접 작업에 종사하는 종업원 및 기능공에 제공되는 노동력의 대가

....

3점

07 다음은 목공사의 단면치수 표기법이다. ( ) 안에 알맞은 말을 넣으시오.

> 목재의 단면을 표시하는 치수는 특별한 지침이 없는 경우 구조재, 수장재는 모두 (㉮) 치수로 하고 창호재, 가구재의 치수는 (㉯) 치수로 한다. 또 제재목을 지정 치수대로 한 것을 (㉰) 치수라 한다.

08 숏크리트(Shotcrete) 공법의 정의를 기술하고, 그에 대한 장단점을 1가지씩 쓰시오.

가. 숏크리트 공법 : _____

나. 장점 : _____

다. 단점 : _____

09 레디믹스트 콘크리트가 현장에 도착하여 타설될 때 현장에서 일반적으로 행하는 품질관리 항목을 보기에서 선택하시오.

① 슬럼프 시험	② 물의 염소이온량 측정
③ 골재반응성 시험	④ 공기량 시험
⑤ 압축강도 공시체 제작	⑥ 시멘트 알칼리량 측정

10 철골공사에서 내화피복공법 종류에 따른 재료를 각각 2가지씩 쓰시오.

㉮ 뿜칠공법 : _____

㉯ 타설공법 : _____

㉰ 미장공법 : _____

㉱ 조적공법 : _____

11 아래 그림은 철근콘크리트조 경비실 건물이다. 주어진 평면도 및 단면도를 보고 C1, G1, G2, S1에 해당되는 부분의 1층과 2층 콘크리트량과 거푸집 면적을 산출하시오.

단, 1) 기둥단면(C1) : 30cm×30cm

2) 보단면(G1, G2) : 30cm×60cm

3) 슬래브 두께(S1) : 13cm

4) 층고 : 단면도 참조

※ 단면도에 표기된 1층 바닥선 이하는 계산하지 않는다.

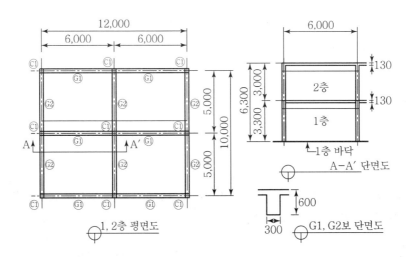

1, 2층 평면도

A–A′ 단면도

G1, G2보 단면도

① 콘크리트량(m³)

② 거푸집 면적(m²)

4점

12 언더피닝(Underpinning)을 실시하는 목적(이유)을 기술하고, 언더피닝 공법의 종류를 2가지 쓰시오.

3점

13 다음은 지반조사법 중 보링에 대한 설명이다. 알맞은 용어를 쓰시오.

① 비교적 연약한 토사에 수압을 이용하여 탐사하는 방식

② 경지층을 깊이 파는 데 이용되는 방식

③ 지층의 변화를 연속적으로 비교적 정확히 알고자 할 때 사용하는 방식

3점

14 비중이 2.65이고 단위용적중량이 1,600kg/m³일 때 골재의 공극률(%)을 구하시오.

15 SPS(Struct as Permanent System) 공법의 특징을 4가지 쓰시오.

① ....

② ....

③ ....

④ ....

16 기성말뚝 타격공법 중 주로 사용되는 디젤해머(Diesel Hammer)의 장점 또는 단점을 3가지 쓰시오.

① ....

② ....

③ ....

17 목재의 방부처리방법을 3가지만 쓰고 간단히 설명하시오.

① ....

② ....

③ ....

18 다음 데이터를 네트워크 공정표로 작성하고, 각 작업별 여유시간을 산출하시오.

작업명	작업일수	선행작업	비 고
A	5	없음	
B	6	없음	
C	5	A, B	
D	7	A, B	
E	3	B	
F	4	B	
G	2	C, E	
H	4	C, D, E, F	

비 고란:

EST LST   ◿LFT EFT

(i) ──작업명/작업일수──▶ (j) 로

표기하고 주공정선은 굵은 선으로 표기하시오.

1. 공정표

2. 여유시간

19 PERT 기법에 의한 기대시간(Expected Time)을 구하시오.

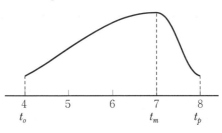

---

20 그림과 같은 철근콘크리트 단순보에서 계수집중하중(P_u)의 최댓값(kN)을 구하시오.
(단, 보통중량콘크리트 $f_{ck} = 28$MPa, $f_y = 400$MPa, 인장철근 단면적 $A_s = 1,500$mm²,
휨에 대한 강도감소계수 $\phi = 0.85$를 적용한다.)

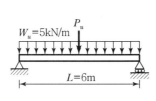

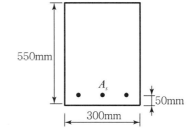

---

21 그림과 같은 T형보의 중립축 위치(c)를 구하시오. (단, 보통중량콘크리트 f_{ck} =30MPa, f_y =400MPa, 인장철근 단면적 A_s =2,000mm²)

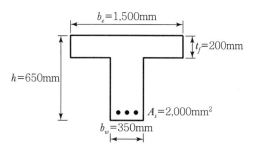

3점

22 그림과 같은 캔틸레버 보의 자유단 B점의 처짐이 0이 되기 위한 등분포하중 w(kN/m)의 크기를 구하시오. (단, 경간 전체의 휨강성 EI는 일정)

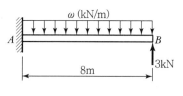

3점

23 보통골재를 사용한 f_{ck} =30MPa인 콘크리트의 탄성계수를 구하시오.

---

24 그림과 같은 용접부의 기호에 대해 기호의 수치를 모두 표기하여 제작 상세를 도시하시오.(단, 기호의 수치를 모두 표기해야 함)

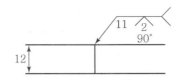

25 고력볼트로 접합된 큰보와 작은보의 접합부의 사용성 한계상태에 대한 설계미끄럼 강도를 계산하여 볼트 개수가 적절한지 검토하시오.(단, 사용된 고력볼트는 M22(F10T)이며 표준구멍을 적용, 고력볼트 설계볼트장력 $T_o = 200kN$, 미끄럼계수 $\mu = 0.5$, 고력볼트의 설계미끄럼강도 $\phi R_n = \phi \cdot \mu \cdot h_f \cdot T_o \cdot N_s$ 식으로 검토한다. 사용하중은 450kN이 작용한다.)

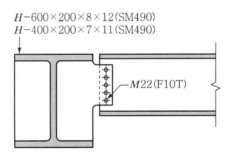

$H-600 \times 200 \times 8 \times 12$(SM490)
$H-400 \times 200 \times 7 \times 11$(SM490)

$M22$(F10T)

10점
01 다음 그림에서 한 층분의 물량을 산출하시오.

부재치수(단위 : mm)
전 기둥(C_1) : 500×500, 슬래브 두께(t) : 120
G_1, G_2 : 400×600, G_3 : 400×700, B_1 : 300×600($b×D$), 층고 : 4,000

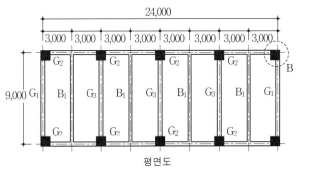

평면도

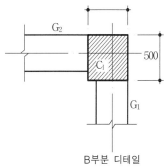

B부분 디테일

1. 전체 콘크리트 물량(m³)

2. 전체 거푸집 면적(m²)

3. 시멘트(포대 수), 모래(m³), 자갈량(m³)을 계산하시오.
   (1.항에 의거 산출된 물량을 이용, 배합비 1 : 3 : 6, 약산식 이용)
   ① 시멘트량(포대 수)

   ② 모래량(m³)

   ③ 자갈량(m³)

4점
02 건설업이 TQC에 이용되는 도구 중 다음을 설명하시오.

㉮ 파레토도 :

㉯ 특성요인도 :

㉰ 층별 :

㉱ 산점도 :

3점
03 Fastener는 커튼월을 구조체에 긴결시키는 부품을 말하며, 외력에 대응할 수 있는 강도를 가져야 하며 설치가 용이하고 내구성, 내화성 및 층간변위에 대한 추종성이 있어야 한다. 커튼월 공사에서 구조체의 층간변위, 커튼월의 열팽창, 변위 등을 해결하는 Fastener의 긴결방식 3가지를 쓰시오.

① _____

② _____

③ _____

4점
04 VE의 사고방식 4가지를 쓰시오.

① _____

② _____

③ _____

④ _____

3점
05 휨 부재의 공칭강도에서 최외단 인장철근의 순인장 변형률 ε_t가 0.004일 경우 강도감소계수 ϕ를 구하시오. (단, $f_y = 400\mathrm{MPa}$)

_____

_____

_____

_____

3점
06 BOT(Build—Operate—Transfer Contract) 방식을 설명하시오.

_____

_____

4점

07 Pre-stressed Concrete에서 Pre-tension 공법과 Post-tension 공법의 차이점을 시공 순서를 바탕으로 쓰시오.

(1) Pre-tension 공법 : ....

....

(2) Post-tension 공법 : ....

....

4점

08 주열식 지하연속벽 공법의 특징 4가지를 쓰시오.

① ....

② ....

③ ....

④ ....

6점

09 다음 계측기의 종류에 맞는 용도를 골라 번호로 쓰시오.

종 류	용 도
가. Piezo Meter	① 하중 측정
나. Inclino Meter	② 인접 건물의 기울기도 측정
다. Load Cell	③ Strut 변형 측정
라. Extension Meter	④ 지중 수평 변위 측정
마. Strain Gauge	⑤ 지중 수직 변위 측정
바. Tilt Meter	⑥ 간극수압의 변화 측정

....

....

....

10 지반의 허용지내력과 관련된 내용이다. ( )를 채우시오.

    (1) 장기허용 지내력도

        ① 경암반 : (   )kN/m²

        ② 연암반 : (   )kN/m²

        ③ 자갈과 모래의 혼합물 : (   )kN/m²

        ④ 모래 : (   )kN/m²

    (2) 단기허용 지내력도＝장기허용 지내력도×(   )배

4점

11 벽타일 붙이기 시공순서를 쓰시오.

    ① 바탕처리

    ②

    ③

    ④

    ⑤

3점

12 다음의 콘크리트공사용 거푸집에 대하여 설명하시오.

    ㉮ 슬라이딩 폼(Sliding Form)

    ㉯ 워플 폼(Waffle Form)

    ㉰ 터널 폼(Tunnel Form)

3점
13 매스콘크리트의 수화열 저감을 위한 대책을 3가지만 쓰시오.

① _____

② _____

③ _____

3점
14 철골공사에서 철골부재를 접합할 때 발생하는 용접(鎔接) 결함을 3가지만 쓰시오.

① _____

② _____

③ _____

3점
15 다음 그림은 철골 보-기둥 접합부의 개략적인 그림이다. 각 번호에 해당하는 구성재의 명칭을 쓰시오.

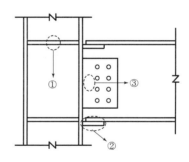

3점
16 블록구조의 외부 벽체에 대한 직접 방수처리방법 3가지를 쓰시오.

① _____

② _____

③ _____

4점

17 콘크리트 공사와 관련된 다음 용어를 간단히 설명하시오.

㉮ 블리딩(Bleeding)

㉯ 레이턴스(Laitance)

3점

18 샌드 드레인 공법에 대하여 쓰시오.

5점

19 포틀랜드 시멘트의 종류 5가지를 쓰시오.

①

②

③

④

⑤

20 다음 데이터를 이용하여 네트워크 공정표를 작성하고, 각 작업의 여유시간을 계산하시오.

작업명	선행작업	작업일수	비 고
A	없음	5	EST LST ╱LFT╲EFT
B	없음	2	(i) —작업명/작업일수→ (j) 로 일정 및 작업을 표기하고,
C	없음	4	주공정선을 굵은선으로 표시한다. 또한 여유시간 계산
D	A, B, C	4	시는 각 작업의 실제적인 의미의 여유시간으로 계산
E	A, B, C	3	한다.(더미의 여유시간은 고려하지 않을 것)
F	A, B, C	2	

1. 공정표

2. 여유시간

작업명	TF	FF	DF	CP
A				
B				
C				
D				
E				
F				

21 평판구조(Flat Plate Slab)에서 2방향 전단보강방법 4가지를 쓰시오. (4점)

① ....

② ....

③ ....

④ ....

22 그림과 같은 단순보의 최대휨응력은? (3점)

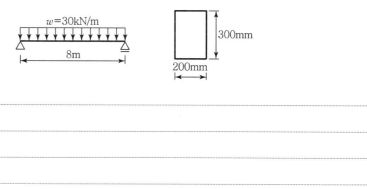

23 다음 그림의 X축에 대한 단면 2차 모멘트를 구하시오. (3점)

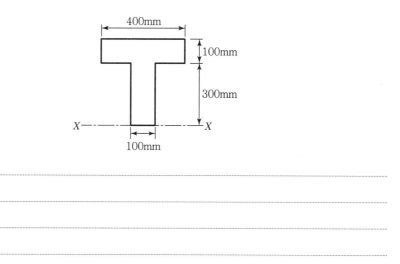

24 다음 그림에서 제시하는 볼트 접합의 파괴형태 명칭을 쓰시오.

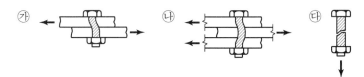

과년도 기출문제 | 2015년 제1회

4점

01 다음 도면에서 기둥의 주근 및 대근 철근량의 합계를 산출하시오. (단, 층고는 3.6m, 주근의 이음길이는 25d로 하고, 철근의 중량은 D22는 3.04kg/m, D19는 2.25kg/m, D10은 0.56kg/m로 한다.)

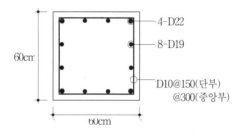

60cm

60cm

4-D22

8-D19

D10@150(단부)
@300(중앙부)

4점

02 다음 ( ) 안에 적합한 숫자를 쓰시오.

기초, 보 옆, 기둥 및 벽의 거푸집 널 존치기간은 콘크리트의 압축강도가 최소 (①) MPa 이상에 도달한 것이 확인될 때까지로 한다. 다만, 거푸집널 존치기간 중의 평균기온이 20℃ 미만 10℃ 이상인 경우에 보통 포틀랜드 시멘트를 사용한 콘크리트는 그 재령이 최소 (②)일 이상 경과하면 압축강도시험을 하지 않고도 거푸집을 떼어낼 수 있다.

03 흙의 전단강도 공식을 쓰고 변수에 대해 설명하시오.

① 공식

② 설명

04 휨 부재의 공칭강도에서 최외단 인장철근의 순인장 변형률 ε_t가 0.004일 경우 강도감도계수 ϕ를 구하시오. (단, $f_y = 400\text{MPa}$)

05 VE(Value Engineering)의 정의와 기본 추진절차 4단계를 순서대로 쓰시오.

① 정의

② 추진절차

06 다음 도면을 보고 옥상방수면적(m²), 누름콘크리트량(m³), 보호벽돌량(매)을 구하시오. (단, 벽돌의 규격은 190×90×57이며, 할증률은 5%임)

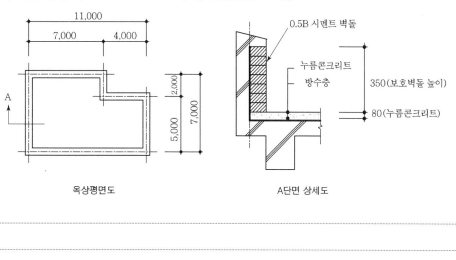

옥상평면도   A단면 상세도

07 기성콘크리트 말뚝을 사용한 기초공사에서 사용가능한 무소음, 무진동 공법 3가지를 쓰시오.

① ....

② ....

③ ....

4점

08 다음 금속공사에 이용되는 철물이 뜻하는 용어를 보기에서 골라 그 번호를 쓰시오.

① 철선을 꼬아 만든 철망
② 얇은 철판에 각종 모양을 도려낸 것
③ 벽, 기둥의 모서리에 대어 미장바름을 보호하는 철물
④ 테라초 현장갈기의 줄눈에 쓰이는 것
⑤ 얇은 철판에 자름금을 내어 당겨 늘린 것
⑥ 연강 철선을 직교시켜 전기 용접한 것
⑦ 천정, 벽 등의 이음새를 감추고 누르는 것

㉮ 와이어라스 : _____

㉯ 메탈라스 : _____

㉰ 와이어메쉬 : _____

㉱ 펀칭메탈 : _____

4점

09 기초구조물의 부동침하 방지대책을 4가지만 쓰시오.

① _____

② _____

③ _____

④ _____

4점

10 다음은 철골조 기둥공사의 작업 흐름도이다. 알맞은 번호를 보기에서 골라 번호를 채우시오.

① 본접합　　　　　　　　② 세우기 검사
③ 앵커볼트 매립　　　　　④ 세우기
⑤ 중심내기　　　　　　　⑥ 접합부의 검사

4점

11 대형 시스템거푸집 중에서 갱 폼(Gang Form)의 장단점을 각각 2개씩 쓰시오.

----

12 다음 데이터를 이용하여 네트워크 공정표를 작성하고, 각 작업의 여유시간을 계산하시오.

작업명	선행작업	작업일수	비 고
A	없음	5	
B	없음	2	EST|LST △LFT\EFT
C	없음	4	ⓘ ──작업명/작업일수──▶ⓙ 로 일정 및 작업을 표기하고,
D	A, B, C	4	주공정선을 굵은선으로 표시한다. 또한 여유시간 계산
E	A, B, C	3	시는 각 작업의 실제적인 의미의 여유시간으로 계산
F	A, B, C	2	한다.(더미의 여유시간은 고려하지 않을 것)

1. 공정표

2. 여유시간

작업명	TF	FF	DF	CP
A				
B				
C				
D				
E				
F				

3점
13 시트(Sheet) 방수공법의 시공순서를 쓰시오.

> 바탕처리 → (㉮) → 접착제칠 → (㉯) → (㉰)

3점
14 철근의 응력–변형도 곡선에서 해당하는 4개의 주요영역과 6개의 주요 포인트에 관련된 용어를 쓰시오.

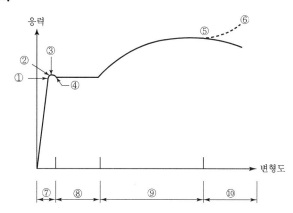

4점
15 목재에 가능한 방부제 처리법을 4가지 쓰시오.

① ....

② ....

③ ....

④ ....

2점
16 생콘크리트 측압에서 콘크리트 헤드(Concrete Head)에 대하여 간략하게 쓰시오.

4점

17 지하구조물 축조 시 인접 구조물의 피해를 막기 위해 실시하는 언더피닝(Under Pinning) 공법의 종류 4가지를 쓰시오.

① _____

② _____

③ _____

④ _____

3점

18 철골조에서의 컬럼 쇼트닝(Column Shortening)에 대하여 기술하시오.

_____

_____

4점

19 다음 용어를 간단히 설명하시오.

가. 물시멘트비(W/C)

_____

_____

나. 침입도

_____

_____

20 다음 철근의 인장강도(N/mm²)의 시험결과 Data를 이용하여 표본분산(s^2)을 구하시오.

> Data : 460, 540, 450, 490, 470, 500, 530, 480, 490

21 조적재 쌓기 시공 시 기준이 되는 세로규준틀의 설치위치 1개소와 표시하는 사항 2가지를 쓰시오.

(1) 설치위치

(2) 표시사항

22 다음 (   ) 안에 알맞은 용어를 쓰시오.

> 가설공사에 사용되는 고정용 부속철물 중 클램프의 종류에는 (①), (②)이(가) 있으며,
> 지반에 사용되는 철물에는 (③)가 있다.

23 다음에 설명하는 타일붙임공법의 명칭을 쓰시오. [2점]

> 평평하게 만든 바탕 모르타르 위에 붙임 모르타르를 바르고 타일 뒷면에 붙임 모르타르를 얇게
> 두드려 누르거나 비벼 넣으면서 붙이는 공법으로 압착공법을 한층 발전시킨 공법

24 다음 설명에 해당하는 공법의 명칭을 쓰시오. [2점]

> 흙막이 지지 Strut을 가설재로 사용하지 않고 영구 철골 구조물로 활용하는 공법

25 다음 장방형 단면에서 각 축에 대한 단면2차모멘트의 비 I_x / I_y 를 구하시오. [2점]

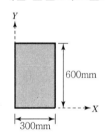

26 보의 유효깊이 d＝550mm, 보의 폭 b_w＝300mm인 보에서 스터럽이 부담할 전단력 V_s＝200kN일 경우, 전단철근의 간격은?(단, 전단철근면적 A_v＝142mm²(2－D10), 스터럽의 설계기준 항복강도 f_{yt}＝400Mpa, 콘크리트 압축강도 f_{ck}＝24MPa)

27 그림과 같은 단순보에서 최대휨모멘트가 발생하는 지점의 위치는 A점으로부터 어느 곳에 있는가?

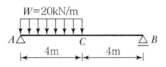

2점
01 가설공사의 수평규준틀 설치 목적을 2가지 쓰시오.

① ....

② ....

4점
02 다음 용어의 정의를 쓰시오.

① 접합유리

....

② 로이(Low−E) 유리

....

....

4점
03 다음 중 Slurry Wall 공법에서 Guide Wall을 Sketch하고, 설치 목적 2가지를 서술하시오.

① Sketch

② 설치목적

....

....

04 철골공사 용접결함 중 슬래그 감싸들기의 원인 및 대책 2가지를 쓰시오.

(1) 원인

(2) 대책

05 다음 중 용어에 대해 설명하시오.

① Slump Flow

② 조립률(FM)

06 철골공사의 절단가공에서 절단방법의 종류를 3가지 쓰시오.

①
②
③

07 대안 입찰제도에 대하여 설명하시오.

08 다음 용어를 간단히 설명하시오.

① 슬립 폼(Slip Form)

② 트래블링 폼(Travelling Form)

09 다음 용어를 설명하시오.

① 압밀

② 예민비

10 흙의 함수량 변화와 관련하여 (   ) 안을 채우시오.

> 흙이 소성상태에서 반고체 상태로 옮겨지는 경계의 함수비를 (①)라 하고, 액성상태에서 소성 상태로 옮겨지는 함수비를 (②)라고 한다.

11 파이프 구조에서 파이프 절단면 단부는 녹막이를 고려하여 밀폐하여야 하는데, 이때 실시하는 방법 3가지를 쓰시오.

①

②

③

4점

12 블록 벽체의 결함 중 습기, 빗물 침투현상의 원인을 4가지만 쓰시오.

① _____

② _____

③ _____

④ _____

3점

13 다음에 설명하는 콘크리트의 줄눈 명칭을 쓰시오.

> 지반 등 안정된 위치에 있는 바닥판이 수축에 의하여 표면에 균열이 생길 수 있는데 이러한
> 균열을 방지하기 위해 설치하는 줄눈

_____

2점

14 온도조절 철근이란 무엇을 말하는가 간단히 쓰시오.

_____

2점

15 지내력 시험방법 2가지를 쓰시오.

① _____

② _____

4점

16 옥상 8층 아스팔트 방수공사의 표준 시공순서를 쓰시오.

① 1층	② 2층
③ 3층	④ 4층
⑤ 5층	⑥ 6층
⑦ 7층	⑧ 8층

3점

17 재령 28일의 콘크리트 표준 공시체(ϕ150mm×300mm)에 대한 압축강도시험 결과 400kN의 하중에서 파괴되었다. 이 콘크리트 공시체의 압축강도 f_{ck}(MPa)를 구하시오.

3점

18 히스토그램(Histogram)의 작업순서를 보기에서 골라 기호로 쓰시오.

① 히스토그램과 규격값을 대조하여 안정상태인지 검토한다.
② 히스토그램을 작성한다.
③ 도수분포도를 만든다.
④ 데이터에서 최솟값과 최댓값을 구하여 전 범위를 구한다.
⑤ 구간폭을 정한다.
⑥ 데이터를 수집한다.

4점

19 파워셔블(Power Shovel)의 1시간당 추정 굴착작업량을 다음 조건일 때 산출하시오. (단, 단위를 명기하시오.)

$$q = 0.8 \quad f = 0.7 \quad E = 0.83 \quad k = 0.8 \quad C_m = 40\text{sec}$$

......

......

4점

20 표준형 벽돌 1,000장을 가지고 1.5B 두께로 쌓을 수 있는 벽면적은?(단, 할증률은 고려하지 않는다.)

......

......

10점

21 다음 데이터를 이용하여 Normal Time 네트워크 공정표를 작성하고 3일 공기단축 네트워크 및 공기 단축된 총공사비를 산출하시오.

(단, ① Network 공정표 작성은 화살표 Network로 한다.

② 주공정선(Critical Path)은 굵은 선으로 한다.

③ 각 결합점에는 다음과 같이 표시한다.

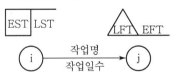

④ 공기단축 Network 공정표에는 $\boxed{\text{EST} \mid \text{LST}}$ $\triangle$ LFT EFT 는 표시하지 않는다.)

Activity	Normal		Crash		Cost Slope
	Time	Cost	Time	Cost	
A(0 → 1)	3	20,000	2	26,000	6,000
B(0 → 2)	7	40,000	5	50,000	5,000
C(1 → 2)	5	45,000	3	59,000	7,000
D(1 → 4)	8	50,000	7	60,000	10,000
E(2 → 3)	5	35,000	4	44,000	9,000
F(2 → 4)	4	15,000	3	20,000	5,000
G(3 → 5)	3	15,000	3	15,000	—
H(4 → 5)	7	60,000	7	60,000	—
계		280,000		334,000	

1. 표준(Normal) Network를 작성하시오.

2. 공기를 3일 단축한 Network를 작성하시오.

3. 공기단축된 총 공사비를 산출하시오.

....

....

3점
22 1단 자유, 타단 고정인 길이 2.5m인 압축력을 받는 철골조 기둥의 탄성좌굴하중을 구하시오. (단, 단면 2차 모멘트 $I = 798,000mm^4$, 탄성계수 200,000MPa)

3점
23 트럭 적재한도의 중량이 6t일 때, 비중 0.6이고 부피 300,000재(才)의 목재 운반 트럭 대수를 구하시오. (단, 6t 트럭의 적재량은 8.3m³)

3점
24 그림과 같은 라멘에 있어서 A점의 전달모멘트를 구하시오. (단, k는 강비이다.)

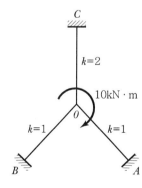

---

25 그림과 같은 원형 단면에서 폭 b, 높이 $h = 2b$의 직사각형 단면을 얻기 위한 단면계수 Z 를 직경 D의 함수로 표현하시오. (지름이 D인 원에 내접하는 밑변이 b이고 $H = 2b$)

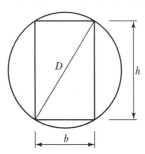

26 인장철근비 0.0025, 압축 철근비 0.016의 철근콘크리트 직사각형 단면의 보에 하중이 작용하여 순간처짐이 2cm 발생하였다. 3년 지속하중이 작용할 경우 총 처짐량(순간처짐 +장기처짐)을 구하시오. (단, 시간 경과 계수는 다음 표를 참조)

기간(월)	1	3	6	12	18	24	36	48	60 이상
ξ	0.5	1.0	1.2	1.4	1.6	1.7	1.8	1.9	2.0

4점
27 그림과 같은 인장부재의 순단면적을 구하시오. (단, 사용 고력 볼트는 M20이며, 판두께는 6mm이다.)

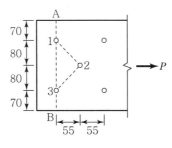

....

....

....

....

4점
28 강구조 접합 중 전단접합을 도식하고, 설명하시오.

....

....

[4점]
01 지하 토공사 중 계측관리와 관련된 항목을 골라 번호로 쓰시오.

⑦ Strain Gauge   ⑭ 경사계(Inclino Meter)
⑭ Water Level Meter   ⑭ Level And Staff

① 지표면 침하측정
② 지중 흙막이벽 수평변위 측정
③ 지하수위 측정
④ 응력측정(엄지말뚝, 띠장에 작용하는 응력측정)

[3점]
02 흐트러진 상태의 흙 30m³를 이용하여 30m²의 면적에 다짐상태로 60cm 두께로 더 돋우기할 때 시공완료된 다음의 흐트러진 상태로 남는 토량을 산출하시오.(단, 이 흙의 L=1.2이고, C=0.9이다.)

03 바닥미장 면적이 1,000m²일 때, 1일 10인 작업 시 작업소요일을 구하시오.(단, 아래와 같은 품셈을 기준하며 계산과정을 쓰시오.)

바닥미장 품셈(m² 당)

구 분	단 위	수 량
미장공	인	0.05

04 콘크리트의 강도 추정과 관련된 비파괴시험의 종류를 4가지만 기재하시오.

①

②

③

④

05 잭 서포트(Jack Support)에 대하여 설명하시오.

06 구조용 강재 SM 355에 대하여 각각 의미하는 바를 쓰시오.

① SM

② 355

3점

07 어떤 골재의 비중이 2.65이고, 단위용적중량이 $1,800kg/m^3$이라면 이 골재의 실적률을 구하시오.

4점

08 강도설계법에서 보통골재를 사용한 콘크리트의 압축강도(f_{ck})가 24MPa이고 철근의 탄성계수(E_s)가 200,000MPa, 항복강도(f_y)가 400MPa일 때 콘크리트의 탄성계수(E_c)와 탄성계수비$\left(\dfrac{E_s}{E_c}\right)$를 구하시오.

① 콘크리트 탄성계수

---

② 탄성계수비

4점

09 TQC에 이용되는 7가지 도구 중 4가지를 쓰시오.

①

②

③

④

10 공사 착공 시 첨부되는 품질관리 계획서에 포함되는 사항 4가지를 쓰시오.

① _____

② _____

③ _____

④ _____

11 다음 건축공사용 재료의 할증률을 쓰시오.

㉮ 유리 : _____

㉯ 시멘트 벽돌 : _____

㉰ 붉은 벽돌 : _____

㉱ 단열재 : _____

12 다음 데이터를 네트워크 공정표로 작성하고, 각 작업의 여유시간을 구하시오.

작업명	작업일수	선행작업	비 고
A	3	없음	
B	4	없음	
C	5	없음	EST|LST △LFT\EFT
D	6	A, B	
E	7	B	ⓘ ──작업명──→ ⓙ 로
F	4	D	──작업일수──
G	5	D, E	표기하고 주공정선은 굵은 선으로 표기하시오.
H	6	C, F, G	
I	7	F, G	

① 공정표

② 여유시간

작업명	TF	FF	DF	CP
A				
B				
C				
D				
E				
F				
G				
H				
I				

[4점]

13 철골구조 공사에 있어서 철골습식 내화피복공법의 종류를 4가지 쓰시오.

① ....

② ....

③ ....

④ ....

14 철골공사에서 철골부재를 접합할 때 발생하는 용접(鎔接) 결함을 3가지만 쓰시오.

①

②

③

15 철골공사에 사용되는 용어를 설명하였다. 알맞은 용어를 쓰시오.

① 철골부재 용접 시 이음 및 접합부위의 용접선이 교차되어 재용접된 부위가 열영향을 받아 취약해지기 때문에 모재에 부채꼴 모양의 모따기를 한 것

② 철골기둥의 이음부를 가공하여 상하부 기둥 밀착을 좋게 하여 축력의 50%까지 하부 기둥 밀착면에 직접 전달시키는 이음방법

③ Blow Hole, Crater 등의 용접결함이 생기기 쉬운 용접 Bead의 시작과 끝 지점에 용접을 하기 위해 용접 접합하는 모재의 양단에 부착하는 보조강판

16 다음 설명이 뜻하는 콘크리트 명칭을 써 넣으시오.

① 콘크리트 면에 미장 등을 하지 않고, 직접 노출시켜 마무리한 콘크리트

② 부재 단면치수 800mm 이상, 콘크리트 내·외부 온도차가 25℃ 이상으로 예상되는 콘크리트

③ 건축구조물이 20층 이상이면서 기둥크기를 적게 하도록 콘크리트 강도를 높게 하는 구조물에 사용되는 콘크리트로서 보통 설계기준 강도가 보통 40MPa 이상인 콘크리트

3점

17 다음 레디믹스트 콘크리트의 규격, (25-30-210)에 대하여 3가지 수치가 뜻하는 바를 쓰시오.(단, 단위까지 명확히 기재)

① 25 : _____

② 30 : _____

③ 210 : _____

5점

18 알칼리 골재반응을 설명하고 방지대책 3가지를 쓰시오.

(1) 정의

_____

_____

(2) 방지대책

_____

_____

4점

19 벽돌벽의 표면에 생기는 백화의 정의와 방지대책 3가지를 쓰시오.

(1) 정의

_____

_____

(2) 방지대책

_____

_____

3점
20 Value Engineering 개념에서 $V = \dfrac{F}{C}$ 식의 각 기호를 설명하시오.

3점
21 어스앵커(Earth Anchor) 공법에 대하여 기술하시오.

3점
22 BTO(Build–Transfer–Operate) 방식을 설명하시오.

4점
23 거푸집 측압의 증가 원인에 대해서 쓰시오.

---

24 강도설계법에서 기초판의 크기가 2m×3m일 때 단변방향으로의 소요 전체 철근량이 3,000mm²이다. 유효폭 내에 배근하여야 할 철근량을 구하시오.

25 다음 그림과 같은 경우 마찰접합에 의한 설계미끄럼 강도를 계산하시오.(단, 강재의 재질은 SS400, 고력볼트는 M22($F10T$), 설계볼트 장력 $T_0 = 200\text{kN}$, 표준 구멍)

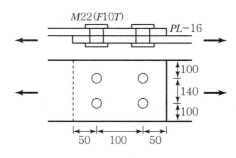

26 스팬 6m의 단순보에 $W_D = 15\text{kN/m}$, $W_L = 12\text{kN/m}$가 작용하는 경우, 보의 전단설계를 위한 최대 전단력 V_u는 얼마인가?(단, 보의 단면 $b_w \times d = 300\text{mm} \times 500\text{mm}$이다.)

3점
01 샌드 드레인 공법에 대하여 쓰시오.

4점
02 다음 용어를 설명하시오.

㉮ BOT(Build – Operate – Transfer) 방식

㉯ 파트너링(Partnering) 방식

03 강도설계법에 따른 다음 그림과 같은 콘크리트 단근보의 균형철근비 및 최대철근량을 구하시오. (단, $f_{ck} = 27\text{MPa}$, $f_y = 300\text{MPa}$, $E_s = 200{,}000\text{MPa}$)

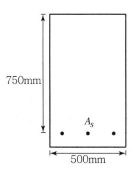

가. 균형철근비

나. 최대철근량

04 전기로에서 금속규소나 규소철을 생산하는 과정 중 부산물로 생성되는 매우 미세한 입자로서 고강도 콘크리트 제조 시 사용되는 포졸란계 혼화재의 명칭을 쓰시오.

4점

05 SS400($F_y=235$N/mm^2)을 사용한 그림과 같은 모살용접 부위의 설계강도(ϕP_w)를 구하시오.(단, $\phi P_w = 0.9F_wA_w$, $F_w = 0.6F_y$이다.)

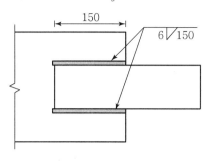

....

....

....

....

3점

06 철근 이음의 종류 3가지만 쓰시오.

① ....

② ....

③ ....

2점

07 다음 ( ) 안에 알맞은 숫자를 써 넣으시오.

기성콘크리트 말뚝을 타설할 때 그 중심 간격은 말뚝머리 지름의 (①)배 이상 또한 (②)mm 이상으로 한다.

08 지반조사 시 실시하는 보링(Boring)의 종류를 3가지만 쓰시오.

① ....

② ....

③ ....

09 Life Cycle Cost(LCC)에 대해 간단히 설명하시오.

....

....

10 다음 커튼월 공법의 분류를 쓰시오.

1. 구조형식에 의한 분류 2가지

   ① ....

   ② ....

2. 조립방식에 의한 분류 2기지

   ① ....

   ② ....

11 콘크리트 충전강관(CFT) 구조를 설명하고 장단점을 각각 2가지씩 쓰시오.

....

....

....

....

12 다음 데이터를 보고 표준 네트워크 공정표를 작성하고, 7일 공기단축한 상태의 네트워크 공정표를 작성하시오.

작업명	작업일수	선행작업	비용구배(천 원)	
A(①→②)	2	없음	50	
B(①→③)	3	없음	40	
C(①→④)	4	없음	30	(1) 결합점 위에는 다음과 같이 표시한다.
D(②→⑤)	5	A, B, C	20	
E(②→⑥)	6	A, B, C	10	
F(③→⑤)	4	B, C	15	
G(④→⑥)	3	C	23	(2) 공기단축은 작업일수의 1/2을 초과할 수 없다.
H(⑤→⑦)	6	D, F	37	
I(⑥→⑦)	7	E, G	45	

1. 표준 네트워크 공정표

2. 7일 공기단축한 네트워크 공정표

3점

13 생콘크리트 측압에서 콘크리트 헤드(Concrete Head)에 대하여 간략하게 쓰시오.

4점

14 다음 그림과 같은 구조물의 전단력도와 휨모멘트도를 그리고 최대전단력, 최대휨모멘트 값을 구하시오.

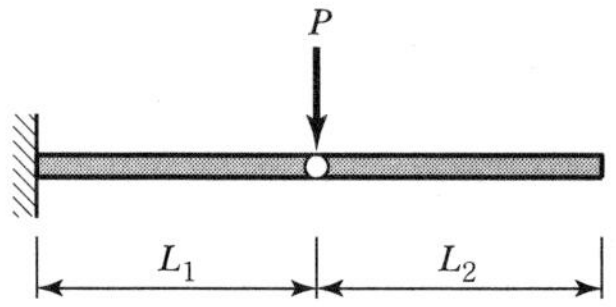

3점

15 프리스트레스트 콘크리트에 이용되는 긴장재의 종류를 3가지 쓰시오.

①

②

③

4점

16 벽타일 붙이기 공법의 종류를 4가지 쓰시오.

①

②

③

④

4점

17 다음 용어를 설명하시오.

① AE 감수제

② 슈링크 믹스트 콘크리트

3점

18 프리팩트 콘크리트 말뚝의 종류를 3가지 쓰시오.

①

②

③

3점

19 수평버팀대의 흙막이에 작용하는 응력이 아래의 그림과 같을 때 번호에 알맞은 말을 보기에서 골라 기호로 쓰시오.

⑦ 수동토압　　　　　　　　　④ 정지토압
⑤ 주동토압　　　　　　　　　⑥ 버팀대의 하중
⑥ 버팀대의 반력　　　　　　　⑥ 지하수압

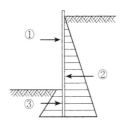

3점
20 목재의 난연처리 방법 3가지를 쓰시오.

① _____

② _____

③ _____

4점
21 콘크리트용 골재로서의 요구품질을 4가지만 쓰시오.

① _____

② _____

③ _____

④ _____

4점
22 표준관입시험 N값에 따른 모래의 상대밀도를 쓰시오.

N값	모래의 상대밀도
0~4	(①)
4~10	(②)
10~30	(③)
50 이상	(④)

3점
23 가설건축물 축조 신고 시 제출해야 하는 구비서류 3가지를 쓰시오.

① _____

② _____

③ _____

24 주문 공급방식으로 주로 대형구조물, 특수구조물에 사용되는 프리캐스트 콘크리트(PC) 생산방식을 쓰시오.

25 자연상태의 터파기한 흙이 12,000m³이고, 그 중 5,000m³를 되메우기하고, 나머지를 8ton 트럭으로 잔토처리 시 다음 물량을 산출하시오. (L =1.25, 암반의 단위용적 중량 1.8t/m³)

① 8ton 트럭 1회 운반토량

② 8ton 트럭 총 소요대수

26 그림과 같은 구조물에서 모멘트 분배법에 의한 OA 부재의 분배율을 계산하시오.

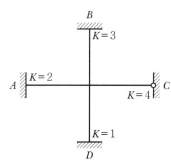

27 보의 폭이 400mm, 주근 3-D22, 스터럽 D10mm가 배근된 보의 휨균열 제어를 위한 인장철근의 간격을 구하고, 적합 여부를 판정하시오.(단, 보통중량콘크리트 사용, f_y = 400MPa, $f_s = \dfrac{2}{3} f_y$의 근사값 적용)

4점
01 역타설공법(Top−down Method)의 장점을 4가지 쓰시오.

① _____

② _____

③ _____

④ _____

4점
02 점토지반 개량공법 두 가지를 제시하고 그중에서 한 가지를 선택하여 간단히 설명하시오.

_____

_____

_____

2점
03 건축공사 표준시방서에 의한 철근의 간격에 대한 설명 중 ( ) 안에 알맞은 내용을 쓰시오.

> 철근과 철근의 순간격은 굵은 골재 최대치수 (①)배 이상, (②)mm 이상, 이형철근 공칭 직경의 1.5배 이상으로 한다.

4점
04 다음의 콘크리트 공사용 거푸집에 대하여 설명하시오.

㉮ 슬라이딩 폼(Sliding Form)

_____

㉯ 터널 폼(Tunnel Form)

_____

4점
05 각 색깔에 맞는 콘크리트용 착색재를 보기에서 찾아 번호로 쓰시오.

① 카본블랙	② 군청
③ 크롬산 바륨	④ 산화크롬
⑤ 제2산화철	⑥ 이산화망간

㉮ 초록색 – (　)　　　　㉯ 빨간색 – (　)
㉰ 노란색 – (　)　　　　㉱ 갈색 – (　)

3점
06 다음에 설명하는 콘크리트의 줄눈명칭을 쓰시오.

장 Span의 구조물(100m가 넘는)에 Expansion Joint를 설치하지 않고, 건조수축을 감소시킬 목적으로 설치하는 줄눈

_____

07 한중기 콘크리트에 관한 내용 중 (   )을 적당히 채우시오.

㉮ 한중 콘크리트는 초기강도 (   )MPa까지는 보양을 실시한다.
㉯ 한중 콘크리트 물시멘트비(W/C)는 (   )% 이하로 한다.

08 폴리머 시멘트콘크리트의 특성을 보통시멘트콘크리트와 비교하여 4가지 기술하시오.

① ....
② ....
③ ....
④ ....

09 철골구조공사에 있어서 철골습식 내화피복공법의 종류를 3가지 쓰시오.

① ....
② ....
③ ....

10 다음 용어를 설명하시오.

① 스캘럽(Scallop)

....

....

② 엔드 탭(End Tab)

....

....

4점
11 건축공사 표준시방서에 방수공사 시 다음 기호의 뜻을 적으시오.

㉮ A : _____

㉯ M : _____

㉰ S : _____

㉱ L : _____

4점
12 커튼월(Curtain Wall)의 실물모형실험(Mock-up Test)에서 성능시험의 시험종목을 4가지만 쓰시오.

① _____

② _____

③ _____

④ _____

3점
13 목재면 바니시칠 공정의 작업순서를 보기에서 골라 기호로 쓰시오.

① 색올림	② 왁스문지름
③ 바탕처리	④ 눈먹임

_____

3점
14 금속재 바탕처리법 중 화학적 방법 3가지를 쓰시오.

① _____

② _____

③ _____

3점

15 건축공사의 단열공법에서 단열 부위 위치에 따른 벽 단열공법의 종류를 쓰시오.

_____

_____

2점

16 다음이 설명하는 구조의 명칭을 쓰시오.

> 건축물의 기초부분 등에 적층고무 또는 미끄럼받이 등을 넣어서 지진에 대한 건축물의 흔들림을
> 감소시키는 구조

_____

10점

17 주어진 데이터에 의하여 다음 물음에 답하시오.

작업 기호	선행 작업	표준(Normal)		급속(Crash)		비고
		공기(일)	공비(원)	공기(일)	공비(원)	
A	없음	5	170,000	4	210,000	
B	없음	18	300,000	13	450,000	단축된 공정표에서 CP는 굵은
C	없음	16	320,000	12	480,000	선으로 표기하고, 각 결합점에서는
D	A	8	200,000	6	260,000	
E	A	7	110,000	6	140,000	
F	A	6	120,000	4	200,000	로 표기한다.
G	D, E, F	7	150,000	5	220,000	

① 표준(Normal) Network를 작성하시오.

② 표준공기 시 총 공사비를 산출하시오.

③ 4일 단축된 총 공사비를 산출하시오.

4점
18 그림과 같은 조적조 건물 신축 시 귀규준틀, 평규준틀 수량을 구하시오.

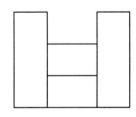

19 토량 2,000m³을 2대로 불도저로 작업할 예정이다. 삽날용량 0.6m³, 토량환산계수 0.7, 작업효율 0.9이며, 1회 사이클 시간이 15분일 때 작업완료에 필요한 시간을 산출하시오.

[4점]

---

20 콘크리트 펌프의 실린더 안지름 18cm, 스트로크 길이 1m, 스트로크 수 24회/분, 효율 90%로 콘크리트를 펌핑할 때, 원활한 공사시공을 위한 7m³ 레미콘 트럭의 배차시간 간격(분)을 구하시오.

[3점]

---

21 트럭 적재한도의 중량이 6t일 때, 비중 0.8이고, 부피 30,000재(才)의 목재 운반트럭 대수를 구하시오.(단, 6t 트럭의 적재량은 7.5m³)

[4점]

3점
22 히스토그램(Histogram)의 작업순서를 보기에서 골라 순서를 기호로 쓰시오.

> ① 히스토그램과 규격값을 대조하여 안정상태인지 검토한다.
> ② 히스토그램을 작성한다.
> ③ 도수분포도를 만든다.
> ④ 데이터에서 최솟값과 최댓값을 구하여 전범위를 구한다.
> ⑤ 구간폭을 정한다.
> ⑥ 데이터를 수집한다.

3점
23 다음 통합공정관리(EVMS ; Earned Value Management System) 용어를 설명한 것 중 맞는 것을 보기에서 선택하여 번호를 쓰시오.

> ① 프로젝트의 모든 작업내용을 계층적으로 분류한 것으로 가계도와 유사한 형상을 나타낸다.
> ② 성과측정시점까지 투입예정된 공사비
> ③ 공사착수일로부터 추정준공일까지의 실 투입비에 대한 추정치
> ④ 성과측정시점까지 지불된 공사비(BCWP)에서 성과측정시점까지 투입 예정된 공사비를 제외한 비용
> ⑤ 성과측성시섬까지 실제로 투입된 금액을 말한다.
> ⑥ 성과측정시점까지 지불된 공사비(BCWP)에서 성과측정시점까지 실제로 투입된 금액을 제외한 비용
> ⑦ 공정, 공사비 통합, 성과측정, 분석의 기본단위를 말한다.

가. CA(Control Account)

나. CV(Cost Variance)

다. ACWP(Actual Cost for Work Performed)

24 T 부재에 발생하는 부재력을 구하시오.

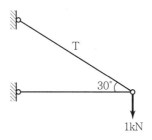

25 그림과 같은 철근콘크리트 단순보에서 최대 휨 모멘트를 구하고, 균열모멘트 및 균열 발생 여부를 판정하시오. (단, w=5kN/m, L=12m, f_{ck}=24MPa, 경량콘크리트 계수는 1을 적용한다.)

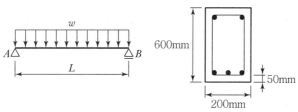

① 최대 휨 모멘트

② 균열 모멘트 및 균열 발생 여부 판정

26 다음 그림을 보고, 압축응력, 변형률, 탄성계수를 구하시오.

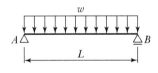

$\Delta L=1mm$

$P=10kN$

$L=10cm$

10mm

10mm

① 압축응력

② 변형률

③ 탄성계수

27 그림과 같은 H형강을 사용한 단순지지 철골보의 최대처짐(mm)을 구하시오. (단, $L=$ 7m, $E=205,000$MPa, $I=4,870$cm^{4}이며, 고정하중은 10kN/m, 활하중은 20kN/m가 적용된다.)

w

A B

L

4점
01 다음 용어를 설명하시오.

㉮ BOT(Build-Operate-Transfer) 방식

㉯ 파트너링(Partnering) 방식

3점
02 기준점(Bench Mark)의 정의를 쓰시오.

3점
03 지반조사 시 실시하는 보링(Boring)의 종류를 3가지만 쓰시오.

①

②

③

3점

04 슬러리 월(Slurry Wall) 공법에 대한 설명이다. 올바른 용어를 채우시오.

> 공벽붕괴에 벤토나이트 이수액을 사용하는 공법으로 먼저 (①)을 설치하고, 지반을 굴착하여 여기에 (②)을 삽입하고, (③)을 설치하여 콘크리트를 타설하는 지중에 철근콘크리트 연속 벽체를 형성하는 공법

3점

05 제자리콘크리트 말뚝공법을 3가지 쓰시오.

① ....

② ....

③ ....

5점

06 시멘트 주요 화합물을 4가지로 쓰고, 그중 28일 이후 장기강도에 관여하는 화합물을 쓰시오.

① ....

② ....

③ ....

④ ....

3점

07 혼합시멘트 중 플라이 애시 시멘트의 특징을 3가지 쓰시오.

① ....

② ....

③ ....

08 콘크리트 타설 시 현장 가수로 인한 문제점을 3가지 쓰시오.

① _____

② _____

③ _____

09 다음 콘크리트의 균열보수법에 대하여 설명하시오.

㉮ 표면처리법

_____

_____

㉯ 주입공법

_____

_____

10 고장력 볼트 접합에서 마찰력 확보를 위한 마찰력 처리방법 3가지를 쓰시오.

① _____

② _____

③ _____

11 다음 [보기]의 용접부 검사항목을 용접착수 전, 작업 중, 완료 후의 검사작업으로 구분하여 번호로 쓰시오.

① 홈의 각도, 간격 치수   ② 아크전압
③ 용접속도   ④ 청소상태
⑤ 균열, 언더컷 유무   ⑥ 필렛의 크기
⑦ 부재의 밀착   ⑧ 밑면 따내기

㉮ 용접 착수 전 검사 : _____

㉯ 용접 작업 중 검사 : _____

㉰ 용접 완료 후 검사 : _____

12 다음 용어를 설명하시오.

① 거싯 플레이트(Gusset Plate)

_____

② 데크 플레이트(Deck Plate)

_____

③ 시어 키넥터(Shear Connector)

_____

13 조적재 쌓기 시공 시 사용되는 세로 규준틀에 표시하는 사항에 대하여 3가지만 쓰시오.

① _____

② _____

③ _____

14 목재의 섬유포화점과 관련된 함수율 증가에 따른 강도변화에 대하여 쓰시오.

15 다음 용어를 설명하시오.

① 이음 :

② 맞춤 :

16 목재에 가능한 방부제 처리법을 4가지 쓰시오.

①

②

③

④

17 목공사의 마무리 중 모접기(면접기)의 종류를 3가지만 쓰시오.

①

②

③

4점

18 타일공사에서 타일 탈락 원인에 대하여 4가지를 쓰시오.

① ....

② ....

③ ....

④ ....

2점

19 녹막이 방지용 도료를 2가지 쓰시오.

① ....

② ....

4점

20 석고보드의 장단점을 각각 2가지 쓰시오.

(1) 장점

① ....

② ....

(2) 단점

① ....

② ....

10점

21

다음 데이터를 이용하여 정상공기를 산출한 결과 지정공기보다 3일이 지연되는 결과이었다. 공기를 조정하여 3일의 공기를 단축한 네트워크 공정표를 작성하고, 아울러 총공사금액을 산출하시오.

작업 기호	선행 작업	표준 (Normal)		특급 (Crash)		비용구배 (Cost Slope) (원/일)	비고
		공기 (일)	공비 (원)	공기 (일)	공비 (원)		
A	없음	3	7,000	3	7,000	−	
B	A	5	5,000	3	7,000	1,000	단축된 공정표에서 CP는 굵은
C	A	6	9,000	4	12,000	1,500	선으로 표기하고, 각 결합점에서는
D	A	7	6,000	4	15,000	3,000	EST LST, LFT EFT
E	B	4	8,000	3	8,500	500	
F	B	10	15,000	6	19,000	1,000	i →작업명 작업일수→ j
G	C, E	8	6,000	5	12,000	2,000	로 표기한다.
H	D	9	10,000	7	18,000	4,000	(단, 정상공기는 답지에 표기하지
I	F, G, H	2	3,000	2	3,000	−	않고, 시험지 여백을 이용할 것)

1. 단축한 Network 공정표

2. 총 공사금액

22 다음 조건으로 요구하는 물량을 산출하시오.(단, L=1.3, C=0.9)

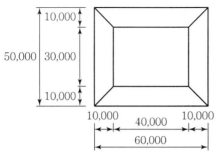 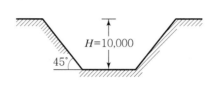

① 터파기량을 산출하시오.

② 운반대수를 산출하시오.(단, 운반대수는 1대, 적재량은 12m³)

③ 5,000m²에 흙을 이용 성토하여 다짐할 때 표고는 몇 m인지 구하시오.(비탈면은 수직으로 생각함)

3점
23 다음 구조물의 A지점의 반력을 구하시오.

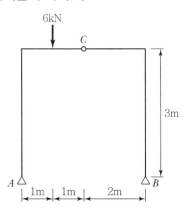

3점
24 그림과 같은 단순보의 단면에 생기는 최대 전단응력도(MPa)를 구하시오. (단, 보의 단면은 300×500mm임)

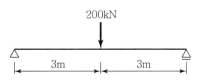

25 휨 부재의 공칭강도에서 최외단 인장철근의 순인장변형률 ε_t가 0.004일 경우 강도감소계수 ϕ를 구하시오. (단, $f_y=400\text{MPa}$)

26 다음 조건의 철근콘크리트 보의 총 처짐량(순간처짐＋장기처짐)을 구하시오. (순간처짐 20mm, 지속하중에 대한 시간경과계수(ξ) 2.0, 압축철근량($A_s{}'$)＝1,000mm², 단면 $b \times d$＝400mm×500mm)

3점

01 기준점(Bench Mark) 설치사항 3가지를 쓰시오.

① ....

② ....

③ ....

3점

02 흙막이 벽에 발생하는 히빙파괴(Heaving Failure) 대책 3가지를 쓰시오.

① ....

② ....

③ ....

4점

03 다음은 건축공사표준시방서에 따른 거푸집널 존치기간 중의 평균기온이 10℃ 이상인 경우에 콘크리트의 압축강도시험을 하지 않고 거푸집을 떼어낼 수 있는 콘크리트의 재령(일)을 나타낸 표이다. 빈칸에 알맞은 숫자를 표기하시오.

기초, 보 옆, 기둥 및 벽의 거푸집널 존치기간을 정하기 위한 콘크리트의 재령(일)

시멘트의 종류 평균기온	조강포틀랜드 시멘트	보통포틀랜드시멘트 고로슬래그시멘트특급	고로슬래그시멘트1급 포틀랜드포졸란시멘트B종
20℃ 이상	①	③	4
20℃ 미만 10℃ 이상	②	4	④

04 AE제에 의해 생성된 Entrained Air의 목적 4가지를 쓰시오.

① _____

② _____

③ _____

④ _____

05 철근콘크리트 공사에서 헛응결(False Set)에 대하여 기술하시오.

_____

_____

_____

_____

06 다음에 설명하는 콘크리트의 종류를 쓰시오.

① 자갈, 모래 등의 골재를 사용하지 않고, 시멘트와 물 그리고 발포제를 배합하여 만드는 일종의 경량콘크리트

_____

② 콘크리트를 타설한 직후 진공매트로 수분과 공기를 흡수하고, 대기의 압력으로 다짐하여 초기강도, 내구성을 증대시킨 콘크리트

_____

③ 거푸집 안에 미리 굵은 골재를 채워 넣은 후 그 공극 속으로 특수한 모르타르를 주입하여 만든 콘크리트

_____

3점

07 콘크리트 구조물의 균열 발생 시 보강공법을 3가지 쓰시오.

① _____

② _____

③ _____

6점

08 다음 조건에서 콘크리트 $1m^3$ 생산하는 데 필요한 시멘트, 모래, 자갈, 물의 중량을 각각 산출하시오.

> ① 단위수량 : $160kg/m^3$ ② 물시멘트비 : 50%
>
> ③ 잔골재율(S/a) : 40%   ④ 시멘트 비중 : 3.15
>
> ⑤ 모래 · 자갈 비중 : 2.6   ⑥ 공기량 : 1%

_____

_____

_____

_____

_____

_____

09 콘크리트압축강도 f_{ck} =30MPa, 주근의 항복강도 f_y =400MPa를 사용한 보 부재에서 인장을 받는 D22(공칭지름은 22.2mm) 철근의 기본정착길이(l_{db})를 구하시오.(단, 경량 콘크리트 계수 λ =1, 보정계수는 고려하지 않는다.)

10 강구조의 맞댄용접, 필릿용접을 개략적으로 도시하고, 설명하시오.

11 철골 용접공사에서 과대전류에 의한 용접결함을 고르시오.

① 슬래그 감싸들기 　　　② 언더컷
③ 오버랩 　　　　　　　　④ 블로홀
⑤ 크랙 　　　　　　　　　⑥ 피트
⑦ 용입 부족 　　　　　　⑧ 크레이터
⑨ 피시 아이

4점
12 다음과 같은 단순 인장접합부에서 강도한계상태에 대한 볼트의 설계전단강도(kN)를 구하시오. (단, 그림의 단위는 mm, 강재의 재질은 SS400, 고력볼트는 M22(F10T), 공칭전단강도 $F_{nv}=450\text{N/mm}^2$, 나사부가 전단면에 포함되지 않은 경우, 표준구멍, 사용하중상태에서 볼트구멍의 변형이 설계에 고려된다고 가정)

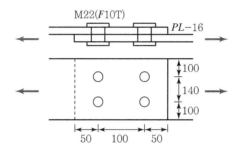

4점
13 H$-400\times200\times8\times13$(필릿반지름 $r=16\text{mm}$) 플랜지와 웨브의 판폭두께비를 계산하시오.

3점

14 철근콘크리트 슬래브와 강재보의 전단력을 전달하도록 강재에 용접되고 콘크리트 속에 매입된 시어 커넥터(Shear Connector)에 사용되는 볼트의 명칭을 쓰시오.

3점

15 벽돌쌓기방식 중 영식쌓기의 특성을 간단히 설명하시오.

5점

16 지하실 바깥방수 시공순서를 보기에서 골라 번호를 쓰시오.

① 밑창(버림)콘크리트   ② 잡석다짐
③ 바닥 콘크리트   ④ 보호누름 벽돌쌓기
⑤ 외벽 콘크리트   ⑥ 외벽방수
⑦ 되메우기   ⑧ 바닥방수층 시공

---

17 커튼월의 조립방식에 의한 분류에서 각 설명에 해당하는 방식을 골라 (   ) 안에 번호로 써 넣으시오.

① Stick Wall 방식
② Unit Wall 방식
③ Window Wall 방식

조립방식	설명
( )	• 구성부재를 현장에서 조립·연결하여 창틀이 구성되는 형식으로, Glazing은 현장에서 실시 • 현장안전과 품질관리에 부담이 있지만, 현장 적응력이 우수하여 공기조절이 가능
( )	• 건축모듈을 기준으로 하여 취급이 가능한 크기로 나누며 구성 부재 모두가 공장에서 조립된 프리패브형식으로 대부분 Glazing을 포함 • 시공속도나 품질관리의 업체의존도가 높아 현장상황에 융통성을 발휘하기가 어려움
( )	• 창호 주변이 패널로 구성됨으로써 창호의 구조가 패널트러스에 연결됨 • 패널트러스를 스틸트러스에 연결할 수 있으므로 재료의 사용효율이 높아 비교적 경제적인 시스템 구성이 가능

18 BOT(Build－Operate－Transfer Contract) 방식을 설명하시오.

19 특성요인도에 대해 설명하시오.

20 다음 데이터를 네트워크 공정표로 작성하시오.

작업명	작업일수	선행작업	비고
A	5	없음	
B	2	없음	주공정선은 굵은 선으로 표시한다.
C	4	없음	각 결합점 일정계산은 PERT 기법에 의거해 다음과
D	5	A, B, C	같이 계산한다.
E	3	A, B, C	
F	2	A, B, C	
G	4	D, E	
H	5	D, E, F	
I	4	D, F	

주공정선은 굵은 선으로 표시한다.
각 결합점 일정계산은 PERT 기법에 의거해 다음과 같이 계산한다.

$$\boxed{ET \mid LT}$$

작업명   작업명
────────→ (i) ────────→
작업일수   작업일수
(단, 결합점 번호는 반드시 기입한다.)

21 PERT 기법에 의한 기대시간(Expected Time)을 구하시오.

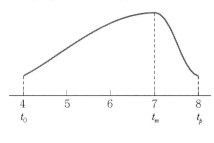

3점

22 공정관리 용어 중 WBS(Work Breakdown Structure)의 정의를 쓰시오.

4점

23 다음 ( ) 안에 적합한 숫자를 쓰시오.

> 흙 되메우기 시 일반 흙으로 되메우기 할 경우 (①)mm마다 다짐밀도 (②)% 이상으로 다진다.

3점

24 비산먼지 발생억제를 위한 방진시설을 할 때 야적(분체상 물질을 야적하는 경우에 한함) 시 조치사항 3가지를 쓰시오.

①

②

③

3점

25 철근콘크리트구조 휨부재에서 압축철근의 역할과 특징을 3가지 쓰시오.

①

②

③

26 다음 철근콘크리트 벽체의 설계축하중을 계산하시오. **[4점]**

$\phi = 0.65$, $f_{ck} = 24\text{MPa}$, $h = $ 벽두께 200

$k = 0.8$, $l_e = $ 유효길이 3,200, $b_e = 2,000$

4점
01 공개 경쟁입찰의 순서를 보기에서 골라 번호로 쓰시오.

① 입찰   ② 현장설명
③ 낙찰   ④ 계약
⑤ 견적   ⑥ 입찰등록
⑦ 입찰공고

4점
02 특명입찰(수의계약)의 장단점을 2가지씩 쓰시오.

① 장점

② 단점

2점
03 BTL(Build Transfer Lease)에 대해 설명하시오.

4점

04 토공장비 선정 시 고려해야 할 기본적인 요소 4가지를 기술하시오.

① _____

② _____

③ _____

④ _____

3점

05 아일랜드컷(Island Cut) 공법에 대해 설명하시오.

_____

_____

_____

_____

4점

06 어스앵커(Earth Anchor) 공법의 특징 4가지를 쓰시오.

① _____

② _____

③ _____

④ _____

3점

07 자연상태의 시료를 운반하여 압축강도를 시험한 결과 8MPa이었고, 그 시료를 이긴시료로 하여 압축강도를 시험한 결과 5MPa이었다면 이 흙의 예민비를 구하시오.

_____

_____

_____

_____

3점

08 톱다운 공법(Top-Down Method)은 지하구조물의 시공순서를 지상에서부터 시작하여 점차 깊은 지하로 진행하며 완성하는 공법으로서 여러 장점이 있다. 이 중 작업공간이 협소한 부지를 넓게 쓸 수 있는 이유를 기술하시오.

....

....

....

4점

09 기초의 부동침하는 구조적으로 문제를 일으키게 된다. 이러한 기초의 부동침하를 방지하기 위한 대책 중 기초구조부분에 처리할 수 있는 사항 4가지를 기술하시오.

① ....

② ....

③ ....

④ ....

5점

10 포틀랜드 시멘트의 종류 5가지를 쓰시오.

① ....

② ....

③ ....

④ ....

⑤ ....

4점

11 다음 용어에 대해 기술하시오.

① 엔트랩트 에어(Entrapped Air)

....

....

② 엔트레인드 에어(Entrained Air)

....

....

4점

12 다음 측정기별 용도를 쓰시오.

① Washington Meter

② Earth Pressure Meter

③ Piezo Meter

④ Dispenser

4점

13 프리스트레스 콘크리트에서 다음 항에 대해 간단하게 기술하시오.

① 프리텐션(Pre-tension) 방식

② 포스트텐션(Post-tension) 방식

3점

14 철골공사에서 내화피복공법 종류에 따른 재료를 각각 2가지씩 쓰시오.

① 타설공법 :

② 조적공법 :

③ 미장공법 :

4점

15 철골공사에서 앵커볼트 매입공법의 종류 3가지를 쓰시오. (3점)

①

②

③

5점
16 다음 TS 고장력볼트의 부위별 명칭을 쓰시오.

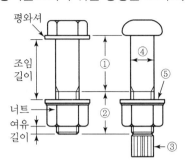 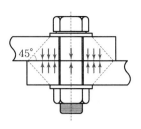

4점
17 타일공사에서 타일 탈락 원인에 대하여 4가지를 쓰시오.

① _____

② _____

③ _____

④ _____

3점
18 시트(Sheet) 방수공법의 시공순서를 쓰시오.

바탕처리 → (①) → 접착제 칠 → (②) → (③)

4점
19 다음 용어를 설명하시오.

① 복층 유리

② 배강도 유리

20 커튼월 공법에서 스팬드럴 방식(Spandrel Type)에 관하여 기술하시오.

_____

_____

_____

21 주어진 데이터에 의하여 다음 물음에 답하시오.

(단, ① Network 작성은 Arrow Network로 할 것
② Critical Path는 굵은 선으로 표시할 것
③ 각 결합점에서는 다음과 같이 표시한다.)

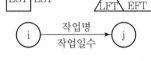

(Data)

Activity Name	선행작업	Duration	공기 1일 단축 시 비용(원)	비고
A	없음	5	10,000	
B	없음	8	15,000	
C	없음	15	9,000	
D	A	3	공기 단축 불가	① 공기 단축은 Activity I에서 2일, Activity H에서 3일, Activity C에서 5일로 한다.
E	A	6	25,000	
F	B, D	7	30,000	
G	B, D	9	21,000	
H	C, E	10	8,500	② 표준공기 시 총공사비는 1,000,000원이다.
I	H, F	4	9,500	
J	G	3	공기 단축 불가	
K	I, J	2	공기 단축 불가	

① 표준(Normal) Network를 작성하시오.

② 공기를 10일 단축한 Network를 작성하시오.

③ 공기 단축된 총공사비를 산출하시오.

4점
22 굵은 골재의 최대치수 25mm, 4kg을 물속에서 채취하여 표면건조 내부포수 상태의 중량이 3.95kg, 절대건조 중량이 3.60kg, 수중에서의 중량이 2.45kg이다. 다음을 구하시오.

① 흡수율

② 표건비중

③ 겉보기 비중

④ 진비중

3점
23 보통골재를 사용한 f_{ck}=30MPa인 콘크리트의 탄성계수를 구하시오.

24 그림과 같은 독립기초에서 2방향 뚫림 전단(2Way Punching Shear) 응력도를 계산할 때 검토하는 저항면적(cm²)을 구하시오.

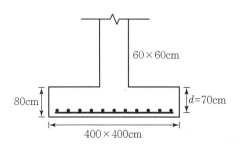

60×60cm

80cm $d = 70$cm

400×400cm

---

25 지름이 D인 원형의 단면계수를 Z_A, 한 변의 길이가 a인 정사각형의 단면계수를 Z_B라고 할 때 $Z_A : Z_B$를 구하시오. (단, 두 재료의 단면적은 같고, Z_A를 1로 환산한 Z_B의 값으로 표현하시오.)

---

26 다음 조건에서 용접 유효길이(L_e)를 산출하시오.

- SM490($f_y = 325$MPa)
- 필릿치수 $S = 5$mm
- 하중 : 고정하중 20kN, 활하중 30kN

2점
01 민간이 자금조달을 하여 시설을 준공한 후 소유권을 정부에 이전하되, 정부의 시설임대
료를 통해 투자비를 회수하는 민간투자사업 계약방식의 명칭을 쓰시오.

....

4점
02 역타설공법(Top−down Method)의 장점을 4가지 쓰시오.

① ....

② ....

③ ....

④ ....

3점
03 콘크리트 반죽질기 측정방법 3가지를 쓰시오.

① ....

② ....

③ ....

4점

04 다음 설명이 뜻하는 용어를 쓰시오.

① 보링 구멍을 이용하여 +자 날개를 지반에 때려 박고 회전하여 그 회전력에 의하여 지반의 점착력을 지반조사 시험

_____

② 블로운 아스팔트에 광물성, 동식물성 섬유, 광물질가루, 섬유 등을 혼입한 것으로 아스팔트 방수재료 중 가장 신축이 크고 최우량품

_____

4점

05 아래 보기에서 가치공학(Value Engineering)의 기본추진절차를 순서대로 나열하시오.

① 정보 수집	② 기능 정리
③ 아이디어 발상	④ 기능 정의
⑤ 대상 선정	⑥ 제안
⑦ 기능 평가	⑧ 평가
⑨ 실시	

_____

2점

06 다음 설명 중 ( ) 안에 적합한 숫자를 적으시오.

강관 틀비계는 수직방향 (①)m, 수평방향 (②)m 이하로 구조체와 연결한다.

_____

3점

07 철근콘크리트 공사에서 철근이음을 하는 방법으로 가스압접이 있는데, 가스압접으로 이음을 할 수 없는 경우를 3가지 쓰시오.

① _____

② _____

③ _____

3점
08 고강도 콘크리트의 폭열현상에 대하여 기술하시오.

_____

_____

_____

_____

3점
09 거푸집 측압에 영향을 주는 요소는 여러 가지가 있지만, 건축현장의 콘크리트 부어넣기 과정에서 거푸집 측압에 영향을 줄 수 있는 요인을 3가지 쓰시오.

① _____

② _____

③ _____

3점
10 샌드드레인 공법에 대하여 쓰시오.

_____

_____

_____

_____

4점
11 다음 콘크리트 조인트에 대하여 설명하시오.

① 콜드 조인트

_____

_____

② 조절 줄눈

_____

_____

4점
12 다음 설명이 의미하는 거푸집 관련 용어를 쓰시오.

① 철근의 피복두께를 유지하기 위해 벽이나 바닥 철근에 대어주는 것

② 벽 거푸집 간격을 일정하게 유지하여 격리와 긴장재 역할을 하는 것

③ 기둥 거푸집의 고정 및 측압 버팀용으로 주로 합판 거푸집에서 사용되는 것

④ 거푸집의 탈형과 청소를 용이하게 만들기 위해 합판 거푸집 표면에 미리 바르는 것

6점
13 다음 콘크리트 용어를 설명하시오.

① 알칼리 골재반응

② 엔트랩트 에어(Entrapped Air)

③ 배처 플랜트(Batcher Plant)

3점
14 철골공사에서 용접부의 비파괴 시험방법 종류를 3가지 쓰시오.

①

②

③

15 콘크리트 충전강관(CFT) 구조를 설명하시오.

16 알루미늄 창호를 철제 창호와 비교하고 장점을 2가지 쓰시오.

① ....

② ....

17 다음 용어를 설명하시오.

① 복층유리

② 강화유리

18 PERT 기법에서 낙관시간 4일, 정상시간 5일, 비관시간 6일일 때 기대시간(t_e)을 구하시오.

19 네트워크 공정표에서 작업 상호 간의 연관관계만을 나타내는 명목상의 작업인 더미 (Dummy)의 종류를 3가지 쓰시오.

① ....

② ....

③ ....

20 다음에 제시된 화살표형 네트워크 공정표를 통해 일정계산 및 여유시간, 주공정선(CP)과 관련된 빈칸을 모두 채우시오.(단, CP에 해당하는 작업은 ※ 표시를 하시오.)

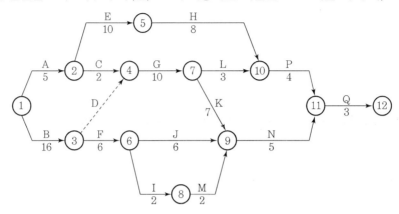

작업명	EST	EFT	LST	LFT	TF	FF	DF	CP
A								
B								
C								
D								
E								
F								
G								
H								
I								
J								
K								
L								
M								
N								
P								
Q								

4점
21 다음 평면의 건물높이가 13.5m일 때 비계면적을 산출하시오.(단, 도면의 단위는 mm이며, 비계형태는 쌍줄비계로 한다.)

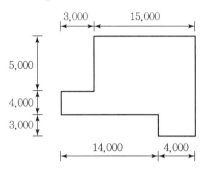

4점
22 시멘트의 성능시험 중 분말도시험 종류 2가지를 쓰시오.

① _____

② _____

3점
23 다음 그림은 $L-100 \times 100 \times 7$로 된 철골 인장재이다. 사용볼트가 M20($F$10T, 표준구멍)일 때 인장재의 순단면적($mm^2$)을 구하시오.(단, 그림의 단위는 mm임)

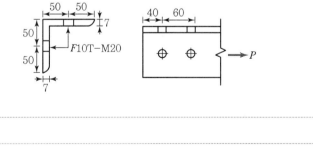

24 그림과 같은 캔틸레버 보의 A점의 반력을 구하시오.

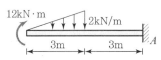

25 단면의 단면 2차 모멘트 $I = 640,000\,\text{cm}^4$, 단면 2차 반경 $r = \dfrac{20}{\sqrt{3}}\,\text{cm}$일 때, 단면적 $(b \times h)$을 구하시오.

26 SS400($F_y = 235\,\text{N/mm}^2$)을 사용한 그림과 같은 모살용접 부위의 설계강도(ϕP_w)를 구하시오. (단, $\phi P_w = 0.9 F_w A_w$, $F_w = 0.6 F_y$이다.)

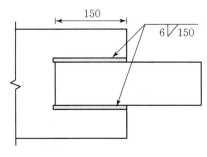

3점
01 공동도급(Joint Venture)의 운영방식 3가지를 쓰시오.

① _____

② _____

③ _____

4점
02 기준점(Bench Mark)의 정의 및 설치 시 주의사항을 2가지만 쓰시오.

① 정의

_____

_____

② 주의사항

_____

_____

3점
03 보링(Boring)을 하는 목적 3가지를 쓰시오.

① _____

② _____

③ _____

3점
04 아일랜드식 터파기 공법의 시공순서에서 번호에 들어갈 내용을 쓰시오.

> 흙막이 설치 – (①) – (②) – (③) – 주변부 흙파기 – 지하구조물 완성

① _____
② _____
③ _____

4점
05 언더피닝(Underpinning)을 실시하는 목적(이유)을 2가지 쓰시오.

① _____
② _____

3점
06 흙막이 계측관리 측정기기 3가지를 쓰시오.

① _____
② _____
③ _____

4점
07 다음 용어를 설명하시오.

① 이형철근

_____
_____

② 배력근

_____
_____

4점

08 다음 설명과 같은 거푸집을 아래의 보기에서 골라 쓰시오.

① Travelling Form　　　　② Deck Plate
③ Waffle Form　　　　　　④ Sliding Form

가. 콘크리트를 부어 넣으면서 거푸집을 연속적으로 끌어올려 Silo, 굴뚝 등 단면 형상의 변화
　 가 없는 구조물에 사용되는 거푸집

나. 거푸집 전체를 다음 장소로 이동하여 사용하는 대형의 수평이동 거푸집

다. 무량판 구조 또는 평판구조에서 2방향 장선(격자보) 바닥판 구조가 가능한 특수상자모양의
　 기성재 거푸집

라. 아연도 철판을 절곡하여 제작한 바닥(Slab) 콘크리트 타설을 위한 슬래브 하부 거푸집판

4점

09 다음은 건축공사표준시방서에 따른 거푸집널 존치기간 중의 평균기온이 10℃ 이상인 경
우에 콘크리트의 압축강도 시험을 하지 않고 거푸집을 떼어 낼 수 있는 콘크리트의 재령
(일)을 나타낸 표이다. 빈칸에 알맞은 숫자를 표기하시오.

기초, 보옆, 기둥 및 벽의 거푸집널 존치기간을 정하기 위한 콘크리트의 재령(일)

시멘트의 종류　　평균기온	조강포틀랜드 시멘트	보통포틀랜드시멘트 고로슬래그시멘트특급	고로슬래그시멘트1급 포틀랜드포졸란시멘트B종
20℃ 이상	①	③	4
20℃ 미만 10℃ 이상	②	4	④

10 다음 그림을 보고 줄눈 이름을 쓰시오.

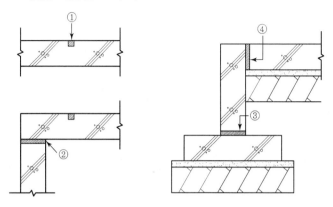

11 고강도 콘크리트의 폭열현상에 대하여 기술하시오.

12 철골공사에서 주각부는 핀 주각, 고정 주각, 매입형 주각으로 구분되는데, 다음 그림에 부합되는 주각부 명칭을 기입하시오.

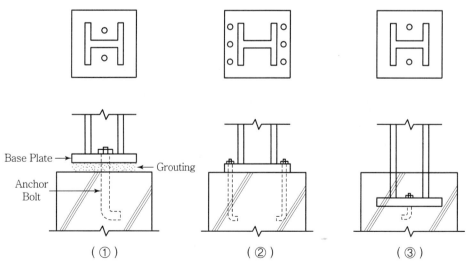

3점
13 다음에서 설명하는 용어를 쓰시오.

> 드라이비트라는 일종의 못박기총을 사용하여 콘크리트나 강재 등에 박는 특수못이다. 머리가 달린 것을 H형, 나사로 된 것을 T형이라고 한다.

3점
14 목재에 가능한 방부제 처리법을 3가지 쓰시오.

① _____

② _____

③ _____

4점
15 합성수지 중 열가소성수지와 열경화성수지의 종류를 각각 2가지씩 쓰시오.

① 열가소성 수지

② 열경화성 수지

4점
16 금속공사에서 사용되는 다음 철물에 대해 설명하시오.

① 메탈라스

② 펀칭메탈

10점

17 다음 작업리스트에서 네트워크 공정표를 작성하고, 각 작업의 여유시간을 구하시오.

작업명	선행작업	작업일수	비고
A	없음	4	
B	A	6	
C	A	5	① CP는 굵은 선으로 표시하시오.
D	A	4	② 각 결합점에는 다음과 같이 표시한다.
E	B	3	
F	B, C, D	7	
G	D	8	③ 각 작업은 다음과 같이 표시한다.
H	E	6	
I	E, F	5	
J	E, F, G	8	
K	H, I, J	6	

① 공정표

② 여유시간

작업명	TF	FF	DF	CP
A				
B				
C				
D				
E				
F				
G				
H				
I				
J				
K				

3점

18 흐트러진 상태의 흙 10m³를 이용하여 10m²의 면적에 다짐상태로 50cm 두께를 터 돋우기할 때 시공완료된 후 흐트러진 상태로 남는 흙의 양을 산출하시오.(단, 이 흙의 $L = 1.2$이고, $C = 0.9$이다.)

4점

19 벽면적 100m²에 표준형 벽돌 1.5B로 쌓을 때 붉은 벽돌 소요량을 구하시오.

3점

20 바닥미장 면적이 1,000m²일 때, 1일 10인 작업 시 작업소요일을 구하시오.(단, 아래와 같은 품셈을 기준하며 계산과정을 쓰시오.)

바닥미장 품셈(m²당)

구분	단위	수량
미장공	인	0.05

4점

21 블록의 1급 압축강도는 8MPa 이상으로 규정되어 있다. 현장에 반입된 블록의 규격은 190×390×190mm일 때, 압축강도시험을 실시한 결과 600kN, 500kN, 550kN에서 파괴되었다면 평균압축강도를 구하고, 규격을 상회하고 있는지 여부에 따라 합격 및 불합격을 판정하시오.(단, 구멍부분을 공제한 중앙부의 순단면적은 460cm²이다.)

22 다음 그림과 같은 맞댄용접(Groove Welding)을 용접기호로 표현하시오.

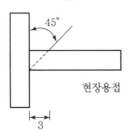

23 T부재에 발생하는 부재력을 구하시오.

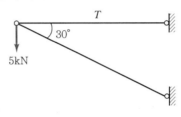

24 그림과 같은 캔틸레버 보의 *A*점으로부터 4m 지점인 *C*점의 전단력과 휨모멘트를 구하시오.

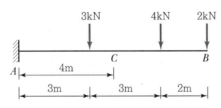

25 그림과 같은 독립기초에서 2방향 뚫림전단(2Way Punching Shear)의 위험단면 둘레길이(mm)를 구하시오. (단, 위험단면의 위치는 기둥면에서 $0.75d$의 위치를 적용)

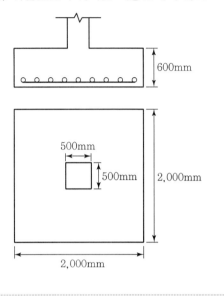

26 H$-400 \times 300 \times 9 \times 14$형강의 플랜지 판폭두께비를 계산하시오.

3점
01 다음 설명이 의미하는 용어를 쓰시오.

> 공사의 실비를 건축주와 도급자가 확인 정산하고, 건축주는 미리 정한 보수율에 따라 도급자에게 보수액을 지불하는 방식

6점
02 다음 용어를 간단히 설명하시오.

① 특명입찰

② 공개경쟁입찰

③ 지명경쟁입찰

4점

03 흙의 기본성질 중 예민비의 공식과 용어를 설명하시오.

① 공식

② 설명

4점

04 다음 토공작업에 필요한 장비명을 쓰시오.

① 기계가 서 있는 지반보다 높은 곳의 굴착에 적당 :

② 좁고 깊은 곳의 수직굴착에 적당 :

3점

05 일반적인 건축물의 철근조립순서를 보기에서 골라 쓰시오.

① 기둥철근 ② 기초철근
③ 보철근 ④ 바닥철근
⑤ 벽철근

3점

06 터널폼(Tunnel Form)에 대하여 쓰시오.

4점

07 콘크리트에서 슬럼프 손실(Slump Loss)의 원인 2가지를 쓰시오.

① ....

② ....

6점

08 콘크리트의 각종 Joint에 대하여 설명하시오.

① Cold Joint

....

....

② Control Joint

....

....

③ Expansion Joint

....

....

3점

09 매스콘크리트 온도균열의 기본대책을 보기에서 고르시오.

① 응결촉진제 사용	② 중용열시멘트 사용
③ Pre-cooling방법 사용	④ 단위시멘트량 감소
⑤ 잔골재율 증가	⑥ 물시멘트비 증가

....

3점

10 섬유보강 콘크리트에 사용되는 섬유의 종류를 3가지 쓰시오.

① ....

② ....

③ ....

4점

11 철골 내화피복 공법 중 습식공법을 설명하고 습식공법의 종류 2개와 사용재료 2개를 쓰시오.

4점

12 블록 벽체의 결함 중 습기, 빗물 침투현상의 원인을 4가지만 쓰시오.

①
②
③
④

4점

13 보강 블록조에 대한 내용이다. 아래 (   ) 안을 채우시오.

> 보강콘크리트 블록조의 세로철근의 정착 길이는 철근 지름의 (①)배 이상이어야 하고, 이때 철근의 피복두께는 (②)mm 이상이어야 한다.

3점

14 석공사 시 작업중 깨진 석재를 붙이는 접착제를 쓰시오.

3점

15 목재의 인공건조방법 3가지를 쓰시오.

①
②
③

16 다음에서 설명하는 관련용어를 쓰시오.

> 대리석 분말 또는 세라믹 분말제에 특수혼화제(아크릴 폴리머)를 첨가한 Ready Mixed Mortar
> 를 현장에서 물과 혼합하여 전체 표면을 1~3mm 두께로 얇게 미장하는 것

17 다음에서 설명하는 관련용어를 쓰시오.

> 실내부의 벽하부에 1~1.5m 정도로 널을 댄 것

18 다음 데이터를 보고 네트워크 공정표를 작성하시오.

작업명	작업일수	선행작업	비고
A	2	없음	
B	3	없음	
C	5	A	
D	5	A, B	
E	2	A, B	
F	3	C, D, E	
G	5	E	

표기하고 주공정선은 굵은 선으로 표기하시오.

19 그림과 같은 줄기초 터파기 시 필요한 6ton 트럭의 운반대수를 구하시오. (단, 흙의 단위 용적 중량은 1.6t/m³이며 흙의 할증은 25%를 고려한다.)

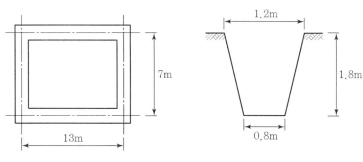

20 특기시방서상 철근의 인장강도는 240MPa 이상으로 규정되어 있다. 건설공사현장에 반입된 철근을 KS 규격에 의거 중앙부 지름 14mm, 표점거리 50mm로 가공하여 인장강도를 실험하였더니 37.20kN, 40.57kN 및 38.15kN에서 파괴되었다. 평균인장강도를 구하고, 특기시방서의 규정과 비교하여 합격 여부를 판정하시오.

21 다음 장방형 단면에서 각 축에 대한 단면 2차 모멘트의 비 I_x / I_y를 구하시오.

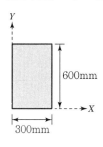

3점
22 기둥의 재질과 단면 크기가 같은 4개의 장주에 대해 좌굴길이가 가장 큰 기둥 크기 순서대로 쓰시오.

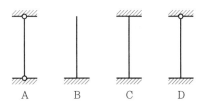

A   B   C   D

4점
23 그림과 같은 독립기초에 발생하는 최대압축응력도(MPa)를 구하시오.

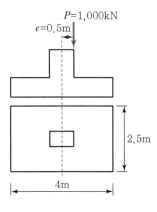

2점
24 다음 설명하는 용어를 쓰시오.

> 공칭강도에서 최외단 인장철근의 순인장변형률이 인장지배변형률 한계 이상인 단면

25 인장이형철근의 정착길이에서 다음과 같이 정밀식으로 계산할 때 α, β, γ, λ가 각각 무엇을 의미하는지 표시하시오.

$$l_d = \frac{0.9 d_b f_y}{\lambda \sqrt{f_{ck}}} \cdot \frac{\alpha \beta \gamma}{\left(\dfrac{c + k_{tr}}{d_b}\right)}$$

26 그림과 같은 인장부재의 순단면적을 구하시오. (단, 판두께는 10mm이며, 구멍의 크기는 22mm이다.)

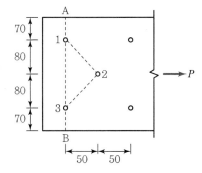

4점
01 건축공사 시공계획서 제출 시 환경관리 및 친환경 시공계획 품질확보에 포함될 내용에 대해 4가지를 쓰시오.

① _____

② _____

③ _____

④ _____

3점
02 종합건설업제도(Genecon)에 대하여 설명하시오.

_____

_____

_____

4점
03 공동도급(Joint Venture Contract)의 장점을 4가지만 쓰시오.

① _____

② _____

③ _____

④ _____

4점

04 언더피닝(Underpinning)을 실시하는 목적(이유)을 기술하고, 언더피닝 공법의 종류를 2가지 쓰시오.

4점

05 다음은 거푸집공사에 관계되는 용어설명이다. 알맞은 용어를 쓰시오.

① 슬래브에 배근되는 철근이 거푸집에 밀착하는 것을 방지하기 위한 간격재(굄재)

② 벽거푸집이 오므라지는 것을 방지하고 간격을 유지하기 위한 격리재

③ 콘크리트에 달대와 같은 설치물을 고정하기 위하여 매입하는 철물

④ 거푸집의 간격을 유지하며 벌어지는 것을 막는 긴장재

4점

06 다음 용어를 간단히 설명하시오.

① 슬립폼(Slip Form) :

② 트래블링폼(Travelling Form) :

3점

07 시멘트의 응결시간에 영향을 미치는 요소를 3가지 설명하시오.

①

②

③

4점
08 콘크리트 내 철근의 내구성에 영향을 주는 위험인자를 억제할 수 있는 방법을 4가지 쓰시오.

① _____
② _____
③ _____
④ _____

4점
09 콘크리트공사와 관련된 다음 용어를 간단히 설명하시오.

① 콜드조인트(Cold Joint) : _____
_____

② 블리딩(Bleeding) : _____
_____

4점
10 프리스트레스 콘크리트에서 다음 항에 대해 간단하게 기술하시오.

① 프리텐션(Pre tension) 방식
_____
_____

② 포스트텐션(Post-tension) 방식
_____
_____

3점
11 철골공사에서 녹막이 칠을 하지 않는 부분 3가지만 쓰시오.

① _____
② _____
③ _____

12 현장 철골 세우기용 기계의 종류 3가지를 쓰시오.

① _____

② _____

③ _____

13 조적조 안전규정에 대한 내용이다. 아래 (   ) 안을 채우시오.

> 조적조 대린벽으로 구획된 벽길이는 (①) 이하이어야 하며, 내력벽으로 둘러싸인 바닥면적은
> (②) 이하이어야 한다.

14 목재의 방부처리방법을 3가지만 쓰고 간단히 설명하시오.

① _____

② _____

③ _____

15 조적조를 바탕으로 하는 지상부 건축물의 외부벽면 방수방법의 내용을 3가지 쓰시오.

① _____

② _____

③ _____

16 공사현장에서 절단이 불가능하여 사용치수로 주문제작해야 하는 유리의 명칭 2가지를
쓰시오.

① _____

② _____

17 커튼월(Curtain Wall)의 실물모형실험(Mock-up Test)에 성능시험의 시험종목을 4가지만 쓰시오.

① ....

② ....

③ ....

④ ....

10점

18 다음 데이터를 네트워크 공정표로 작성하고, 각 작업의 여유시간을 구하시오.

작업명	작업일수	선행작업	비 고
A	2	없음	
B	3	없음	
C	5	없음	
D	4	없음	
E	7	A, B, C	표기하고 주공정선은 굵은 선으로 표기하시오.
F	4	B, C, D	

① 공정표

② 여유시간

작업명	TF	FF	DF	CP
A				
B				
C				
D				
E				
F				

19 다음 용어에 대해 설명하시오.

① 적산(積算)

② 견적(見積)

20 두께 0.15m, 길이 100m, 폭 6m 도로를 6m³ 레미콘을 이용하여 하루 8시간 작업 시 레미콘의 배차간격(분)을 구하시오.(단, 100% 효율로 휴식시간은 없는 것으로 한다.)

21 다음 철근콘크리트 부재의 부피(m³)와 중량(ton)을 산출하시오.

① 기둥 : 단면크기 450mm×600mm, 길이 4m, 수량 50개

② 보 : 단면크기 300mm×400mm, 길이 1m, 수량 150개

22 다음은 단순보의 전단력도이다. 이때 단순보의 최대 휨모멘트를 구하시오.

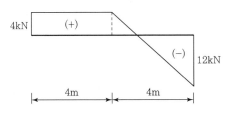

---

23 그림과 같은 트러스의 U_2, L_2, D_2 부재의 부재력을 절단법으로 구하시오.

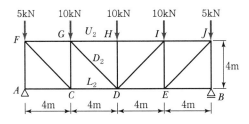

---

24 그림과 같은 각형기둥의 양단이 핀으로 지지되었을 때, 약축에 대한 세장비가 150이 되기 위해 필요한 기둥의 길이(m)를 구하시오.

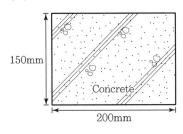

---

25 그림과 같은 철근콘크리트 보에서 최외단 인장철근의 순인장변형률 ε_t를 산정하고, 이 보의 지배단면(인장지배단면, 압축지배단면, 변화구간단면)을 구분하시오.(단, $A_S = 1,927\text{mm}^2$, $f_{ck} = 24\text{MPa}$, $f_y = 400\text{MPa}$, $E_S = 200,000\text{MPa}$)

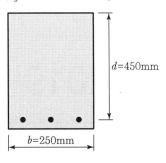

26 인장철근만 배근된 직사각형 단순보에서 하중이 작용하여 5mm의 순간처짐이 발생하였다. 이 하중이 5년 이상 지속될 경우 총 처짐량(순간처짐＋장기처짐)을 구하시오.(단, 모든 하중을 지속하중으로 가정하며 크리프와 건조수축에 의한 장기 추가처짐에 대한 계수 (λ)는 다음 식으로 구한다. $\lambda = \dfrac{\xi}{1 + 50\rho'}$, 지속하중에 대한 시간경과 계수($\xi$)는 2.0으로 한다.)

6점
01 지반조사 방법 중 사운딩을 간략히 설명하고 탐사방법을 3가지 쓰시오.

① 사운딩

② 탐사방법

3점
02 어스앵커(Earth Anchor)공법에 대하여 기술하시오.

4점
03 기초와 지정의 차이점을 기술하시오.

3점
04 다음에 설명하는 콘크리트의 줄눈 명칭을 쓰시오.

> 지반 등 안정된 위치에 있는 바닥판이 수축에 의하여 표면에 균열이 생길 수 있는데 이러한 균열을 방지하기 위해 설치하는 줄눈

3점
05 콘크리트 반죽질기 측정방법 3가지를 쓰시오.

① ⋯⋯⋯

② ⋯⋯⋯

③ ⋯⋯⋯

3점
06 매스콘크리트의 수화열 저감을 위한 대책을 3가지만 쓰시오.

① ⋯⋯⋯

② ⋯⋯⋯

③ ⋯⋯⋯

4점
07 숏크리트(Shotcrete)에 대해 설명하고, 장단점을 설명하시오.

① 숏크리트

② 장점

③ 단점

2점

08 고강도 콘크리트의 폭열현상 방지대책 2가지를 쓰시오.

① _____

② _____

4점

09 다음은 건축공사표준시방서에 따른 거푸집널 존치기간 중의 평균기온이 10℃ 이상인 경우에 콘크리트의 압축강도 시험을 하지 않고 거푸집을 떼어 낼 수 있는 콘크리트의 재령(일)을 나타낸 표이다. 빈칸에 알맞은 숫자를 표기하시오.

기초, 보옆, 기둥 및 벽의 거푸집널 존치기간을 정하기 위한 콘크리트의 재령(일)

시멘트의 종류 / 평균기온	조강포틀랜드 시멘트	보통포틀랜드시멘트 고로슬래그시멘트특급	고로슬래그시멘트1급 포틀랜드포졸란시멘트B종
20℃ 이상	①	③	4
20℃ 미만 10℃ 이상	②	4	④

2점

10 다음에서 설명하는 구조의 명칭을 쓰시오.

철골구조물 주위에 철근배근을 하고 그 위에 콘크리트가 타설되어 일체가 되도록 한 것으로서, 초고층 구조물 하층부의 복합구조로 많이 채택되는 구조

_____

4점

11 다음의 설명에 해당되는 용접결함의 용어를 쓰시오.

① 용접금속과 모재가 융합되지 않고 단순히 겹쳐지는 것

_____

② 용접상부에 모재가 녹아 용착금속이 채워지지 않고 홈으로 남게 된 부분

_____

③ 용접봉의 피복재 용해물인 회분이 용착금속 내에 혼합된 것

_____

④ 용융금속이 응고할 때 방출되었어야 할 가스가 남아서 생기는 용접부의 빈 자리

_____

12 커튼월(Curtain Wall)의 실물모형실험(Mock-up Test)에 성능시험의 시험종목을 4가지만 쓰시오.

① _____

② _____

③ _____

④ _____

4점
13 다음 용어를 설명하시오.

① 밀시트(Mill Sheet)

_____

_____

② 뒷댐재(Back Strip)

_____

_____

2점
14 다음이 설명하는 구조의 명칭을 쓰시오.

건축물의 기초부분 등에 적층고무 또는 미끄럼받이 등을 넣어서 지진에 대한 건축물의 흔들림을 감소시키는 구조

_____

3점
15 다음이 설명하는 건축용어를 쓰시오.

나사부 선단에 6각형 단면의 Pintail과 Break Neck으로 형성된 볼트로 조이며, 토크가 적당한 값이 되었을 때 Break Neck이 파단되는 고력볼트

_____

4점
16 커튼월(Curtain Wall)의 알루미늄 바 설치 시 누수방지 대책을 시공적 측면에서 4가지만
기술하시오.

① _____

② _____

③ _____

④ _____

4점
17 목재를 자연건조할 때의 장점을 2가지 쓰시오.

① _____

② _____

4점
18 Sheet 방수공법의 장단점을 각각 2가지 쓰시오.

① 장점

_____

_____

② 단점

_____

_____

4점
19 다음 용어의 정의를 쓰시오.

① 접합유리

_____

_____

② 로이(Low-E) 유리

_____

_____

20 데이터를 네트워크 공정표로 작성하고, 각 작업의 여유시간을 구하시오.

작업명	작업일수	선행작업	비고
A	3	–	
B	2	–	단, 주 공정선은 굵은 선으로 나타내고, 결합점에서는 다음과 같이 표시한다.
C	4	–	
D	5	C	
E	2	B	
F	3	A	
G	3	A, C, E	
H	4	D, F, G	

EST LST   LFT EFT

i →(작업명 / 작업일수)→ j

1. 네트워크 공정표

2. 각 작업의 여유시간

작업명	TF	FF	DF	CP
A				
B				
C				
D				
E				
F				
G				
H				

21 파워셔블(Power Shovel)의 1시간당 추정 굴착작업량을 다음 조건일 때 산출하시오. (단,
단위를 명기하시오.)

- $q=0.8$
- $E=0.83$
- $C_m=40\sec$
- $f=0.7$
- $k=0.8$

---

22 다음 구조물의 A지점의 반력을 구하시오.

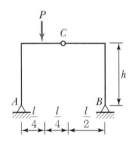

---

23 다음 그림과 같은 단면의 철근콘크리트 띠철근 기둥에서 설계축하중 ϕP_n (kN)를 구하시
오. (단, $f_{ck}=24$MPa, $f_y=400$MPa, 8-HD22, HD22 한 개의 단면적은 387mm², 강
도감소계수는 0.65)

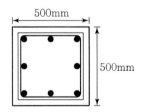

3점
24 콘크리트 압축강도 f_{ck}=30MPa, 주근의 항복강도 f_y=400MPa을 사용한 보 부재에서 인장을 받는 D22철근의 정착길이(l_d)를 구하시오.(단, 보통경량 콘크리트를 사용하며, 보정계수는 상부철근 1.3을 적용한다.)

3점
25 처짐을 계산하지 않는 경우의 보 또는 1방향 슬래브의 최소두께를 적용할 때 ( ) 안에 알맞은 숫자를 써 넣으시오.

- 단순지지된 1방향 슬래브 : $l/(①)$
- 1단 연속인 보 : $l/(②)$
- 양단 연속인 리브가 있는 1방향 슬래브 : $l/(③)$

3점
26 철골부재에서 비틀림이 생기지 않고 휨변형만 유발하는 위치를 전단중심(Shear Center) 이라 한다. 다음 형강들에 대하여 전단중심의 위치를 각 단면에 표기하시오.

01 다음의 설명이 뜻하는 용어를 쓰시오. (4점)

① 사회간접시설의 확충을 위해 민간이 시설물을 완성하고, 그 시설물을 일정기간 동안 운영하여 투자자금을 회수한 후 발주자에게 그 시설을 양도하는 방식

② 사회간접시설의 확충을 위해 민간이 시설물을 완성하고, 그 시설물의 운영과 함께 소유권도 민간에 양도하는 방식

③ 사회간접시설의 확충을 위해 민간이 시설물을 완성하여 소유권을 공공부분에 먼저 양노하고, 그 시설물을 일정기간 동안 운영하여 투자금액을 회수하는 방식

④ 발주자는 설계에서 시공까지 건물의 요구성능만을 제시하고 시공자가 재료나 시공방법을 선택하여 요구성능을 실현하는 방식

02 슬러리 월(Slurry Wall) 공법에 대한 설명이다. ( ) 안에 알맞은 용어를 쓰시오. (3점)

> 먼저 안내벽(Guide Wall)을 설치한 후 공벽붕괴에 (①)을 사용하면서 지반을 굴착하여 여기에 (②)을 삽입하고, 트레미관을 설치하여 (③)를 타설하는 지중에 철근콘크리트 연속벽체를 형성하는 공법

5점
03 아래 그림에서와 같이 터파기를 했을 경우 인접 건물의 주위 지반이 침하할 수 있는 원인을 5가지만 쓰시오. (단, 일반적으로 인접하는 건물보다 깊게 파는 경우)

① ....
② ....
③ ....
④ ....
⑤ ....

4점
04 역타설공법(Top-down Method)의 장점을 4가지 쓰시오.

① ....
② ....
③ ....
④ ....

4점
05 대형 시스템거푸집 중에서 갱 폼(Gang Form)의 장단점을 각각 2가지씩 쓰시오.

① 장점

....

....

② 단점

....

....

06 콘크리트의 알칼리 골재반응을 방지하기 위한 대책을 3가지만 쓰시오.

① _____

② _____

③ _____

07 한중콘크리트 타설 시 동결저하 방지대책을 2가지 쓰시오.

① _____

② _____

08 Pre-cooling 방법과 Pipe-cooling 방법에 대해 설명하시오.

① Pre-cooling

_____

_____

② Pipe-cooling

_____

_____

09 T/S(Torque Shear)형 고력볼트의 시공순서 번호를 나열하시오.

> ① 팁레버를 잡아당겨 내측 소켓에 들어 있는 핀테일을 제거
> ② 렌치의 스위치를 켜 외측 소켓이 회전하며 볼트를 체결
> ③ 핀테일이 절단되었을 때 외측 소켓이 니트로부터 분리되도록 렌치를 잡아당김
> ④ 핀테일에 내측 소켓을 끼우고 렌치를 살짝 걸어 너트에 외측 소켓이 맞춰지도록 함

_____

10 철골구조공사에 있어서 철골습식 내화피복공법의 종류를 3가지 쓰시오.

① _____

② _____

③ _____

4점

11 칼럼쇼트닝의 원인 및 영향을 설명하시오.

① 원인

_____

_____

② 영향

_____

_____

4점

12 커튼월 공사 시 누수방지대책과 관련된 다음 용어에 대해 설명하시오.

① Closed Joint : _____

_____

② Open Joint : _____

_____

4점

13 금속판지붕공사에서 금속기와의 설치 순서를 번호로 나열하시오.

① 서까래 설치(방부처리를 할 것)
② 금속기와 Size에 맞는 간격으로 기와걸이 미송각재를 설치
③ 경량철골 설치
④ Purlin 설치(지붕레벨 고려)
⑤ 부식방지를 위한 철골용접부위의 방청도장 실시
⑥ 금속기와 설치

2점

14 시트방수공법의 단점 2가지를 쓰시오.

① ....

② ....

10점

15 다음 데이터를 네트워크 공정표로 작성하고 각 작업의 여유시간을 구하시오.

1. 네트워크 공정표

작업명	선행작업	소요일수	비고
A	없음	5	
B	없음	6	
C	A	5	
D	A, B	2	
E	A	3	
F	C, E	4	
G	D	2	
H	G, F	3	

비고:

EST | LST   LFT | EFT

i ──작업명/작업일수──→ j   로

표기하고, 주 공정선은 굵은 선으로 표기하시오.

2. 각 작업의 여유시간

작업명	TF	FF	DF	CP
A				
B				
C				
D				
E				
F				
G				
H				

4점

16 특기시방서상 시멘트 기와의 흡수율이 12% 이하로 규정되어 있다. 완전 침수 후 표면건조 내부포화 상태의 중량이 4.725kg, 기건중량이 4.64kg, 완전건조중량이 4.5kg, 수중중량이 2.94kg일 때 흡수율을 구하고, 규격 상회여부에 따라 합격여부를 판정하시오.

2점

17 다음 형강을 단면 형상의 표시방법으로 표시하시오.

4점

18 벽면적 100m²에 표준형 벽돌 1.5B로 쌓을 때 붉은 벽돌 소요량을 구하시오.

19 다음 철근콘크리트조의 기둥과 벽체의 거푸집 물량을 산출하시오.

- 기둥 : 400mm × 400mm
- 높이 : 3m
- 벽두께 : 200mm
- 기둥과 벽은 별도로 타설한다.

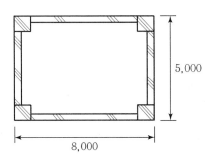

20 그림과 같이 기둥의 재질과 단면 크기가 모두 같은 4개의 장주의 좌굴길이를 쓰시오.

조건				
	$2a$	$4a$	a	$a/2$
유효 좌굴 길이	①	②	③	④

21 그림과 같은 단순보의 최대휨응력은?

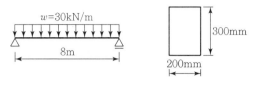

22 철근콘크리트 구조에서 콘크리트의 파괴계수 f_r 을 구하시오.(단, 모래경량콘크리트 사용. $f_{ck} = 21\text{MPa}$)

23 콘크리트 탄성계수 $E_c = 8,500 \sqrt[3]{f_{cu}}$ 에서 $f_{cu} = f_{ck} + \Delta f$ 로 표현될 때 Δf 에 대해 ( )안을 채우시오.

f_{ck}	Δf
$f_{ck} \leq 40\text{MPa}$	$\Delta f = (\text{①})$
$40\text{MPa} < f_{ck} < 60\text{MPa}$	$\Delta f = 직선보간$
$f_{ck} \geq 60\text{MPa}$	$\Delta f = (\text{②})$

24 다음 철근콘크리트 벽체의 설계축하중을 계산하시오.

- $\phi = 0.65$
- $h = $ 벽두께 200
- $l_e = $ 유효길이 3,200
- $f_{ck} = 24\text{MPa}$
- $k = 0.8$
- $b_e = 2,000$

25 다음 연속보의 반력 V_A, V_B, V_c를 구하시오.

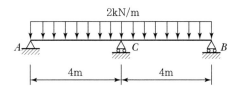

26 강재의 항복비(Yield Strength Ratio)에 대해 설명하시오.

4점
01 다음 공사관리 계획방식에 대해 설명하시오.

① 대리인형 CM(CM for Fee) :

② 시공자형 CM(CM at Risk) :

3점
02 Life Cycle Cost(LCC)에 대해 간단히 설명하시오.

4점
03 다음 용어를 설명하시오.

① 예민비

② 지내력 시험

04 시험에 관계되는 것을 보기에서 골라 번호를 쓰시오.

> ① 신월 샘플링(Thin Wall Sampling) ② 베인 시험(Vane Test)
> ③ 표준관입 시험 ④ 정량 분석 시험

㉮ 진흙의 점착력 : _____

㉯ 지내력 : _____

㉰ 연한 점토 : _____

㉱ 염분 : _____

05 히빙(Heaving)현상에 대해 간략히 도시하고 서술하시오.

_____

_____

_____

06 지반개량공법 3가지를 쓰시오.

① _____

② _____

③ _____

07 언더피닝(Underpinning)을 실시하는 목적(이유)을 기술하고, 언더피닝 공법의 종류를 2가지 쓰시오.

_____

_____

_____

_____

08 다음 용어를 설명하시오.

① 골재의 흡수량 : ‎

② 골재의 함수량 : ‎

09 다음 거푸집 명칭을 쓰시오.

> 바닥전용 거푸집으로 거푸집판, 장선, 멍에, 서포트 등을 일체로 제작하여 부재화한 거푸집

10 콘크리트 이어치기 시간 간격에 대하여 (   ) 안에 알맞은 숫자를 쓰시오.

> • 바깥 기온 25℃ 이상 : (①)분 이내
> • 바깥 기온 25℃ 미만 : (②)분 이내

11 다음 레디믹스트 콘크리트의 규격, (25-30-210)에 대하여 3가지 수치가 뜻하는 바를 쓰시오. (단, 단위까지 명확히 기재)

12 철골공사에서 녹막이 칠을 하지 않는 부분을 3가지만 쓰시오.

① _____

② _____

③ _____

13 강재의 시험성적서(Mill Sheet)에서 확인 가능한 사항 1가지를 쓰시오.

_____

14 다음 용어를 설명하시오.

① 스캘럽(Scallop)

_____

_____

② 엔드탭(End Tab)

_____

_____

15 목재의 방부처리방법을 3가지만 쓰고 간단히 설명하시오.

① _____

② _____

③ _____

16 다음에 해당하는 용어를 쓰시오.

> 벽표면에서 침투하는 빗물에 의해 모르타르 중의 석회분이 유출되어 공기 중의 탄산가스와 결합하여 벽돌 벽의 표면에 백색의 미세한 물질이 생기는 현상

_____

17 지하실 외벽의 경우에 안방수와 바깥방수를 다음의 관점에서 각각 비교하여 쓰시오.

구분	안방수	바깥방수
① 사용환경		
② 공사시기		
③ 내수압성		
④ 경제성		
⑤ 보호누름		

18 다음 용어를 설명하시오.

① 코너비드

② 차폐용 콘크리트

19 인텔리전트 빌딩의 Access 바닥에 관하여 기술하시오.

20 다음 데이터를 네트워크 공정표로 작성하고, 각 작업의 여유시간을 구하시오.

작업명	작업일수	선행작업	비고
A	5	없음	
B	3	없음	
C	2	없음	
D	2	A, B	
E	5	A, B, C	
F	4	A, C	

비고란:

```
┌─────────┐        ╱▲╲
│EST │LST │       ╱LFT EFT╲
└─────────┘
   ○ ──작업명──▶ ○   로
   i   작업일수    j
```

표시하고, 주 공정선은 굵은 선으로 표기하시오.

1. 네트워크 공정표

2. 여유시간

작업명	TF	FF	DF	CP
A				
B				
C				
D				
E				
F				

21 다음 한 층분의 물량 중 콘크리트량만 산출하시오.

부재치수(단위 : mm)

전 기둥(C_1) : 500×500, 슬래브 두께(t) : 120

G_1, G_2 : 400×600, G_3 : 400×700, B_1 : 300×600($b×D$), 층고 : 4,000

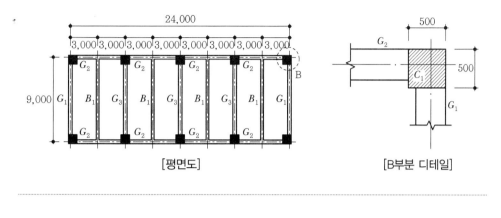

[평면도]　　　　　　　　　　[B부분 디테일]

....

....

....

....

22 다음 내민보의 전단력도(SFD)와 휨모멘트도(BMD)를 그리시오.

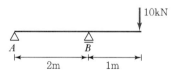

3점
23 철근의 응력-변형도 곡선에서 해당하는 4개의 주요 영역과 6개의 주요 포인트에 관련된 용어를 쓰시오.

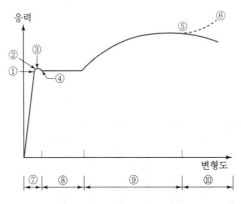

4점
24 전단보강근 배근 간격이 $\frac{1}{3}\lambda\sqrt{f_{ck}}\,b_w d < V_s \le \frac{2}{3}\lambda\sqrt{f_{ck}}\,b_w d$ 로 산정되었을 때, 수직스터럽의 최대간격을 구하시오. (단, 보의 유효춤 $d=550$mm)

_____

_____

_____

3점
25 다음 용어를 설명하시오.

사용성 한계상태

_____

_____

_____

26 철근콘크리트 구조의 1방향 슬래브와 2방향 슬래브를 구분하는 기준에 대해 설명하시오.

2점
01 낙찰제도 중 적격낙찰제도에 대하여 기술하시오.

3점
02 BOT(Build－Operate－Transfer Contract) 방식을 설명하고, 이와 유사한 방식을 3가지 쓰시오.

4점
03 흙의 성질 중 압밀(Consolidation)과 다짐(Compaction)의 차이점을 비교 설명하시오.

---

04 SPS(Strut as Permanent System) 공법의 특징을 4가지 쓰시오.

① ....

② ....

③ ....

④ ....

05 기초의 부동침하는 구조적으로 문제를 일으키게 된다. 이러한 기초의 부동침하를 방지하기 위한 대책 중 기초구조부분에 처리할 수 있는 사항을 4가지 기술하시오.

① ....

② ....

③ ....

④ ....

06 지하구조물은 지하수위에서 구조물 밑면까지의 깊이만큼 부력을 받아 건물이 부상하게 되는데, 이것에 대한 방지대책을 4가지 기술하시오.

① ....

② ....

③ ....

④ ....

07 다음 구조물의 경우 굵은 골재의 최대 치수를 쓰시오.

① 일반적인 경우 : ( )mm

② 단면이 큰 경우 : ( )mm

③ 무근 콘크리트 : ( )mm

2점

08 ALC(Autoclaved Lightweight Concrete) 제조 시 필요한 재료 2가지를 쓰시오.

① ....

② ....

4점

09 다음 용어를 설명하시오.

① 시공줄눈(Construction Joint)

....

....

② 신축줄눈(Expansion Joint)

....

....

4점

10 다음 용어를 설명하시오.

① 레이턴스(Laitance)

....

....

② 크리프(Creep)

....

....

3점

11 매스콘크리트의 수화열 저감을 위한 대책을 3가지만 쓰시오.

① ....

② ....

③ ....

2점
12 철골공사에서 메탈터치(Metal Touch)에 대해 간단히 기술하시오.

_____

_____

3점
13 철골공사에서 용접부의 비파괴 시험방법 종류를 3가지 쓰시오.

① _____

② _____

③ _____

3점
14 목구조에서 횡력에 저항하는 부재 3가지를 쓰시오.

① _____

② _____

③ _____

2점
15 벽, 기둥 등의 모서리는 손상되기 쉬우므로 별도의 마감재를 감아 대거나 미장면의 모서리를 보호하면서 벽, 기둥마무림 하는 보호용 재료를 무엇이라고 하는가?

_____

3점
16 커튼월 조립방식에 의한 분류에서 각 설명에 해당하는 방식을 번호로 쓰시오.

① Stick Wall 방식
② Window Wall 방식
③ Unit Wall 방식

㉮ 구성 부재 모두가 공장에서 조립된 프리패브(Pre-fab) 형식으로 현장상황에 융통성을 발휘하기가 어려움. 창호와 유리, 패널의 일괄발주 방식

㉯ 구성 부재를 현장에서 조립·연결하여 창틀이 구성되는 형식으로 유리는 현장에서 주로 끼움. 현장 적응력이 우수하여 공기조절이 가능. 창호와 유리, 패널의 분리발주 방식

㉰ 창호와 유리, 패널의 개별발주 방식으로 창호 주변이 패널로 구성됨으로써 창호의 구조가 패널 트러스에 연결할 수 있어서 비교적 경제적인 시스템 구성이 가능한 방식

다음 데이터를 이용하여 네트워크 공정표를 작성하고, 각 작업의 여유시간을 계산하시오.

작업명	선행작업	작업일수	비고
A	없음	5	
B	없음	2	
C	없음	4	
D	A, B, C	4	
E	A, B, C	3	
F	A, B, C	2	

비고란:

EST | LST   LFT | EFT

i → 작업명 / 작업일수 → j 로 일정 및 작업을 표기하고, 주공정선을 굵은선으로 표시한다. 또한 여유시간 계산 시는 각 작업의 실제적인 의미의 여유시간으로 계산한다.(더미의 여유시간은 고려하지 않을 것)

① 공정표

② 여유시간

작업명	TF	FF	DF	CP
A				
B				
C				
D				
E				
F				

18 다음 조건에서 콘크리트 $1m^3$ 생산하는 데 필요한 시멘트, 모래, 자갈, 물의 중량을 각각 산출하시오.

- 단위수량 : $160kg/m^3$
- 잔골재율(S/A) : 40%
- 모래 · 자갈 비중 : 2.6
- 물시멘트비 : 50%
- 시멘트 비중 : 3.15
- 공기량 : 1%

19 아래 그림은 철근콘크리트조 경비실 건물이다. 주어진 평면도 및 단면도를 보고 C_1, G_1, G_2, S_1에 해당되는 부분의 1층과 2층 콘크리트량과 거푸집 면적을 산출하시오.

1) 기둥단면(C_1) : 30cm × 30cm

2) 보단면(G_1, G_2) : 30cm × 60cm

3) 슬래브두께(S_1) : 13cm

4) 층고 : 단면도 참조

   단, 단면도에 표기된 1층 바닥선 이하는 계산하지 않는다.

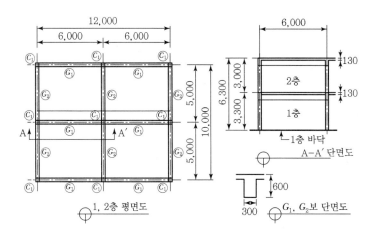

① 콘크리트량(m³)

_____

_____

_____

② 거푸집 면적(m²)

_____

_____

_____

20 특성요인도에 대해 설명하시오.

21 재령 28일의 콘크리트 표준 공시체(ϕ150mm×300mm)에 대한 압축강도시험 결과 400kN의 하중에서 파괴되었다. 이 콘크리트 공시체의 압축강도 f_{ck}(MPa)를 구하시오.

22 그림과 같은 캔틸레버 보의 A점의 반력을 구하시오.

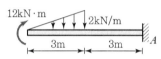

23 그림과 같은 H형강을 사용한 단순지지 철골보의 최대처짐(mm)을 구하시오. (단, L=7m, E=205,000MPa, I=4,870cm^{4}이며, 고정하중은 10kN/m, 활하중은 20kN/m가 적용된다.)

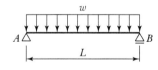

24 인장력을 받는 이형철근 및 이형철선의 겹침이음 길이는 A급, B급으로 분류하며 최소 300mm 이상 그리고 다음의 이상으로 하여야 한다. 다음 괄호 안에 알맞은 수치를 쓰시오.

① A급 이음 : (   )ℓ_d

② B급 이음 : (   )ℓ_d

25 그림과 같은 철근 콘크리트 단순보에서 최대 휨 모멘트를 구하고, 균열 모멘트 및 균열 발생 여부를 판정하시오. (단, w=5kN/m, L=12m, f_{ck}=24MPa, 경량콘크리트 계수는 1을 적용한다.)

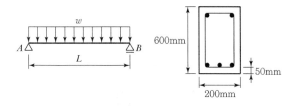

26 다음 강재에 대해 구조적 특성을 간단히 기술하시오.

① SN 강재

② TMCP 강재

Engineer Architecture

과년도 기출문제 | 2020년 제2회

4점

01 다음 용어를 간단히 설명하시오.

① 부대입찰제도 :

② 대안입찰제도 :

3점

02 시스템(System) 비계에 설치되는 일체형 작업발판의 장점 3가지를 쓰시오.

①

②

③

4점

03 슬러리 월(Slurry Wall) 공법의 장점과 단점을 각각 2가지씩 쓰시오.

① 장점

② 단점

3점
04 샌드 드레인 공법에 대하여 쓰시오.

_____

_____

3점
05 강관말뚝 지정의 특징을 3가지 쓰시오.

① _____

② _____

③ _____

5점
06 보의 단면으로 주근과 늑근을 도시하고, 피복두께의 정의와 목적 2가지를 쓰시오.

① 도시

② ㉮ 정의

_____

_____

㉯ 목적

_____

_____

4점

07 거푸집 측압의 증가 원인에 대해서 쓰시오.

4점

08 다음은 건축공사표준시방서에 따른 거푸집널 존치기간 중의 평균기온이 10℃ 이상인 경우에 콘크리트의 압축강도 시험을 하지 않고 거푸집을 떼어 낼 수 있는 콘크리트의 재령(일)을 나타낸 표이다. 빈칸에 알맞은 숫자를 표기하시오.

기초, 보옆, 기둥 및 벽의 거푸집널 존치기간을 정하기 위한 콘크리트의 재령(일)

시멘트의 종류 평균기온	조강포틀랜드 시멘트	보통포틀랜드시멘트 고로슬래그시멘트특급	고로슬래그시멘트1급 포틀랜드포졸란시멘트B종
20℃ 이상	①	③	4
20℃ 미만 10℃ 이상	②	4	④

3점

09 고강도 콘크리트의 폭열현상에 대하여 기술하시오.

4점

10 프리스트레스트 콘크리트에서 다음 항에 대해 간단하게 기술하시오.

① 프리텐션(Pre−tension) 방식

....

....

② 포스트텐션(Post−tension) 방식

....

....

3점

11 다음의 용접기호로써 알 수 있는 사항을 쓰시오.

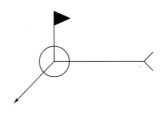

....

3점

12 다음 [보기]의 용접부 검사항목을 용접착수 전, 작업 중, 완료 후의 검사작업으로 구분하여 번호로 쓰시오.

① 홈의 각도, 간격 치수	② 아크전압
③ 용접속도	④ 청소상태
⑤ 균열, 언더컷 유무	⑥ 필릿의 크기
⑦ 부재의 밀착	⑧ 밑면 따내기

㉮ 용접 착수 전 검사 : ....

㉯ 용접 작업 중 검사 : ....

㉰ 용접 완료 후 검사 : ....

3점
13 철골공사에서 내화피복공법 종류에 따른 재료를 각각 2가지씩 쓰시오.

① 타설공법 :

② 조적공법 :

③ 미장공법 :

3점
14 다음에서 설명하는 용어를 쓰시오.

> 드라이비트라는 일종의 못박기총을 사용하여 콘크리트나 강재 등에 박는 특수못이다. 머리가 달린 것을 H형, 나사로 된 것을 T형이라고 한다.

3점
15 구멍이 있는 시멘트블록(속빈 블록)의 치수(길이×높이×두께) 3가지를 쓰시오.

①

②

③

3점
16 목재의 섬유포화점과 관련된 함수율 증가에 따른 강도변화에 대하여 쓰시오.

4점

17 합성수지 중 열가소성 수지와 열경화성 수지의 종류를 각각 2가지씩 쓰시오.

① 열가소성 수지 : _____

② 열경화성 수지 : _____

10점

18 다음 데이터를 이용하여 네트워크 공정표를 작성하고, 각 작업의 여유시간을 계산하시오.

작업명	선행작업	작업일수	비고
A	없음	5	EST LST ⟋LFT⟍ EFT
B	없음	2	작업명
C	없음	4	(i) ——작업일수—→ (j) 로 일정 및 작업을 표
D	A, B, C	4	기하고, 주공정선을 굵은선으로 표시한다. 또한 여
E	A, B, C	3	유시간 계산 시는 각 작업의 실제적인 의미의 여유
F	A, B, C	2	시간으로 계산한다.(더미의 여유시간은 고려하지 않을 것)

① 공정표

② 여유시간

작업명	TF	FF	DF	CP
A				
B				
C				
D				
E				
F				

19 공기단축기법에서 MCX기법을 순서에 따라 나열하시오.

> ① 보조 주공정선의 동시단축 경로를 고려한다.
> ② 주공정선상의 작업을 선택한다.
> ③ 보조 주공정선의 발생을 확인한다.
> ④ 단축한계까지 단축한다.
> ⑤ 우선 비용구배가 최소인 작업을 단축한다.

20 토공사에서 그림과 같은 도면을 검토하여 터파기량, 되메우기량, 잔토처리량을 산출하시오. (단, 토량환산계수 $L = 1.2$로 한다.)

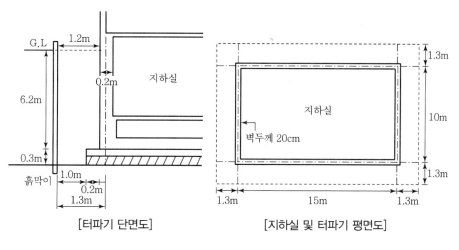

[터파기 단면도] [지하실 및 터파기 평면도]

3점
21 다음 구조물의 A지점의 반력을 구하시오.

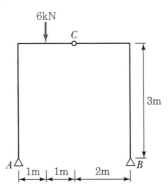

4점
22 그림과 같은 150mm×150mm 단면을 가진 무근콘크리트 보가 경간길이가 450mm로 단순지지되어 있다. 3등분점에서 2점 재하하였을 때, 하중 $P=$12kN에서 균열이 발생함과 동시에 파괴되었다. 이때 무근콘크리트의 휨 균열강도(휨 파괴계수)를 구하시오.

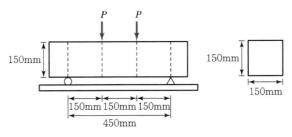

23 다음 그림과 같은 단순보의 A지점의 처짐각, 보의 중앙 C점의 최대처짐량을 계산하시오.(단, $E = 206 \mathrm{GPa}$, $I = 1.6 \times 10^8 \mathrm{mm}^4$)

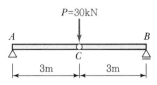

24 다음 ( ) 안에 알맞은 수치를 넣으시오.

휨부재의 최소허용변형률은 철근의 항복강도가 400MPa 이하인 경우 (①)로 하며, 철근의 항복강도가 400MPa을 초과하는 경우 철근 항복변형률의 (②)배로 한다.

25 다음 ( ) 안에 알맞은 수치를 넣으시오.

벽체 설계에 관한 기준에서 수직 및 수평 철근 간격은 벽 두께의 (①)배 이하, 또한 (②) mm 이하로 해야 한다.

26 다음 그림은 L-100×100×7로 된 철골 인장재이다. 사용볼트가 M20(F10T, 표준구멍)일 때 인장재의 순단면적(mm²)을 구하시오.(단, 그림의 단위는 mm임)

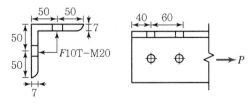

Engineer' Architecture

과년도 기출문제 | 2020년 제3회

4점
01 VE의 사고방식 4가지를 쓰시오.

①

②

③

④

4점
02 다음 용어에 대하여 쓰시오.

① LCC

② VE

3점
03 기준점(Bench Mark)의 정의를 쓰시오.

4점

04 다음 용어의 정의를 쓰시오.

① 페이퍼 드레인

② 생석회 공법

4점

05 히빙파괴와 보일링파괴의 방지 대책을 쓰시오.

① 히빙파괴 방지 대책 :

② 보일링파괴 방지 대책 :

3점

06 콘크리트 구조물의 균열 발생 시 보강방법을 3가지 쓰시오.

①

②

③

3점

07 레미콘 공장 선정 시 고려사항 3가지를 쓰시오.

①

②

③

08 ALC(Autoclaved Lightweight Concrete)를 제조하기 위한 주재료 2가지와 기포 제조방법을 쓰시오.

① 주재료 : _____

② 기포 제조방법 : _____

09 다음 그림을 용접기호로 표현하시오.

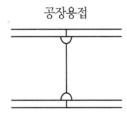
공장용접

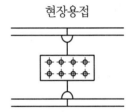
현장용접

10 철골 내화피복 공법 중 습식공법을 설명하고 습식공법의 종류 2가지와 사용재료 2가지를 쓰시오.

[3점]

11 철근콘크리트 슬래브와 강재보의 전단력을 전달하도록 강재에 용접되고 콘크리트 속에 매입된 시어 커넥터(Shear Connector)에 사용되는 볼트의 명칭을 쓰시오.

___

[4점]

12 벽돌벽의 표면에 생기는 백화의 방지대책 4가지를 쓰시오.

① ___

② ___

③ ___

④ ___

[3점]

13 석공사 시 작업 중 깨진 석재를 붙이는 접착제를 쓰시오.

___

[4점]

14 옥상 시트 방수의 하부에서 상부까지의 시공순서를 쓰시오.

① 무근 콘크리트   ② 고름모르타르
③ 목재데크   ④ 보호모르타르
⑤ 시트방수

___

[2점]

15 도장공사에서 유성 바니시에 사용되는 재료 2가지를 쓰시오.

① ___

② ___

4점

16 금속공사에 사용되는 다음 철물에 대해 설명하시오.

① 메탈라스

....

....

② 펀칭메탈

....

....

6점

17 다음 데이터를 보고 네트워크 공정표를 작성하시오.

작업명	작업일수	선행작업	비고
A	5	없음	EST LST, LFT EFT 로 표기하고 주공정선은 굵은 선으로 표기하시오.
B	4	A	
C	2	없음	
D	4	없음	
E	3	C, D	

비고란:

$\boxed{\text{EST} \mid \text{LST}}$ $\triangle$ LFT EFT

i ──작업명/작업일수──→ j 로

표기하고 주공정선은 굵은 선으로 표기하시오.

4점

18 다음 그림과 같은 헌치 보에 대하여 콘크리트량과 거푸집 면적을 구하시오. (단, 거푸집 면적은 보의 하부면도 산출할 것)

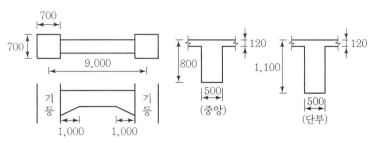

4점

19 표준형 벽돌 1,000장으로 1.5B 두께로 쌓을 수 있는 벽면적은?(단, 할증률은 고려하지 않는다.)

2점

20 비중이 2.65이고 단위용적중량이 1,600kg/m³일 때 골재의 공극률(%)을 구하시오.

21 특기시방서상 철근의 인장강도는 240MPa 이상으로 규정되어 있다. 건설공사현장에 반입된 철근을 KS 규격에 의거 중앙부 지름 14mm, 표점거리 50mm로 가공하여 인장강도를 실험하였더니 37.20kN, 40.57kN 및 38.15kN에서 파괴되었다. 평균인장강도를 구하고, 특기시방서의 규정과 비교하여 합격 여부를 판정하시오.

---

22 T 부재에 발생하는 부재력을 구하시오.

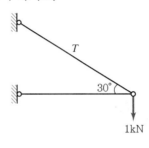

---

23 그림과 같은 단면의 X-X축에 관한 단면 2차 모멘트를 계산하시오.

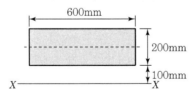

---

24 두께 250mm의 1방향 슬래브에서 단위폭 1m에 대한 수축온도 철근량과 D13 $(a_1 = 127\text{mm}^2)$ 철근 배근 시 요구되는 배근 개수를 구하시오. (단, $f_y = 400\text{MPa}$)

25 그림과 같은 철근콘크리트 보에서 중립축 거리(c)가 250mm일 때 강도감소계수 ϕ를 구하시오. (단, ϕ 계산값은 소수 셋째 자리에서 반올림하여 소수 둘째 자리까지 구하시오.)

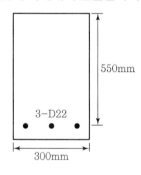

26 $\text{H} - 400 \times 200 \times 8 \times 13$(필릿반지름 $r = 16\text{mm}$) 플랜지와 웨브의 판폭두께비를 계산하시오.

4점
01 다음 공사관리 계약방식에 대해 설명하시오.

① 대리인형 CM(CM for free)

② 시공자형 CM(CM at risk)

2점
02 민간이 자금조달을 하여 시설을 준공한 후 소유권을 정부에 이전하되, 정부의 시설임대료를 통해 투자비를 회수하는 민간투자사업 계약방식의 명칭을 쓰시오.

3점
03 지반조사 시 실시하는 보링(Boring)의 종류를 3가지만 쓰시오.

①

②

③

04 슬러리 월(Slurry Wall) 공사에서 사용되는 벤토나이트 용액의 사용목적에 대하여 2가지를 쓰시오.

① ....

② ....

05 흙막이 계측관리 측정기기 3가지를 쓰시오.

① ....

② ....

③ ....

06 기초와 지정의 차이점을 기술하시오.

....

....

....

....

07 철근의 이음방법에는 콘크리트와의 부착력에 의한 (①) 외에 (②) 또는 연결재를 사용한 (③)이 있다.

① ....

② ....

③ ....

08 염분을 포함한 바닷모래를 골재로 사용하는 경우 철근 부식에 대한 방청상 유효한 조치를 3가지 쓰시오.

① ....

② ....

③ ....

09 다음에서 설명하는 용어를 쓰시오.

매스 콘크리트(Mass Concrete) 타설 시 콘크리트 재료의 일부 또는 전부를 냉각시켜 타설 온도를 낮추는 방법

_____

10 섬유보강 콘크리트에 사용되는 섬유의 종류를 3가지 쓰시오.

① ....

② ....

③ ....

11 다음에서 설명하는 용접방법을 쓰시오.

① 접합하는 두 부재를 맞대어 홈(앞벌림 : Groove)을 만들고 그 사이에 용착금속으로 채워 용접하는 방법 :

_____

② 목두께의 방향이 모재의 면과 45° 또는 거의 45°의 각을 이루며 용접하는 방법

_____

5점

12 철골부재 용접 시 이음 및 접합부위의 용접선이 교차되어 재용접된 부위가 열 영향을 받아 취약해지기 때문에 모재에 부채꼴 모양의 모따기를 한 것을 무엇이라 하는지 용어를 쓰고, 기둥과 보의 접합에 대해 간단히 도시하시오.

3점

13 합성보에 사용되는 시어 커넥터(Shear Connector)의 역할에 대하여 기술하시오.

6점

14 철골공사에서 주각부는 핀 주각, 고정 주각, 매입형 주각으로 구분되는데, 다음 그림에 부합되는 주각부 명칭을 기입하시오.

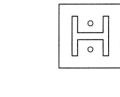

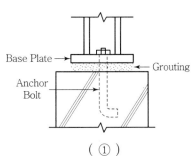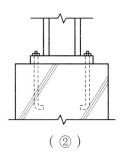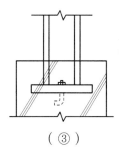

Base Plate
Grouting
Anchor
Bolt

(①)　　　　　(②)　　　　　(③)

3점
15 철골조에서의 칼럼 쇼트닝(Column Shortening)에 대하여 기술하시오.

4점
16 블록 벽체의 결함 중 습기, 빗물 침투현상의 원인을 4가지만 쓰시오.

①
②
③
④

3점
17 콘크리트 방수를 목적으로 수중 또는 지하구조물의 강도, 내구성, 수밀성 향상을 위해 콘크리트 구조물 단면 전체를 방수하는 공법의 명칭을 쓰시오.

3점
18 유리공사의 유리파손 Mechanism에 대해 기술하시오.

19 다음 데이터를 이용하여 공기를 계산한 결과 지정공기보다 6일이 지연되었다. 공기를 조정하여 6일의 공기를 단축한 공정표를 작성하고, 총공사 금액을 산출하시오.

작업명	선행 작업	정상(Normal)		특급(Crash)		비고
		공기(일)	공비(원)	공기(일)	공비(원)	
A	없음	3	3,000	3	3,000	
B	A	5	5,000	3	7,000	단축된 공정표에서 CP는 굵은 선으로 표기하고, 각 결합점에서는
C	A	6	9,000	4	12,000	
D	A	7	6,000	4	15,000	
E	B	4	8,000	3	8,500	
F	B	10	15,000	6	19,000	
G	C, E	8	6,000	5	12,000	
H	D	9	10,000	7	18,000	로 표기한다.
I	F, G, H	2	4,000	2	4,000	

① 단축한 Network 공정표

② 총공사금액

20 다음 건물 신축 시 귀규준틀, 평규준틀, 수량을 구하시오.

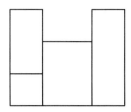

21 흐트러진 상태의 흙 10m³를 이용하여 10m²의 면적에 다짐상태로 50cm 두께를 터 돋우기할 때 시공완료된 후 흐트러진 상태로 남는 흙의 양을 산출하시오. (단, 이 흙의 $L=1.2$ 이고, $C=0.9$이다.)

22 히스토그램(Histogram)의 작업순서를 보기에서 골라 순서를 기호로 쓰시오.

> ① 히스토그램과 규격값을 대조하여 안정상태인지 검토한다.
> ② 히스토그램을 작성한다.
> ③ 도수분포도를 만든다.
> ④ 데이터에서 최소값과 최대값을 구하여 전 범위를 구한다.
> ⑤ 구간폭을 정한다.
> ⑥ 데이터를 수집한다.

23 지름 300mm, 길이 500mm의 콘크리트 시험체의 할렬인장 강도시험에서 최대 하중이 100kN으로 나타나면 이 시험체의 인장강도는?

---

24 그림과 같은 캔틸레버 보의 A점으로부터 4m 지점인 C점의 전단력과 휨모멘트를 구하시오.

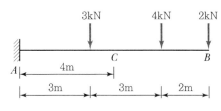

---

25 철근콘크리트로 설계된 보에서 압축을 받는 D22 철근의 기본정착길이를 구하시오. (단, $f_y = 400\text{MPa}$, 보통중량콘크리트 $f_{ck} = 24\text{MPa}$이다.)

---

26 강도설계법에서 기초판의 크기가 2m×3m일 때 단변 방향으로의 소요 전체 철근량이 3,000mm²이다. 유효폭 내에 배근하여야 할 철근량을 구하시오.

2점
01 BTL(Build Transfer Lease)에 대해 설명하시오.

4점
02 건축공사 시공계획서 제출 시 환경관리 및 친환경 시공계획 품질확보에 포함될 내용에 대해 4가지를 쓰시오.

① _____
② _____
③ _____
④ _____

3점
03 톱다운 공법(Top-down Method)은 지하구조물의 시공순서를 지상에서부터 시작하여 점차 깊은 지하로 진행하며 완성하는 공법으로서 여러 장점이 있다. 이 중 작업공간이 협소한 부지를 넓게 쓸 수 있는 이유를 기술하시오.

---

04 다음 토공작업에 필요한 장비명을 쓰시오.

① 기계가 서 있는 지반보다 높은 곳의 굴착에 적당 : _____

② 좁고 깊은 곳의 수직굴착에 적당 : _____

05 기초공사에서 마이크로 말뚝(Micro Pile)의 정의와 장점 2가지를 쓰시오.

① 정의

_____

_____

② 장점

_____

_____

_____

06 온도조절 철근이란 무엇을 말하는지 간단히 쓰시오.

_____

_____

07 다음의 콘크리트 공사용 거푸집에 대하여 설명하시오.

① 슬라이딩 폼(Sliding Form)

_____

_____

② 터널 폼(Tunnel Form)

_____

_____

08 거푸집 설치 후 콘크리트를 타설할 때, 거푸집에 작용하는 측압을 도시하시오. (최대측압은 굵은 선으로 표시하시오.)

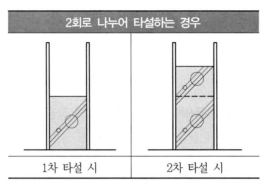

09 고강도 콘크리트의 폭열현상에 대하여 기술하시오.

10 수중콘크리트를 타설 시 콘크리트 피복두께는 얼마 이상이 되어야 하는가?

11 철골공사의 절단가공에서 절단방법의 종류를 3가지 쓰시오.

① ....
② ....
③ ....

12 철골의 접합방법 중 용접의 단점을 2가지 쓰시오.

① ....

② ....

4점
13 벽돌벽의 표면에 생기는 백화현상에 대해 설명하시오.

....

....

....

....

3점
14 목재의 인공건조방법 3가지를 쓰시오.

① ....

② ....

③ ....

4점
15 다음 용어의 정의를 쓰시오.

① 로이(Low−E) 유리

....

....

② 단열간봉

....

....

4점

16 다음 분류에 해당하는 미장 재료명을 보기에서 골라 번호를 쓰시오.

㉮ 진흙질	㉯ 순석고 플라스터
㉰ 회반죽	㉱ 돌로마이트 플라스터
㉲ 킨즈 시멘트	㉳ 아스팔트 모르타르
㉴ 시멘트 모르타르	

① 기경성 미장재료

② 수경성 미장재료

4점

17 미장공사와 관련된 다음 용어를 간단히 설명하시오.

① 손질바름

② 실러바름

3점

18 다음에서 설명하는 관련 용어를 쓰시오.

대리석 분말 또는 세라믹 분말제에 특수혼화제(아크릴 폴리머)를 첨가한 Ready Mixed Mortar를 현장에서 물과 혼합하여 전체 표면을 1~3mm 두께로 얇게 미장하는 것

19 다음 데이터를 네트워크 공정표로 작성하시오.

작업명	작업일수	선행작업	비고
A	5	없음	
B	2	없음	주공정선은 굵은 선으로 표시한다.
C	4	없음	각 결합점 일정계산은 PERT 기법에 의거 다음과 같이 계산한다.
D	5	A, B, C	
E	3	A, B, C	
F	2	A, B, C	
G	4	D, E	(단, 결합점 번호는 반드시 기입한다.)
H	5	D, E, F	
I	4	D, F	

20 다음 그림과 같은 창고를 시멘트벽돌로 신축하고자 할 때 벽돌 쌓기량(매)과 내외벽 시멘트 미장할 때 미장면적을 구하시오.

1) 벽두께는 외벽 1.5B 쌓기, 칸막이벽 1.0B 쌓기로 하고 벽높이는 안팎 공히 3.6m로 가정하며, 벽돌은 표준형(190 × 90 × 57)으로 할증률은 5%이다.

2) 창문틀 규격 : $\left(\dfrac{1}{D}\right)$: 2.2m × 2.4m $\left(\dfrac{2}{D}\right)$: 0.9m × 2.4m

$\left(\dfrac{3}{D}\right)$: 0.9m × 2.1m $\left(\dfrac{1}{W}\right)$: 1.8m × 1.2m

$\left(\dfrac{2}{W}\right)$: 1.2m × 1.2m

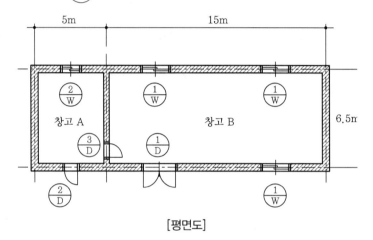

[평면도]

① 벽돌량

....

....

....

....

② 미장면적

....

....

....

....

21 어떤 골재의 비중이 2.65이고, 단위용적중량이 1,800kg/m³라면 이 골재의 실적률을 구하시오.

3점

4점

22 다음 트러스의 명칭을 쓰시오.

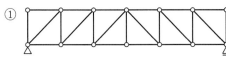

4점

23 강도설계법에서 보통골재를 사용한 콘크리트의 압축강도(f_{ck})가 24MPa이고 철근의 탄성계수(E_s)가 200,000MPa, 항복강도(f_y)가 400MPa일 때 콘크리트의 탄성계수(E_c)와 탄성계수비$\left(\dfrac{E_s}{E_c}\right)$를 구하시오.

① 콘크리트 탄성계수

---

② 탄성계수비

4점

24 다음과 같은 조건의 대칭 T형보의 유효폭(b_e)을 구하시오.

- 슬래브 두께(t_f) : 200mm
- 복부폭(b_w) : 300mm
- 양측 슬래브 중심 간 거리 : 3,000mm
- 보경간(Span) : 6,000mm

4점

25 다음 조건에서 균열 모멘트(M_{cr})를 구하시오.

- 단면크기 : $b \times h = 300\text{mm} \times 600\text{mm}$
- 보통중량콘크리트, $f_{ck} = 30\text{MPa}$, $f_y = 400\text{MPa}$

2점

26 철골부재에서 비틀림이 생기지 않고 휨변형만 유발하는 위치를 무엇이라 하는가?

Engineer Architecture

3점
01 BTO(Build-Transfer-Operate) 방식을 설명하시오.

3점
02 낙찰제도 중 종합심사낙찰제도에 대하여 기술하시오.

4점
03 다음 용어를 설명하시오.

㉮ 기준점 :

㉯ 방호선반 :

2점
04 흙의 함수량 변화와 관련하여 ( ) 안을 채우시오.

흙이 소성상태에서 반고체 상태로 옮겨지는 경계의 함수비를 (①)라 하고 액성상태에서 소성
상태로 옮겨지는 함수비를 (②)라고 한다.

4점
05 다음 지반탈수공법의 명칭을 쓰시오.

① 점토질지반의 대표적인 탈수공법으로서 지반지름 40~60cm 구멍을 뚫고 모래를 넣은 후,
성토 및 기타 하중을 가하여 점토질지반을 압밀함으로써 탈수하는 공법을 무슨 공법이라고
하는가?

② 사질지반의 대표적인 탈수공법으로서 직경 약 20cm 특수파이프를 상호 2m 내외 간격으로
관입하여 모래를 투입한 후 진동다짐하여 탈수통로를 형성시켜 탈수하는 공법을 무슨 공법
이라고 하는가?

4점
06 다음 설명에 해당하는 흙파기공법의 명칭을 쓰시오.

㉮ 구조물 위치 전체를 동시에 파내지 않고 측벽이나 주열선 부분만을 먼저 파내고 그 부분의
기초와 지하구조체를 축조한 다음 중앙부의 나머지 부분을 파내어 지하구조물을 완성하는
공법

㉯ 중앙부의 흙을 먼저 파고, 그 부분에 기초 또는 지하구조체를 축조한 후, 이것을 지점으로
하여 흙막이 버팀대를 경사지게 또는 수평으로 가설하여 널말뚝 부근의 흙을 마저 파내는
공법

2점
07 거푸집공사에 사용되는 스페이서(Spacer)에 대하여 설명하시오.

4점
08 알루미늄거푸집을 일반합판거푸집과 비교할 때 골조품질측면과 해체작업측면에서의 장점에 대하여 설명하시오.

_____

_____

_____

_____

4점
09 다음 굳지 않은 콘크리트의 성상을 설명한 용어를 쓰시오.

① 단위수량의 다소에 따르는 혼합물의 묽기 정도

_____

② 묽기 정도 및 재료분리에 저항하는 정도 등 복합적 의미에서의 시공 난이 정도

_____

3점
10 콘크리트의 강도추정과 관련된 비파괴시험의 종류를 3가지만 기재하시오.

① _____

② _____

③ _____

3점
11 한중콘크리트 타설 후 초기양생 시 유의사항 3가지를 쓰시오.

① _____

② _____

③ _____

4점

12 다음 용어를 설명하시오.

① 데크 플레이트(Deck Plate)

....

....

② 쉬어 커넥터(Shear Connector)

....

....

2점

13 다음에 해당하는 벽돌쌓기명을 쓰시오.

① 담 또는 처마 부분에 내쌓기를 할 때 45° 각도로 모서리가 면에 나오도록 쌓는 방법

....

② 벽돌벽 등에 장식적으로 구멍을 내어 쌓는 방법

....

2점

14 목공사에서 방충·방부처리된 목재를 사용하는 경우 2가지를 쓰시오.

①...

②...

3점

15 안방수와 바깥방수의 차이점을 3가지 쓰시오.

①...

②...

③...

16 유리공사의 유리파손 Mechanism에 대해 기술하시오.

17 커튼월(Curtain Wall)의 실물모형실험(Mock-up Test)에 성능시험의 시험종목을 4가지만 쓰시오.

① ....
② ....
③ ....
④ ....

18 경량철골 칸막이공사 설치 시 다음 보기에서 공법의 시공순서를 쓰시오.

① 벽체틀 설치
② 단열재 설치
③ 바탕처리
④ 석고보드 설치
⑤ 마감(벽지)

19 다음 데이터를 네트워크 공정표로 작성하고, 각 작업의 여유시간을 구하시오.

작업명	작업일수	선행작업	비고
A	3	없음	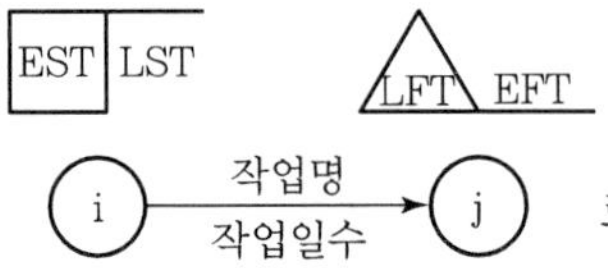
B	4	없음	
C	5	없음	
D	6	A, B	
E	7	B	
F	4	D	
G	5	D, E	
H	6	C, F, G	
I	7	F, G	

비고란:

EST | LST   △LFT EFT

(i) ─── 작업명 / 작업일수 ──→ (j) 로

표기하고 주공정선은 굵은 선으로 표기하시오.

① 공정표

② 여유시간

9점

20 다음 조건으로 요구하는 물량을 산출하시오.(단, $L=1.3$, $C=0.9$)

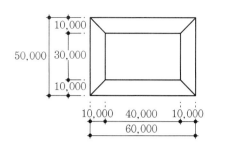 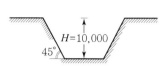

① 터파기량을 산출하시오.

② 운반대수를 산출하시오.(단, 운반대수는 1대, 적재량은 12m³)

③ 5,000m²에 흙을 이용 성토하여 다짐할 때 표고는 몇 m인지 구하시오.(비탈면은 수직으로 생각함)

3점

21 QC수법으로 알려진 도구에 대한 내용이다. 해당되는 도구명을 쓰시오.

㉮ 계량치가 어떤 분포를 하는지 알아보기 위하여 작성하는 그림

㉯ 불량 등 발생건수를 분류 항목별로 나누어 크기 순서대로 나열해 놓은 그림

㉰ 결과에 원인이 어떻게 관계하고 있는가를 한눈에 알 수 있도록 작성한 그림

22 굵은 골재의 최대치수 25mm, 4kg을 물속에서 채취하여 표면건조 내부포수 상태의 중량이 3.95kg, 절대건조 중량이 3.60kg, 수중에서의 중량이 2.45kg이다. 다음을 구하시오.

㉮ 흡수율 :

㉯ 표건비중 :

㉰ 겉보기비중 :

㉱ 진비중 :

23 재령 28일의 콘크리트 표준공시체($\phi 150\text{mm} \times 300\text{mm}$)에 대한 압축강도시험 결과 400kN의 하중에서 파괴되었다. 이 콘크리트 공시체의 압축강도 f_{ck}(MPa)를 구하시오.

24 다음 라멘의 휨모멘트도를 개략적으로 도시하시오.

(단, +휨모멘트는 라멘의 안쪽에, −휨모멘트는 바깥쪽에 도시하며, 휨모멘트의 부호를 휨모멘트 안에 반드시 표기해야 함)

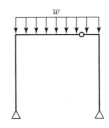

[4점]

25 다음 그림과 같은 설계조건에서 플랫슬래브 지판(드롭 패널)의 최소크기와 두께를 산정하시오.(단, 슬래브 두께(t_s)는 200mm이다.)

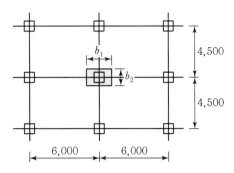

㉮ 지판의 최소크기$(b_1 \times b_2)$

㉯ 지판의 최소두께

[6점]

26 강구조접합 중 전단접합과 강접합을 도시하고, 설명하시오.

① 전단접합 :

② 강접합 :

3점
01 샌드 드레인 공법에 대하여 쓰시오.

4점
02 역타설공법(Top-down Method)의 장점을 4가지 쓰시오.

① _____
② _____
③ _____
④ _____

4점
03 흙막이 구조물 계측기 종류에 적합한 설치위치를 한 가지씩 쓰시오.

① 토압계 : _____
② 하중계 : _____
③ 경사계 : _____
④ 변형률계 : _____

04 다음 (   ) 안에 알맞은 용어나 숫자를 써 넣으시오.

> 높은 외부기온으로 콘크리트의 슬럼프 또는 슬럼프 플로 저하나 수분의 급격한 증발 우려가 있
> 는 하루 평균기온이 25℃ 초과하는 경우 (①) 콘크리트로 시공한다.
> 지연형 감수제를 사용하는 경우라도 (②)시간 이내 타설하여야 하며, 타설 시 온도는 (③)℃
> 이하로 하여야 한다.

---

05 고강도 콘크리트의 폭열현상 방지대책 2가지를 쓰시오.

① ....

② ....

06 매스콘크리트의 수화열 저감을 위한 대책을 3가지만 쓰시오.

① ....

② ....

③ ....

07 용접결함 중 언더컷(Under Cut)과 오버랩(Over Lap)을 개략적으로 도시하시오.

4점
08 그림과 같은 용접부의 기호에 대해 기호의 수치를 모두 표기하여 제작 상세를 도시하시오.(단, 기호의 수치를 모두 표기해야 함)

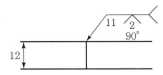

3점
09 철골공사에서 앵커볼트 매입공법의 종류 3가지를 쓰시오.

① ....

② ....

③ ....

5점
10 다음은 조적공사에 대한 내용이다. (　) 안에 알맞은 용어나 숫자를 넣으시오.

(1) 가로 및 세로줄눈의 너비는 도면 또는 공사시방서에 정한 바가 없을 때에는 (①)mm를 표준으로 한다.

....

(2) 벽돌쌓기는 도면 또는 공사시방서에서 정한 바가 없을 때에는 영식쌓기 또는 (②) 쌓기로 한다.

....

(3) 하루의 쌓기높이는 (③)m(18켜 정도)를 표준으로 하고, 최대 (④)m(22켜 정도) 이하로 한다.

....

(4) 벽돌벽이 블록벽과 서로 직각으로 만날 때에는 연결철물을 만들어 블록 (⑤)단마다 보강하여 쌓는다.

....

11 벽돌벽의 표면에 생기는 백화의 방지대책 4가지를 쓰시오.

① _____

② _____

③ _____

④ _____

12 목재의 방부처리방법을 3가지만 쓰고 간단히 설명하시오.

① _____

② _____

③ _____

④ _____

13 목구조 1층 마루널 시공순서를 보기에서 골라 번호를 쓰시오.

① 동바리
② 멍에
③ 장선
④ 마루널
⑤ 동바리돌

14 다음에서 설명하는 관련용어를 쓰시오.

실내부의 벽 하부에 1~1.5m 정도로 널을 댄 것

15 다음 수장공사에 관련된 내용으로 (   ) 안에 알맞은 숫자를 쓰시오.

> 강제천장을 철근콘크리트조에 설치할 경우 달대볼트 고정용 인서트의 간격은 공사시방서에서
> 정하는 바가 없을 경우, 경량천장은 세로 (①)m, 가로 (②)m를 표준으로 한다.

---

16 다음 작업리스트에서 네트워크 공정표를 작성하고, 각 작업의 여유시간을 구하시오.

작업명	선행작업	작업일수	비고
A	없음	4	
B	A	6	
C	A	5	
D	A	4	① CP는 굵은 선으로 표시하시오.
E	B	3	② 각 결합점에는 다음과 같이 표시한다.
F	B, C, D	7	
G	D	8	③ 각 작업은 다음과 같이 표시한다.
H	E	6	
I	E, F	5	
J	E, F, G	8	
K	H, I, J	6	

3점
17 다음과 같은 작업데이터에서 비용구배(Cost Slope)를 산출하고, 가장 적은 작업부터 순서대로 작업명을 쓰시오.

작업명	정상계획		급속계획	
	공기(일)	비용(원)	공기(일)	비용(원)
A	4	6,000	2	9,000
B	15	14,000	14	16,000
C	7	5,000	4	8,000

① 산출근거

② 작업순서

3점
18 시멘트가 각각 500포, 1,600포, 2,400포가 있다. 공사현장에서 필요한 시멘트 창고의 면적은 각각 얼마나 필요한가?(단, 쌓기단수는 12단)

19 다음 도면을 보고 옥상방수면적(m^2), 누름콘크리트량(m^3), 보호벽돌량(매)을 구하시오. (단, 벽돌의 규격은 190 × 90 × 57이며, 할증률은 5%임)

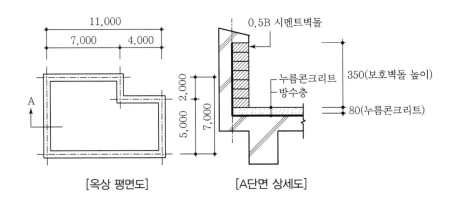

[옥상 평면도]   [A단면 상세도]

20 TQC에 이용되는 7가지 도구 중 4가지를 쓰시오.

21 다음 용어를 설명하시오.

① 슬럼프 플로(Slump Flow)

② 조립률

4점
22 용수철에 단위하중이 작용할 때 용수철계수 k를 구하시오. (단, 하중 P, 길이 L, 단면적 A, 탄성계수 E)

4점
23 1단 자유, 타단 고정, 길이 2.5m인 압축력을 받는 H형강 기둥(H$-100 \times 100 \times 6 \times 8$)의 탄성좌굴하중을 구하시오. (단, $I_x = 383 \times 10^4 \mathrm{mm}^4$, $I_y = 134 \times 10^4 \mathrm{mm}^4$, $E = 205{,}000\mathrm{N}/\mathrm{mm}^2$)

4점
24 다음 조건의 철근콘크리트 보의 총처짐량(순간처짐＋장기처짐)을 구하시오. (단, 순간처짐 20mm, 지속하중에 대한 시간경과계수(ξ) 2.0, 압축철근량($A_s{'}$)＝1,000mm², 단면 $b \times d$＝400mm×500mm)

25 그림과 같이 8−D22로 배근된 철근콘크리트 기둥에서 띠철근의 최대 수직간격을 구하시오.

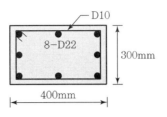

---

26 강구조에서 메탈터치(Metal Touch)에 대한 개념을 간략하게 그림을 그려서 정의를 설명하시오.

Engineer Architecture

과년도 기출문제 | 2021년 제4회

3점

01 BOT(Build－Operate－Transfer Contract)방식을 설명하시오.

3점

02 지역제한 경쟁입찰제도에 대하여 간단히 설명하시오.

4점

03 기준점(Bench Mark) 설치사항 2가지를 쓰시오.

①

②

04 다음 용어에 대하여 설명하시오.

① 수세식 보링(Wash Boring)

_____

_____

② 회전식 보링(Rotary Boring)

_____

_____

05 지반조사방법 중 사운딩을 간략히 설명하고 탐사방법을 2가지 쓰시오.

① 사운딩

_____

_____

② 탐사방법

_____

_____

06 다음 용어를 간단히 설명하시오.

흙막이 공사 시 히빙(Heaving)현상

_____

_____

_____

_____

07 콘크리트의 알칼리골재반응을 방지하기 위한 대책을 3가지만 쓰시오.

① _____

② _____

③ _____

2점

08 철골공사에 사용되는 용어를 설명하였다. 알맞은 용어를 쓰시오.

> Blow Hole, Crater 등의 용접결함이 생기기 쉬운 용접 Bead의 시작과 끝지점에 용접을 하기 위해 용접 접합하는 모재의 양단에 부착하는 보조강판

3점

09 콘크리트 충전강관(CFT) 구조를 설명하시오.

4점

10 철골구조공사에 있어서 철골습식 내화피복공법의 종류를 4가지 쓰시오.

①

②

③

④

4점

11 다음 내용에 알맞은 용어나 숫자를 넣으시오.

> 조적조의 기초는 일반적으로 (①)로 한다. 내력벽의 최소두께는 (②) 이상이어야 하고, 내력벽의 길이는 (③) 이하이어야 하며, 내력벽으로 둘러싸인 바닥면적은 (④) 이하이어야 한다.

4점
12 벽돌벽의 표면에 생기는 백화의 정의와 방지대책 2가지를 쓰시오.

㉮ 정의 :

㉯ 방지대책 :

3점
13 목재에 가능한 방부제 처리법을 3가지 쓰시오.

①

②

③

4점
14 다음 용어를 설명하시오.

① 이음

② 맞춤

15 시트방수공법의 단점 2가지를 쓰시오.

① ....

② ....

16 방수공사 시 콘크리트에 방수제를 직접 첨가하여 방수하는 공법의 명칭을 쓰시오.

....

17 공사현장의 환경관리와 관련된 비산먼지 방지시설의 종류 2가지를 쓰시오.

① ....

② ....

18 주어진 데이터에 의하여 다음 물음에 답하시오. (단, ① Network 작성은 Arrow Network 로 할 것, ② Critical Path는 굵은 선으로 표시할 것, ③ 각 결합점에서는 다음과 같이 표 시한다.)

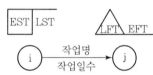

(Data)

Activity Name	선행작업	Duration	공기 1일 단축 시 비용(원)	비고
A	없음	5	10,000	
B	없음	8	15,000	
C	없음	15	9,000	
D	A	3	공기단축 불가	① 공기단축은 Activity I에서 2일, Activity H에서 3일, Activity C에서 5일로 한다. ② 표준공기 시 총공사비는 1,000,000원이다.
E	A	6	25,000	
F	B, D	7	30,000	
G	B, D	9	21,000	
H	C, E	10	8,500	
I	H, F	4	9,500	
J	G	3	공기단축 불가	
K	I, J	2	공기단축 불가	

① 표준(Normal) Network를 작성하시오.

② 공기를 10일 단축한 Network를 작성하시오.

③ 공기단축된 총공사비를 산출하시오.

4점

19 두께 0.15m, 길이 100m, 폭 6m 도로를 $6m^3$ 레미콘을 이용하여 하루 8시간 작업 시 레미콘의 배차간격(분)을 구하시오. (단, 100% 효율로 휴식시간은 없는 것으로 한다.)

4점

20 KS 규격상 시멘트의 오토클레이브 팽창도는 0.80% 이하로 규정되어 있다. 반입된 시멘트의 안정성 시험결과가 다음과 같다고 할 때 팽창도 및 합격여부를 판단하시오. (단, 시험 전 시험체의 유효표점길이는 254mm, 오토클레이브 시험 후 시험체의 길이는 255.78mm였다.)

4점

21 그림과 같은 원형 단면에서 폭 b, 높이 $h = 2b$의 직사각형 단면을 얻기 위한 단면계수 Z를 직경 D의 함수로 표현하시오. (단, 지름이 D인 원에 내접하는 밑변이 b이고 $h = 2b$)

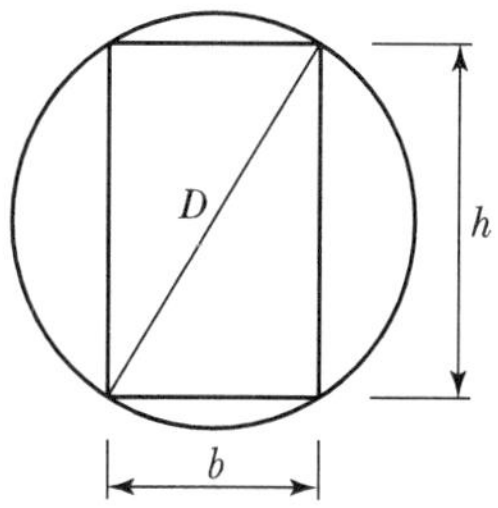

3점

22 인장지배단면의 정의를 쓰시오.

---

23 인장철근만 배근된 직사각형 단순보에서 하중이 작용하여 5mm의 순간처짐이 발생하였다. 이 하중이 5년 이상 지속될 경우 총처짐량(순간처짐＋장기처짐)을 구하시오. (단, 모든 하중을 지속하중으로 가정하며 크리프와 건조수축에 의한 장기 추가처짐에 대한 계수(λ)는 다음 식으로 구한다. $\lambda = \dfrac{\xi}{1 + 50\rho'}$, 지속하중에 대한 시간경과계수($\xi$)는 2.0으로 한다.)

24 다음 물음에 답하시오.

① 큰보(Girder)와 작은보(Beam)에 대하여 간단히 설명하시오.

② 다음 (   )에 큰보와 작은보를 선택하여 채우시오.

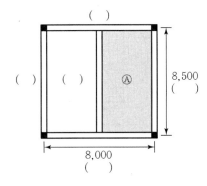

③ 위 빗금 친 A부분의 변장비를 계산하고, 1방향 슬래브인지 2방향 슬래브인지 구별하시오. (단, 기둥 500 × 500, 큰보 500 × 600, 작은보 500 × 550이고, 변장비 계산 시 기둥 중심치수를 적용함)

25 구조용 강재 SM 355에 대하여 각각 의미하는 바를 쓰시오.

① SM :

② 355 :

26 다음이 설명하는 구조의 명칭을 쓰시오.

> 건축물의 기초부분 등에 적층고무 또는 미끄럼받이 등을 넣어서 지진에 대한 건축물의 흔들림을 감소시키는 구조

4점
01 브레인스토밍의 4대 원칙을 쓰시오.

2점
02 BTL(Build Transfer Lease)에 대해 설명하시오.

4점
03 주열식 지하연속벽 공법의 특징 4가지를 쓰시오.

4점
04 중량콘크리트의 용도를 쓰고, 대표적으로 사용되는 골재 2가지를 쓰시오.

　① 용도
　② 사용골재

4점
05 다음 용어를 설명하시오.

　① 스캘럽(Scallop)
　② 엔드탭(End Tab)

4점

06 지하 토공사 중 계측관리와 관련된 항목을 골라 번호로 쓰시오.

> ㉮ Strain Gauge ㉯ 경사계(Inclino Meter)
> ㉰ Water Level Meter ㉱ Level And Staff

① 지표면 침하측정
② 지중 흙막이벽 수평변위 측정
③ 지하수위 측정
④ 응력측정(엄지말뚝, 띠장에 작용하는 응력측정)

4점

07 다음 용어를 간단히 설명하시오.

① 히빙(Heaving) 현상
② 보일링(Boiling) 현상

4점

08 다음의 콘크리트 공사용 거푸집에 대하여 설명하시오.

① 슬라이딩 폼(Sliding Form)
② 터널 폼(Tunnel Form)

2점

09 전기로에서 금속규소나 규소철을 생산하는 과정 중 부산물로 생성되는 매우 미세한 입자로서 고강도 콘크리트 제조 시 사용되는 포졸란계 혼화재의 명칭을 쓰시오.

3점

10 콘크리트 구조물의 균열 발생 시 실시하는 보강공법을 3가지 쓰시오.

4점

11 다음 콘크리트의 균열보수법에 대하여 설명하시오.

① 표면처리법
② 주입공법

4점

12 콘크리트 이어치기 시간 간격에 대하여 ( ) 안에 알맞은 숫자를 쓰시오.

> • 바깥 기온 25℃ 이상 : (①)분 이내
> • 바깥 기온 25℃ 미만 : (②)분 이내

13 흙의 전단강도 공식을 쓰고 변수에 대해 설명하시오.

14 다음 설명에 알맞은 콘크리트용 혼화재료의 명칭을 쓰시오.
① 콘크리트 내부에 미세한 독립된 기포를 발생시켜 콘크리트의 작업성 및 동결융해 저항성능을 향상시키기 위해 사용되는 혼화제
② 콘크리트 내부의 철근이 콘크리트에 혼입되는 염화물에 의해 부식되는 것을 억제하기 위해 이용되는 혼화제
③ 콘크리트의 단위용적중량의 경감 혹은 단열성의 부여를 목적으로 안정된 기포를 물리적인 수법으로 도입시키는 혼화제

15 바닥돌 깔기의 경우 형식 및 문양에 따른 명칭을 5가지만 쓰시오.

16 돌붙이기의 시공순서를 보기에서 골라 번호로 나타내시오.

① 치장줄눈   ② 보양
③ 청소   ④ 모르타르 사춤
⑤ 돌나누기   ⑥ 탕개줄 또는 연결철물 설치
⑦ 돌붙이기

17 다음 데이터를 네트워크 공정표로 작성하고, 각 작업의 여유시간을 구하시오.

작업명	작업일수	선행작업	비고
A	5	없음	
B	6	없음	
C	5	A, B	EST LST / LFT EFT
D	7	A, B	
E	3	B	작업명
F	4	B	i ─ 작업일수 → j 로
G	2	C, E	표기하고 주 공정선은 굵은 선으로
H	4	C, D, E, F	표기하시오.

9점

18 토공사에서 그림과 같은 도면을 검토하여 터파기량, 되메우기량, 잔토처리량을 산출하시오. (단, 토량환산계수 L=1.2로 한다.)

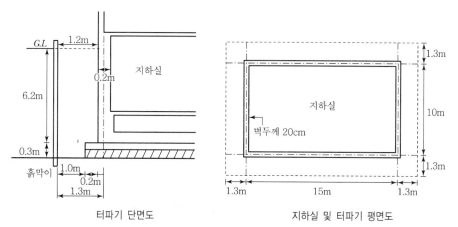

터파기 단면도   지하실 및 터파기 평면도

6점

19 다음 도면을 보고 옥상방수면적(m²), 누름콘크리트량(m³), 보호벽돌량(매)을 구하시오. (단, 벽돌의 규격은 190×90×57이며, 할증률은 5%임)

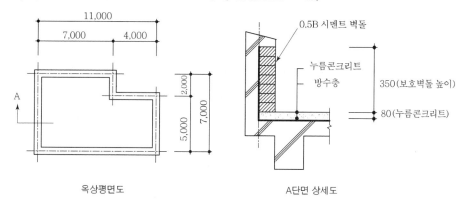

옥상평면도   A단면 상세도

4점

20 다음 내민보의 전단력도(SFD)와 휨모멘트도(BMD)를 그리시오.

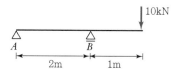

21 그림과 같은 원형 단면에서 폭 b, 높이 h=2b의 직사각형 단면을 얻기 위한 단면계수 Z를 직경 D의 함수로 표현하시오.(지름이 D인 원에 내접하는 밑변이 b이고 H=2b)

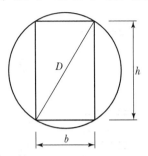

4점
22 그림과 같은 등분포하중을 받는 단순보(A)와 집중하중을 받는 단순보(B)의 최대휨모멘트가 같을 때 집중하중 P를 구하시오.

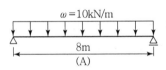
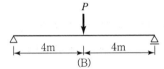

3점
23 철골부재에서 비틀림이 생기지 않고 휨변형만 유발하는 위치를 전단중심(Shear Center)이라 한다. 다음 형강들에 대하여 전단중심의 위치를 각 단면에 표기하시오.

24 그림과 같이 36kN의 하중을 받는 구조물이 있다. 고정단에 발생하는 최대 압축응력도 (MPa)를 구하시오. (단, 기둥의 단면은 600×600mm이며, 압축응력도의 부호는 −로 표기한다.)

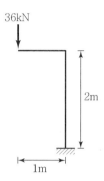

4점
01 다음 (   ) 안에 알맞은 말을 보기에서 골라 번호를 쓰시오.

㉮ 높을	㉯ 낮을
㉰ 빠를	㉱ 늦을
㉲ 두꺼울	㉳ 얇을
㉴ 클	㉵ 작을

생콘크리트의 측압은 슬럼프가 (①)수록, 벽두께가 (②)수록, 부어넣기 속도가 (③)수록, 대기 중의 습도가 (④)수록 측압이 크다.

4점
02 철골 내화피복 공법 중 습식공법을 설명하고 습식공법의 종류 2개와 사용재료 2개를 쓰시오.

3점
03 매스콘크리트의 수화열 저감을 위한 대책 3가지만 쓰시오.

3점
04 토공사용 건설기계 중 정지용 기계장비를 3가지 쓰고, 특성 및 용도를 쓰시오.

6점
05 미장재료 중 수경성 재료와 기경성 재료를 각각 3가지만 쓰시오.

06 Value Engineering 개념에서 $V = \dfrac{F}{C}$ 식의 각 기호를 설명하시오.

07 다음 용어를 설명하시오.

① 스캘럽(Scallop)
② 뒷댐재(Back Strip)

08 폴리머시멘트콘크리트의 특성을 보통시멘트콘크리트와 비교하여 4가지 기술하시오.

09 염분을 포함한 바다모래를 골재로 사용하는 경우 철근 부식에 대한 방청상 유효한 조치를 3가지 쓰시오.

10 ALC(Autoclaved Lightweight Concrete) 패널의 설치공법을 4가지 쓰시오.

11 다음에서 설명하는 용어를 쓰시오.

① 보링 구멍을 이용하여 +자 날개를 지반에 때려 박고 회전하여 그 회전력에 의하여 지반의 점착력을 판별하는 지반조사 시험
② 블로운 아스팔트에 광물성, 동식물섬유, 광물질가루 등을 혼합하여 유동성을 부여한 것

12 다음 커튼월 공법의 분류를 쓰시오.

① 구조형식에 의한 분류 2가지
② 조립방식에 의한 분류 2가지

13 유리공사의 유리파손 Mechanism에 대해 기술하시오.

14 개방 잠함(Open Caisson)의 시공순서를 보기에서 골라 기호로 쓰시오.

㉮ 지하 구조체 지상 설치　　㉯ 중앙부 기초 구축
㉰ 주변 기초 구축　　㉱ 하부 중앙흙을 파서 침하

15 기성콘크리트 말뚝을 사용한 기초공사에서 사용 가능한 무소음, 무진동 공법 3가지를 쓰시오.

16 탑다운 공법(Top-Down Method)은 지하구조물이 시공순서를 지상에서부터 시작하여 절차 깊은 지하로 진행하며 완성하는 공법으로서 여러 장점이 있다. 이 중 작업공간이 협소한 부지를 넓게 쓸 수 있는 이유를 기술하시오.

17 보강철근콘크리트 블록조에서 반드시 세로근을 넣어야 하는 위치 3개소를 쓰시오.

18 다음 데이터를 이용하여 네트워크 공정표를 작성하고, 각 작업의 여유시간을 계산하시오.

작업명	작업일수	선행작업	비　　고
A	없음	5	EST LST ／LFT＼EFT
B	없음	2	
C	없음	4	ⓘ ──작업명/작업일수──→ ⓙ
D	A, B, C	4	로 일정 및 작업을 표기하고,
E	A, B, C	3	주 공정선을 굵은 선으로 표시한다. 또한 여유시간
F	A, B, C	2	계산 시는 각 작업의 실제적인 의미의 여유시간으로 계산한다.(더미의 여유시간은 고려하지 않을 것)

① 공정표

② 여유시간

19 셔블(Shovel)계 굴삭기의 1시간당 추정 굴착작업량을 다음 조건일 때 산출하시오.

① q＝2m³ ② f＝1.25

③ E＝0.6 ④ k＝0.7

⑤ Cm＝5min

20 다음 그림과 같은 창고를 시멘트 벽돌로 신축하고자 한다. 소요 벽돌량과 내·외벽을 시멘트 모르타르로 미장할 때 미장면적(m²)을 구하시오. (10점)

- 벽두께는 외벽 1.5B 쌓기, 칸막이벽 1.0B 쌓기로 하고 벽높이는 안팎 공히 3.6m로 가정하며, 벽돌은 표준형(190×90×57)으로 할증률은 5%이다.
- 창문틀 규격 : $\dfrac{1}{D}$: 2.2m×2.4m $\dfrac{2}{D}$: 0.9m×2.4m

   $\dfrac{3}{D}$: 0.9m×2.1m $\dfrac{1}{W}$: 1.8m×1.2m

   $\dfrac{2}{W}$: 1.2m×1.2m

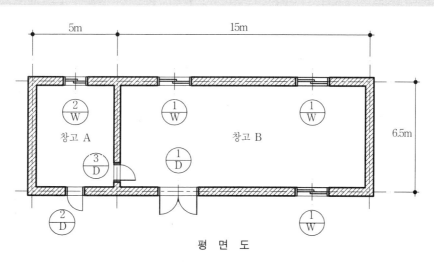

평 면 도

① 벽돌량 ② 미장면적

21 TQC에 이용되는 도구 중 다음에 대하여 서술하시오.

① 파레토도 ② 특성요인도
③ 층별 ④ 산점도

3점
22 그림과 같이 8-D22로 배근된 철근콘크리트 기둥에서 띠철근의 최대 수직간격을 구하시오.

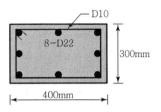

3점
23 그림과 같은 라멘에 있어서 A점의 전달모멘트를 구하시오. (단, k는 강비이다.)

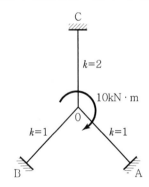

2점
24 다음 장방형 단면에서 각 축에 대한 단면 2차 모멘트의 비 I_X / I_Y를 구하시오.

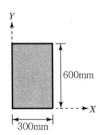

25 강도설계법에 따른 다음 그림과 같은 콘크리트 단근보의 균형철근비 및 최대철근량을 구하시오. (단, $f_{ck}=27\text{MPa}$, $f_y=300\text{MPa}$, $E_s=200,000\text{MPa}$)

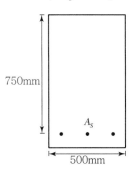

3점
01 목구조에서 횡력에 저항하는 부재 3가지를 쓰시오.

3점
02 프리보링공법 작업순서를 보기에서 골라 기호를 쓰시오.

① 어스오거드릴로 구멍굴착　　　② 소정의 지지층 확인
③ 기성콘크리트 말뚝 경타　　　④ 시멘트액 주입
⑤ 기성콘크리트 말뚝 삽입　　　⑥ 소정의 지지력 확보

2점
03 부력에 의한 건축물의 부상(浮上) 방지대책을 2가지 쓰시오.

3점
04 철근콘크리트 공사에서의 헛응결(False Set)에 대하여 설명하시오.

4점
05 타워크레인의 종류로는 T형 타워 크레인(T-Tower Crane)과 러핑 크레인(Luffing Crane)이 있는데, 이 중 러핑 크레인을 사용하는 경우 2가지를 쓰시오.

4점
06 석고보드의 장단점을 각각 2가지 쓰시오.

　① 장점
　② 단점

07 섬유보강 콘크리트에 사용되는 섬유의 종류를 3가지 쓰시오.

08 옥상 8층 아스팔트 방수공사의 표준 시공순서를 쓰시오.

① 1층   ② 2층

③ 3층   ④ 4층

⑤ 5층   ⑥ 6층

⑦ 7층   ⑧ 8층

09 콘크리트 압축강도를 조사하기 위해 슈미터 해머를 사용할 때 반발경도를 조사한 후 추정 강도를 계산할 때 보정방안 3가지를 쓰시오.

10 철골공사에서 활용되는 표준볼트장력을 설계볼트장력과 비교하여 설명하시오.

11 다음은 지반조사의 이행순서이다. ( ) 안에 알맞은 말을 쓰시오.

(①   ) → (②   ) → 본조사 → (③   )

12 철골조에서의 컬럼 쇼트닝(Column Shortening)에 대하여 기술하시오.

13 다음 철골공사용 공구 및 장비와 가장 관계 깊은 공사명을 하나만 골라 번호를 쓰시오.

㉮ 고장력 볼트	㉯ 구멍맞추기
㉰ 세우기	㉱ 현장리벳치기

① 뉴머틱 해머 (   )   ② 진 폴 (   )

③ 드리프트 핀 (   )   ④ 임팩트 렌치 (   )

4점

14 다음의 설명이 뜻하는 용어를 쓰시오.

① 사회간접시설의 확충을 위해 민간이 시설물을 완성하고, 그 시설물을 일정기간 동안 운영하여 투자자금을 회수한 후 발주자에게 그 시설을 양도하는 방식

② 사회간접시설의 확충을 위해 민간이 시설물을 완성하고, 그 시설물의 운영과 함께 소유권도 민간에 양도하는 방식

③ 사회간접시설의 확충을 위해 민간이 시설물을 완성하여 소유권을 공공부분에 먼저 양도하고, 그 시설물을 일정기간 동안 운영하여 투자금액을 회수하는 방식

④ 발주자는 설계에서 시공까지 건물의 요구성능만을 제시하고 시공자가 재료나 시공방법을 선택하여 요구성능을 실현하는 방식

3점

15 생콘크리트 측압의 콘크리트 헤드(Concrete Head)에 대하여 간략하게 쓰시오.

3점

16 공사내용의 분류방법에서 목적에 따른 Breakdown Structure의 3가지 종류를 쓰시오.

4점

17 다음 용어를 설명하시오.

① 예민비

② 지내력 시험

4점

18 T/S(Torque Shear)형 고력볼트의 시공순서 번호를 나열하시오.

> ① 팁레버를 잡아당겨 내측 소켓에 들어 있는 핀테일을 제거
> ② 렌치의 스위치를 켜 외측 소켓이 회전하며 볼트를 체결
> ③ 핀테일이 절단되었을 때 외측 소켓이 너트로부터 분리되도록 렌치를 잡아당김
> ④ 핀테일에 내측 소켓을 끼우고 렌치를 살짝 걸어 너트에 외측 소켓이 맞춰지도록 함

3점

19 흙막이 공법 중 그 자체가 지하구조물이면서 흙막이 및 버팀대 역할을 하는 공법을 보기에서 모두 골라 기호를 쓰시오.

① 지반정착(Earth Anchor) 공법
② 개방잠함(Open Caisson) 공법
③ 수평버팀대 공법
④ 강제널말뚝(Sheet Pile) 공법
⑤ 우물통(Well) 공법
⑥ 용기잠함(Pneumatic Caisson) 공법

10점

20 다음 데이터를 네트워크 공정표로 작성하고, 각 작업의 여유시간을 구하시오.

작업명	작업일수	선행작업	비고
A	2	없음	
B	3	없음	EST │ LST △LFT │ EFT
C	5	없음	
D	4	없음	$i \xrightarrow[\text{작업일수}]{\text{작업명}} j$
E	7	A, B, C	로 표기하고, 주 공정선은 굵은 선으로
F	4	B, C, D	표기하시오.

① 네트워크 공정표
② 각 작업의 여유시간

작업명	TF	FF	DF	CP
A				
B				
C				
D				
E				
F				

21 다음 평면의 건물높이가 13.5m일 때 비계면적을 산출하시오. (단, 도면의 단위는 mm 이며, 비계형태는 쌍줄비계로 한다.)

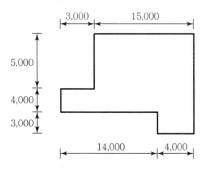

22 다음 철골 트러스 1개 분의 철골량을 산출하시오. (단, L−65×65×6=5.91kg/m, L−50×50×6=4.43kg/m, PL−6=46.1kg/m²)

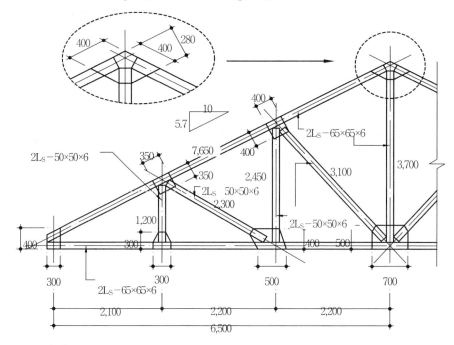

① 앵글량(kg)

② 플레이트(PL−6)량(kg)

3점
23 다음 구조물의 A 지점의 반력을 구하시오.

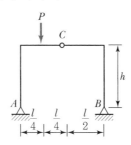

3점
24 철근의 응력–변형도 곡선에서 해당하는 4개의 주요 영역과 6개의 주요 포인트에 관련된 용어를 쓰시오.

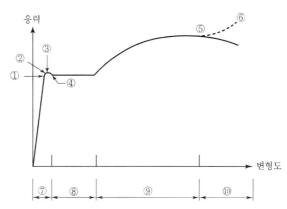

3점
25 다음 라멘의 휨모멘트도를 기략적으로 도시하시오. (단, ＋휨모멘트는 라멘의 안쪽에, －휨모멘트는 바깥쪽에 도시하며, 휨모멘트의 부호를 휨모멘트 안에 반드시 표기해야 함)

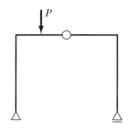

26 다음 그림과 같은 단순보의 A지점의 처짐각, 보의 중앙 C점의 최대처짐량을 계산하시오.
(단, $E = 206\text{GPa}$, $I = 1.6 \times 10^8 \text{mm}^4$)

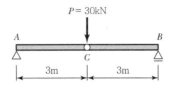

27 그림과 같은 각형기둥의 양단이 핀으로 지지되었을 때, 약축에 대한 세장비가 150이 되기 위해 필요한 기둥의 길이(m)를 구하시오.

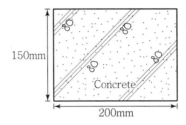

실전 **모의고사** | 제**4**회

3점

01 다음 통합공정관리(EVMS ; Earned Value Management System) 용어를 설명한 것 중 맞는 것을 보기에서 선택하여 번호로 쓰시오.

> ㉮ 프로젝트의 모든 작업내용을 계층적으로 분류한 것으로 가계도와 유사한 형상을 나타낸다.
> ㉯ 성과측정시점까지 투입예정된 공사비
> ㉰ 공사착수일로부터 추정준공일까지의 실 투입비에 대한 추정치
> ㉱ 성과측정시점까지 지불된 공사비(BCWP)에서 성과측정시점까지 투입예정된 공사비를 제외한 비용
> ㉲ 성과측정시점까지 실제로 투입된 금액을 말한다.
> ㉳ 성과측정시점까지 지불된 공사비(BCWP)에서 성과측정시점까지 실제로 투입된 금액을 제외한 비용
> ㉴ 공정, 공사비 통합, 성과측정, 분석의 기본단위를 말한다.

① CA(Cost Account)

② CV(Cost Variance)

③ ACWP(Actual Cost for Work Performed)

2점

02 금속공사에 사용되는 다음 철물에 대해 설명하시오.

① 메탈라스

② 펀칭메탈

5점

03 콘크리트 충전 강관(CFT) 구조를 설명하고 장단점을 각각 2가지씩 쓰시오.

4점

04 다음의 설명에 해당되는 용접결함의 용어를 쓰시오.

① 용접금속과 모재가 융합되지 않고 단순히 겹쳐지는 것
② 용접상부에 모재가 녹아 용착금속이 채워지지 않고 홈으로 남게 된 부분
③ 용접봉의 피복재 용해물인 회분이 용착금속 내에 혼합된 것
④ 용융금속이 응고할 때 방출되었어야 할 가스가 남아서 생기는 용접부의 빈 자리

5점

05 시멘트 주요 화합물을 4가지로 쓰고, 그중 28일 이후 장기강도에 관여하는 화합물을 쓰시오.

3점

06 기존 건물의 기초를 보강하는 언더피닝 공법을 3가지 쓰시오.

4점

07 다음 두 용어를 구분지어 설명하시오.

① 다시비빔(Remixing)
② 되비빔(Retempering)

3점

08 한중콘크리트의 문제점에 대한 대책을 보기에서 모두 골라 번호로 쓰시오.

① AE제 사용	② 응결지연제 사용
③ 보온양생	④ 물−시멘트비를 60% 이하로 유지
⑤ 중용열시멘트 사용	⑥ Pre−cooling 방법 사용

3점

09 중량콘크리트의 용도를 쓰고 대표적으로 사용되는 골재 2가지를 쓰시오.

① 용도
② 사용골재

4점

10 시멘트계 바닥 바탕의 내마모성, 내화학성, 분진방지성을 증진시켜 주는 바닥강화재 (Harder) 중 침투식 액상하드너 시공 시 유의사항 2가지를 쓰시오.

4점
11 커튼월(Curtain Wall)의 실물모형실험(Mock-up Test)에 성능시험의 시험종목을 4가지만 쓰시오.

4점
12 프리스트레스트 콘크리트(Pre-stressed Concrete)의 프리텐션(Pre-tension) 방식과 포스트텐션(Post-tension) 방식에 대하여 설명하시오.

2점
13 도장공사에 쓰이는 녹막이용 도장재료를 2가지만 쓰시오.

4점
14 다음 공법에 대하여 기술하시오.
① 도막방수
② 시트방수

3점
15 시트(Sheet) 방수공법의 시공순서를 쓰시오.

바탕처리 → (㉮) → 접착제칠 → (㉯) → (㉰)

3점
16 목재의 방부처리방법을 3가지만 쓰고 간단히 설명하시오.

3점
17 콘크리트 반죽질기 측정방법 3가지를 쓰시오.

18 주어진 데이터에 의하여 다음 물음에 답하시오.

- Network 작성은 Arrow Network로 할 것
- Critical Path는 굵은 선으로 표시할 것
- 각 결합점에서는 다음과 같이 표시한다.

(Data)

Activity Name	선행작업	Duration	공기 1일 단축 시 비용(원)	비　고
A	없음	5	10,000	① 공기단축은 Activity I에서 2일, Activity H에서 3일, Activity C에서 5일로 한다. ② 표준공기시 총공사비는 1,000,000원이다.
B	없음	8	15,000	
C	없음	15	9,000	
D	A	3	공기단축 불가	
E	A	6	25,000	
F	B, D	7	30,000	
G	B, D	9	21,000	
H	C, E	10	8,500	
I	H, F	4	9,500	
J	G	3	공기단축 불가	
K	I, J	2	공기단축 불가	

① 표준(Normal) Network를 작성하시오.

② 공기를 10일 단축한 Network를 작성하시오.

③ 공기단축된 총 공사비를 산출하시오.

6점
19 다음 기초에 소요되는 철근, 콘크리트, 거푸집량을 산출하시오. (단, 이형철근 D16의 단위중량은 1.56kg/m, D13의 단위중량은 0.995kg/m이다.)

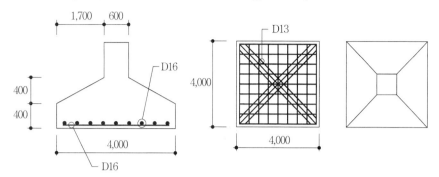

① 철근량(kg)
② 콘크리트량(m³)
③ 거푸집량(m²)

10점
20 아래 그림은 철근콘크리트조 경비실 건물이다. 주어진 평면도 및 단면도를 보고 C1, G1, G2, S1에 해당되는 부분의 1층과 2층 콘크리트량과 거푸집 면적을 산출하시오.

- 기둥단면(C1) : 30cm×30cm
- 보단면(G1, G2) : 30cm×60cm
- 슬래브 두께(S1) : 13cm
- 층고 : 단면도 참조

단, 단면도에 표기된 1층 바닥선 이하는 계산하지 않는다.

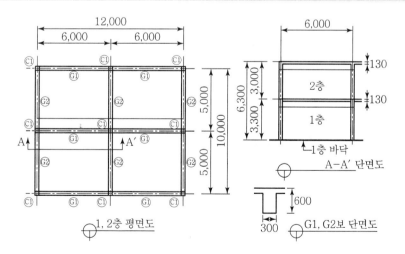

① 콘크리트량(m³)
② 거푸집 면적(m²)

3점
21 비중이 2.65이고 단위용적중량이 1,600kg/m³일 때 골재의 공극률(%)을 구하시오.

3점
22 그림과 같은 단순보에서 최대휨모멘트가 발생하는 지점의 위치는 A점으로부터 어느 곳에 있는가?

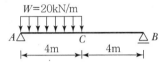

5점
23 다음 그림의 x축에 대한 단면 2차 모멘트를 구하시오.

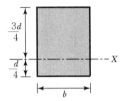

3점
24 그림과 같은 단순보의 단면에 생기는 최대전단응력도(MPa)를 구하시오. (단, 보의 단면은 300×500mm임)

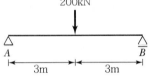

4점
25 그림과 같은 T형보의 중립축 위치(c)를 구하시오. (단, 보통중량콘크리트 $f_{ck} = 30$MPa, $f_y = 400$MPa, 인장철근 단면적 $A_s = 2,000$mm²)

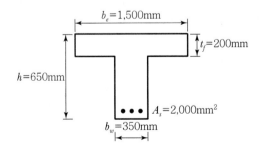

4점
01 Sheet 방수공법의 장단점을 각각 2가지 쓰시오.

3점
02 다음 설명이 뜻하는 콘크리트 명칭을 쓰시오.

① 콘크리트 면에 미장 등을 하지 않고, 직접 노출시켜 마무리한 콘크리트
② 부재 혹은 구조물의 치수가 커서 시멘트의 수화열에 의한 온도 상승을 고려해 설계·시공해야 하는 콘크리트
③ 콘크리트의 설계기준강도가 보통 콘크리트에서 40Mpa, 경량골재 콘크리트에서 27Mpa 이상인 콘크리트

4점
03 콘크리트 공사와 관련된 다음 용어를 간단히 설명하시오.

① 블리딩(Bleeding)
② 레이턴스(Laitance)

4점
04 다음 용어를 간단히 설명하시오.

① 부대입찰제도
② 대안입찰제도

4점
05 다음 용어를 설명하시오.

① 복층 유리
② 배강도 유리

5점
06 다음 용어를 설명하시오.

① 이음
② 맞춤

4점
07 다음 용어를 간단히 설명하시오.

① 스페이서(Spacer)
② 온도조절 철근

4점
08 SPS(Struct as Permanent System) 공법의 특징을 4가지 쓰시오.

4점
09 건축공사 표준시방서에서 방수공사 시 다음 기호의 뜻을 쓰시오.

① Pr
② Mi
③ Al
④ Th
⑤ In

3점
10 고강도 콘크리트의 폭열현상에 대하여 기술하시오.

4점
11 Access Floor의 지지방식을 4가지 쓰시오.

4점

12 각 색깔에 맞는 콘크리트용 착색재를 보기에서 찾아 번호로 쓰시오.

> ㉮ 카본블랙 ㉯ 군청
> ㉰ 크롬산 바륨 ㉱ 산화크롬
> ㉲ 제2산화철 ㉳ 이산화망간

① 초록색 – ( )

② 빨간색 – ( )

③ 노란색 – ( )

④ 갈색 – ( )

4점

13 다음의 미장공사와 관련된 용어에 대하여 설명하시오.

① 바탕처리

② 덧먹임

2점

14 비중이 2.65이고 단위용적중량이 1,600kg/m³일 때 골재의 공극률(%)을 구하시오.

4점

15 다음 용어의 정의를 쓰시오.

① 접합유리

② 로이(Low-E) 유리

3점

16 Two Envelope System(선기술 후가격협상제도)을 간략하게 설명하시오.

3점

17 철근콘크리트 공사를 하면서 철근간격을 일정하게 유지하는 이유를 3가지 쓰시오.

18. 주어진 데이터를 보고 다음 물음에 답하시오.

작업 기호	선행 작업	표준(Normal)		급속(Crash)		비고
		공기(일)	공비(원)	공기(일)	공비(원)	
A	없음	5	170,000	4	210,000	단축된 공정표에서 CP는 굵은 선으로 표기하고, 각 결합점에서는
B	없음	18	300,000	13	450,000	
C	없음	16	320,000	12	480,000	
D	A	8	200,000	6	260,000	
E	A	7	110,000	6	140,000	
F	A	6	120,000	4	200,000	로 표기한다.
G	D, E, F	7	150,000	5	220,000	

① 표준(Normal) Network를 작성하시오.

② 표준공기 시 총 공사비를 산출하시오.

③ 4일 단축된 총 공사비를 산출하시오.

19. 네트워크 공정표에서 작업상호 간의 연관관계만을 나타내는 명목상의 작업인 더미 (Dummy)의 종류를 3가지 쓰시오.

20. 그림과 같은 철근콘크리트보의 주근 절근량을 구하시오.(단, D22=3.04kg/m, 정작길 이는 인장근의 경우 40d, 압축근의 경우 25d로 하고 hook 길이와 할증률은 무시한다.)

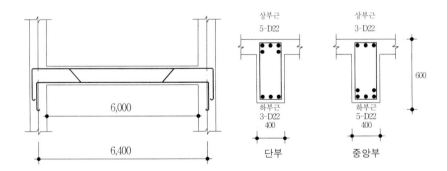

4점
21 다음 그림과 같은 설계조건에서 플랫슬래브 지판(드롭 패널)의 최소 크기와 두께를 산정하시오.(단, 슬래브 두께(ts)는 200mm이다.)

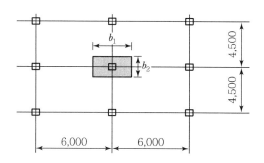

① 지판의 최소크기(b1 × b2)
② 지판의 최소두께

4점
22 강도설계법에서 기초판의 크기가 2m × 3m일 때 단변 방향으로의 소요 전체 철근량이 3,000mm²이다. 유효폭 내에 배근하여야 할 철근량을 구하시오.

3점
23 다음 그림은 L−100 × 100 × 7로 된 철골 인장재이다. 사용볼트가 M20(F10T, 표준구멍)일 때 인장재의 순단면적(mm²)을 구하시오.(단, 그림의 단위는 mm임)

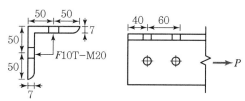

3점
24 그림과 같은 단순보의 최대휨응력은?

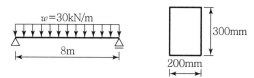

25 다음 구조물의 부정정 차수를 구하시오.

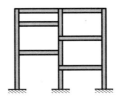

최신판
2022

길잡이
건축기사
실기 해설 및 해답

김우식 · 이중호 · 유민수

ENGINEER ARCHITECTURE

2권 **해설 및 해답** 과년도 기출문제 해설 및 해답 │ 실전 모의고사 해설 및 해답

- 2007년부터 지금까지의 기출문제를 제시하여 출제경향을 파악할 수 있도록 함으로써 짧은 시간에 효율 적인 학습이 가능하도록 하였다.

- 수험생이 직접 답을 작성할 수 있도록 책을 구성함으로써 경험을 축적하여 실전에 완벽하게 적용하고 시험장에서 바로 문제의 답을 연상할 수 있도록 하였다.

- 모의고사 5회를 첨가함으로써 기출문제를 학습한 후 한 번 더 자기 테스트를 할 수 있도록 하고, 마지막 시험 전 부족한 부분을 확인하여 실전에 임하도록 하였다.

예문사

최신판
2022

길잡이
건축기사
실기 해설 및 해답

김우식 · 이중호 · 유민수

예문사

차 례

제2권

과년도 기출문제 ┃ 해설 및 해답

실전 모의고사 ▎해설 및 해답

문제 01

가 – ①, 나 – ②, 다 – ③, 라 – ④, 마 – ⑤

문제 02

가. 장점
　① 입찰수속 간단
　② 공사기밀 유지
　③ 우량시공 기대
나. 단점
　① 공사금액 결정 불명확
　② 공사비 증대

문제 03

① 신장 녹떨기　　　　② 금긋기　　　　③ 절단
④ 조립　　　　　　　⑤ 용접

문제 04

1. 비판금지 : 다른 사람 아이디어에 대해서 절대로 비판하지 않는다.
2. 자유분방 : 자유로운 분위기에서 편안하게 발표한다.
3. 질보다 양 : 발언내용의 질에 관계없이 많이 발표한다.
4. 결합과 개선 : 아이디어의 결합과 조합을 통해 개선을 시도한다.

문제 05

① 공장첨가 유동화   ② 공장첨가 현장유동화   ③ 현장첨가 유동화

문제 06

1. 상부근 : $(6+40 \times 0.022 \times 2) \times 3 = 23.28\text{m}$
2. 하부근 : $(6+25 \times 0.022 \times 2) \times 3 = 21.3\text{m}$
3. 벤트근 : $(6+40 \times 0.022 \times 2+0.414 \times 0.5 \times 2) \times 2 = 16.348\text{m}$
   ∴ 전체 주근량 : $(23.28+21.3+16.348) \times 3.04 = 185.22\text{kg}$

문제 07

② → ① → ⑧ → ③ → ⑤ → ⑥ → ④ → ⑦

문제 08

JIT(Just In Time, 적시생산시스템)는 모든 생산과정에서 필요할 때, 필요한 것만을 필요한 만큼만 생산함으로써 생산시간을 단축하고 재고를 최소화하여 낭비를 없애는 시스템이다.

문제 09

가. 콘크리트량 : $1.8 \times 1.8 \times 0.4+\dfrac{0.5}{6}\{(2 \times 1.8+0.6) \times 1.8+(2 \times 0.6+1.8) \times 0.6\}= 2.08\text{m}^3$

나. 거푸집 : $\tan\theta = \dfrac{0.5}{0.6} = 0.83 > \tan 30° = 0.577$이므로 경사면 거푸집 필요

① 수직면 : $0.4 \times 2(1.8+1.8) = 2.88\text{m}^2$

② 경사면 : $\left(\dfrac{1.8+0.6}{2}\right) \times \sqrt{0.6^2+0.5^2} \times 4= 3.749\text{m}^2$

∴ 거푸집 면적 $= 2.88+3.749 = 6.63\text{m}^2$

문제 10

① 클 때   ② 많을 때
③ 적정 사용한다.   ④ 크게 한다.

문제 11

① 2중 널말뚝 공법   ② 현장타설 콘크리트말뚝공법
③ 강재 말뚝 공법   ④ 모르타르 및 약액주입법

문제 12

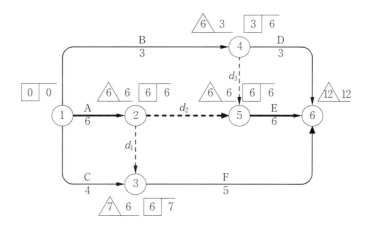

문제 13

가. 조립률 : 콘크리트에서 체가름 시험을 통해 골재의 입도를 나타내는 방법으로 각 체에 남은 골재량의 백분율(%) 누계 합을 100으로 나눈 값

나. 인트레인드 에어(Entrained Air) : AE제에 의한 독립된 미세한 기포로서 볼 베어링 역할을 하는 기포

다. 인트랩트 에어(Entrapped Air) : 일반 콘크리트에 자연적으로 상호연속된 부정형의 기포가 1~2% 정도 함유된 것

문제 14

가 - ④
나 - ①
다 - ②
라 - ③

문제 15

가. 일반시방서
나. 표준시방서
다. 공사시방서
라. 안내시방서

문제 16

① 390×190×190(mm)
② 390×190×150(mm)
③ 390×190×100(mm)

문제 17

표준형 벽돌 1.5B의 정미량은 224매/m²이므로
∴ 벽면적 1,000÷224＝4.46m²

문제 18

가. 히스토그램
나. 파레토도
다. 특성요인도

문제 19

가. CM for fee 방식 : 프로젝트 전반에 걸쳐 발주자의 컨설턴트 역할만을 수행하는 공사관리 계약방식
나. CM at Risk 방식 : 직접 공사를 수행하거나 전문시공자와 계약을 맺어 공사 전반을 책임지는 공사 관리 계약방식

문제 20

콜드 조인트(Cold Joint)

문제 21

① 평판재하시험
② 말뚝재하시험

문제 22

㉮ – ㉠, ㉯ – ㉤, ㉰ – ㉢, ㉱ – ①

문제 23

① 이음관(커플링)
② 클램프
③ 베이스 플레이트(Base Plate)

문제 24

가. 샌드 드레인(Sand Drain) 공법
나. 웰 포인트(Well Point) 공법

문제 25

① 단순화(Simplification)
② 규격화(Standardization)
③ 전문화(Specialization)

문제 01

제조설비를 갖춘 공장에서 제조해 주문자의 필요에 따라 필요장소에 운반해 사용하는 굳지 않은 콘크리트로 '레미콘'이라고도 한다.

문제 02

BOT 방식은 사회간접시설의 확충을 위해서 민간자본으로 시설물을 완성하고, 그 시설을 일정기간 동안 운영하여 투자자금을 회수한 후 발주자에게 그 시설을 인도하는 방식이다. 반면에 BTO 방식은 민간부분 주도하에 사회간접시설을 설계, 시공 후 소유권을 공공부분에 먼저 이양하고, 약정기간 동안 그 시설물을 운영하여 투자금액을 회수하는 방식이다.

문제 03

① 사전조사   ② 예비조사   ③ 추가조사

문제 04

⑥ → ④ → ① → ⑤ → ② → ③ → ⑦

문제 05

① 콘크리트의 시공성 확보   ② 재료분리 방지   ③ 소요강도 확보

문제 06

가. 5   나. 100   다. 14

문제 07

고력볼트 접합

문제 08

가. 공법의 명칭 : SGS(Structural Sealant Glazing System) 공법
나. 검토사항
   ① 풍압력, ② 온도 무브먼트, ③ 지진 시의 층간변위, ④ 유리중량 중에서 3가지

문제 09

가. 4   나. 60   다. AE

문제 10

⑤ → ⑥ → ⑦ → ④ → ① → ② → ③

문제 11

가. 소요량＝(0.5×0.6×0.004×7,850)×30개＝282.6kg
나. 스크랩량＝(1/2×0.5×0.25×0.004×7,850)×30개＝58.88kg

문제 12

가 － ②   나 － ①
다 － ④   라 － ③

문제 13

가 - ③   나 - ②   다 - ⑥

문제 14

① 콘크리트의 일정한 형상 및 치수유지
② 경화에 필요한 수분누출 방지
③ 외기의 영향 방지

문제 15

가. 파레토도 : 불량 등 발생 건수를 분류 항목별로 나누어 크기 순서대로 나열해 놓은 그림으로 불량의 원인 파악이 용이
나. 특성요인도 : 결과에 원인이 어떻게 관계하고 있는가를 한눈에 알 수 있도록 작성한 그림
다. 층별 : 집단을 구성하는 많은 Data를 어떤 특징에 따라 몇 개의 부분 집단으로 나눈 것
라. 산점도 : 서로 대응하는 2개의 짝으로 된 데이터를 그래프에 점으로 나타낸 그림

문제 16

가 - ③   나 - ②   다 - ⑤

문제 17

① 정보수집단계   ② 기능분석단계
③ 대체안 개발단계   ④ 실시단계

문제 18

가. 철근량
　① D16 : $4 \times 9 \times 2 \times 1.56 = 112.32$kg
　② D13 : $\sqrt{(4^2 + 4^2)} \times 3 \times 2 \times 0.995 = 33.77$kg
　∴ 철근량 : $112.32 + 33.77 = 146.09$kg

나. 콘크리트량

$$4 \times 4 \times 0.4 + \frac{0.4}{6} \{(2 \times 4 + 0.6) \times 4 + (2 \times 0.6 + 4) \times 0.6\} = 8.9\text{m}^3$$

다. 거푸집량

$$0.4 \times 2(4 + 4) = 6.4\text{m}^2$$

 19

가. 공정표

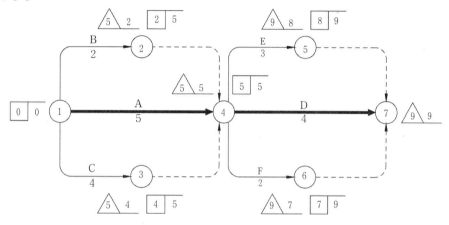

나. 여유시간

작업	TF	FF	DF	CP
A	0	0	0	*
B	3	3	0	
C	1	1	0	
D	0	0	0	*
E	1	1	0	
F	2	2	0	

 20

가. 앵글량(kg)

- L−65×65×6 : $(6.65 \times 2 + 7.65 \times 2 + 3.7) \times 2 \times 5.91 = 381.79\text{kg}$
- L−50×50×6 : $(1.2 + 2.3 + 2.45 + 3.1) \times 2 \times 2 \times 4.43 = 160.37\text{kg}$

나. 플레이트(PL−6)량(kg)

$$\{(0.3 \times 0.4 + 0.3 \times 0.3 + 0.5 \times 0.4 + 0.35 \times 0.35 + 0.4 \times 0.4) \times 2(\text{양쪽}) + 0.7 \times 0.5$$
$$+ 0.4 \times 0.4\} \times 46.1 = 87.36\text{kg}$$

문제 21

가. 수세식 보링　　　　　　나. 충격식 보링　　　　　　다. 회전식 보링

문제 22

가. 시멘트의 비중 : $\dfrac{질량}{부피} = \dfrac{64}{20.8 - 0.5} = 3.15$

나. 판정 : 합격($\because$ 3.15 > 3.10)

문제 23

가. 대형 패널 공법　　　　　　　　　나. Box식 공법
다. Tilt Up 공법　　　　　　　　　　라. Lift Slab 공법
마. 커튼월 공법

문제 24

① 열전도율이 낮아야 한다.(단열성)
② 흡수율이 작아야 한다.(흡수성)
③ 굴곡과 압축강도가 커야 한다.(강도)
④ 화재 시 유독가스가 발생하지 않아야 한다.(불연성)
⑤ 인체에 유해하지 않아야 한다.(유해성)

문제 25

가. 소모성 자원 : ① 자재, ② 자금
나. 내구성 자원 : ① 인력, ② 장비

문제 26

가. ① - 수산화칼슘, ② - 탄산칼슘
나. ③ - $Ca(OH)_2$, ④ - $CaCO_3$

문제 01

1. 터파기량(m^3)

$$터파기량 = \frac{h}{6}\{(2a+a')b+(2a'+a)b'\}$$

$$= \frac{1}{6}\{(2\times2.7+1.9)\times2.7+(2\times1.9+2.7)\times1.9\}=5.34m^3$$

2. 되메우기량(m^3)

되메우기량＝흙파기량－GL 이하 기초구조부 체적(기초판＋기둥)

① 기초판 : $1.5\times1.5\times0.4+\frac{0.2}{6}\{(2\times1.5+0.3)\times1.5+(2\times0.3+1.5)\times0.3\}=1.086m^3$

② 기둥 : $0.3\times0.3\times0.4=0.036m^3$

∴ 되메우기량＝$5.34-(1.086+0.036)=4.22m^3$

3. 잔토처리량(m^3)

$$잔토처리량=\left\{터파기량-\left(되메우기량\times\frac{1}{C}\right)\right\}\times L$$

$$=\left\{5.34-4.22\left(\frac{1}{C}\right)\right\}\times L=\left\{5.34-4.22\left(\frac{1}{0.9}\right)\right\}\times1.2=0.78m^3$$

문제 02

① 정초식 : 기초공사 완료 시에 행하는 의식
② 상량식 : 콘크리트조에서 지붕공사 완료 시에 행하는 의식

① 공정표

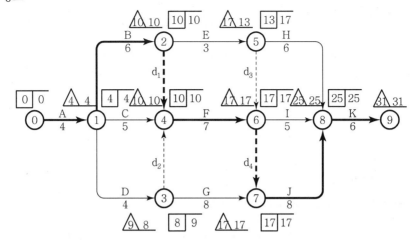

② 여유시간

작업	TF	FF	DF	CP
A	0	0	0	*
B	0	0	0	*
C	1	1	0	
D	1	0	1	
E	4	0	4	
F	0	0	0	*
G	1	1	0	
H	6	6	0	
I	3	3	0	
J	0	0	0	*
K	0	0	0	*

가. 수세식 보링　　　　　　　　나. 충격식 보링　　　　　　　　다. 회전식 보링

문제 05

가. 정의 : 공사 중에 높낮이의 기준이 되도록 건축물 인근에 설치하는 것

나. 주의사항

① 바라보기 좋고 공사에 지장이 없는 곳에 설치한다.

② 이동의 염려가 없는 곳에 설치한다.

③ 지반선(GL)에서 0.5~1m 위에 둔다.

④ 최소 2개소 이상 여러 곳에 표시해 두는 것이 좋다.

문제 06

① 벽끝   ② 모서리

③ 교차부   ④ 문꼴 주위

문제 07

콘크리트 타설 윗면으로부터 최대측압이 생기는 지점까지의 거리

문제 08

가. 파레토도 : 불량 등 발생 건수를 분류 항목별로 나누어 크기 순서대로 나열해 놓은 그림으로 불량의 원인 파악 용이

나. 특성요인도 : 결과에 원인이 어떻게 관계하고 있는가를 한눈에 알 수 있도록 자성한 그림

다. 층별 : 집단을 구성하는 많은 데이터를 어떤 특징에 따라 몇 개의 부분 집단으로 나눈 것

라. 산점도 : 서로 대응하는 2개의 짝으로 된 데이터를 그래프에 점으로 나타낸 그림

문제 09

가. 정의

① 혼화제 : 콘크리트의 성질을 개선하기 위해 비교적 소량 사용(시멘트 중량의 5% 미만)하는 것으로 배합설계 시 혼화제의 부피는 무시한다.

② 혼화재 : 콘크리트의 물성을 개선하기 위하여 비교적 다량 사용(시멘트 중량의 5% 이상)하는 것으로 배합설계 시 혼화재의 부피를 계산에 포함한다.

나. 종류

    ① 혼화제 종류 2가지 : 표면활성제(AE제, 감수제, AE감수제), 고성능 감수제, 유동화제, 응결경
      화 촉진제, 응결지연제, 방수제, 방청제, 방동제 중 2가지

    ② 혼화재 종류 2가지 : 고로슬래그, 플라이 애시, 실리카 품, 착색재, 팽창재 중 2가지

문제 10

쌍줄비계면적

$$A = (\sum \ell + 8 \times 0.9) \times H = (\sum \ell + 7.2) \times H = \{2(36 + 22) + 7.2\} \times 16.5 = 2{,}032.8 \text{m}^2$$

문제 11

$$b \geq 2 \times d_c + n \times D + (n-1) \cdot P$$

d_c : 피복두께 + 늑근 직경, n : 주근 개수, D : 주근 직경, P : 철근간격

P ① $4/3 \times 20 = 26.67$mm

    ② 25mm

    ③ $1.0 \times 16 = 16$mm

①, ②, ③ 중 큰 값 26.67mm를 이용

$400 \geq 2 \times 40 + n \times 16 + (n-1) \times 26.67 \rightarrow 8.13 \geq n$

∴ 철근 개수 n = 8개

문제 12

가. 예민비 : 점토에 있어서 함수율을 변화시키지 않고 이기면 약해지는 성질이 있는데 이러한 흙의
    이김에 의해서 약해지는 정도를 표시하는 것이다.

나. 지내력 시험 : 지반에 하중을 가하여 지반의 지지력을 파악하기 위한 재하시험(Loading Test)으로
    평판재하시험, 말뚝재하시험 등이 있다.

문제 13

가. 리드타임(Lead Time)   나. 공기조정   다. 비용구배(Cost Slope)

문제 14

가. 직접공사비   나. 일반관리비   다. 노무비

문제 15

서류상으로는 공동도급의 형태를 취하지만 실질적으로는 하도급 형태로 참여하거나 단순한 이익배당에만 참여하는 형태의 위장된 공동도급

문제 16

① 전면바름 마무리법   ② 나중채워넣기 중심바름법
③ 나중채워넣기 십자바름법   ④ 나중채워넣기법

문제 17

최소인장강도 10tonf/cm^2(또는 1kN/mm^2)

문제 18

가 – ⑤,   나 – ④,   다 – ②,   라 – ⑥

문제 19

가. 시공과정 중 휴식시간 등으로 응결하기 시작한 콘크리트에 새로운 콘크리트를 이어칠 때 일체화가
     저해되어 생기게 되는 줄눈
나. 시공상 콘크리트를 한 번에 계속하여 부어나가지 못하는 곳에 생기는 줄눈
다. 바닥판의 수축에 의한 표면균열방지를 목적으로 설치하는 줄눈
라. 기초의 부동침하와 온도·습도 변화에 따른 신축팽창을 흡수시킬 목적으로 설치하는 줄눈

문제 20

㉮ – ⑤,   ㉯ – ③,   ㉰ – ④,   ㉱ – ②,   ㉲ – ①,   ㉳ – ⑥

⑤ → ③ → ⑦ → ① → ④ → ⑥ → ②

가. 발주자는 설계에서 시공까지 건물의 요구성능만을 제시하고 시공자가 재료나 시공방법을 선택하여 요구성능을 실현하는 방식이다.

나. 건설의 전 과정에 걸쳐 프로젝트를 보다 효율적이고 경제적으로 수행하기 위하여 각 부문의 전문가들로 구성된 집단의 통합관리기술을 건축주(발주자)에게 서비스하는 것이다.

다. 건물의 초기 건설비로부터 유지관리, 해체에 이르는 건축물의 전 생애(Life Cycle)에 소요되는 제비용(Total Cost)으로서 건물의 경제성 평가에서 기준이 된다.

라. 공사의 실비를 건축주와 도급자가 확인, 정산하고 건축주는 미리 정한 보수율에 따라 도급자에게 보수액을 지불하는 방식이다.

공사발주 시 기술능력 우위업체를 선정하기 위한 방법으로 기술능력이 우수한 3개 업체를 선정하여 기술능력 점수가 우수한 업체 순으로 예정가격 내에서 입찰가를 협상하여 계약하는 방식

① 20   ② 20   ③ 6

① 소음이 적다.   ② 화재위험이 없다.

③ 접합부의 강성이 높다.   ④ 불량개소의 수정이 용이하다.

⑤ 현장시공 설비가 간단하다.   ⑥ 노동력이 절감되고 공기가 단축된다.

⑦ 피로강도가 높다.   ⑧ 조임이 정확하고 너트가 풀리지 않는다.

문제 01

① 보통 포틀랜드 시멘트
② 중용열 포틀랜드 시멘트
③ 조강 포틀랜드 시멘트
④ 저열 포틀랜드 시멘트
⑤ 내황산염 포틀랜드 시멘트

문제 02

㉮ → ㉣ → ㉯ → ㉰

문제 03

가. 트랜싯 믹스트 콘크리트
나. 슈링크 믹스트 콘크리트
다. 센트럴 믹스트 콘크리트

문제 04

① 떠붙임공법
② 개량 떠붙임공법
③ 압착공법
④ 개량 압착공법
⑤ 접착공법
⑥ 밀착(동시줄눈)공법

문제 05

가. AE제
나. 방청제
다. 기포제(발포제)

1. 단변방향

① 단부上 HD10 : $\left(\dfrac{1}{0.2}+1 \rightarrow 6개\right) \times 4 \times 2 = 48\text{m}$

② 단부下 HD10 : $\left(\dfrac{1}{0.2}+1 \rightarrow 6개\right) \times 4 \times 2 = 48\text{m}$

③ 중앙下 HD10 : $\left(\dfrac{4}{0.2}-1 \rightarrow 19개\right) \times 4 = 76\text{m}$

④ Bent HD13 : $\left(\dfrac{4}{0.2} \rightarrow 20개\right) \times 4 = 80\text{m}$

⑤ Top HD13 : $\left(\dfrac{4}{0.2}-1 \rightarrow 19개\right) \times 1 \times 2 = 38\text{m}$

2. 장변방향

① 단부上 HD10 : $\left(\dfrac{1}{0.25}+1 \rightarrow 5개\right) \times 6 \times 2 = 60\text{m}$

② 단부下 HD10 : $\left(\dfrac{1}{0.25}+1 \rightarrow 5개\right) \times 6 \times 2 = 60\text{m}$

③ 중앙下 HD10 : $\left(\dfrac{2}{0.2}-1 \rightarrow 9개\right) \times 6 = 54\text{m}$

④ Bent HD10 : $\left(\dfrac{2}{0.2} \rightarrow 10개\right) \times 6 = 60\text{m}$

⑤ Top HD13 : $\left(\dfrac{2}{0.2}-1 \rightarrow 9개\right) \times 1 \times 2 = 18\text{m}$

∴ 총 철근량 : $(48+48+76+60+60+54+60) \times 0.56 + (80+38+18) \times 0.995 = 362.68\text{kg}$

가. 정의

벽표면에서 침투하는 빗물에 의해 모르타르 중의 석회분이 유출되어 공기 중 탄산가스와 결합하면서 벽돌벽의 표면에 백색의 미세한 물질이 생기는 현상

나. 방지대책

① 소성이 잘된 벽돌을 사용한다.

② 줄눈 모르타르에 방수제를 혼합하고 밀실하게 사춤시킨다.

③ 벽면에 비막이를 설치한다.

④ 벽면에 파라핀 도료 등을 발라 방수처리를 한다.

문제 08

① 스피닝(spining)에 의한 방법
③ 원판, 반구형판을 용접

② 가열하여 구형으로 가공
④ 관 끝을 압착하여 용접 밀폐시키는 방법

문제 09

$$FM = \left\{\frac{1}{(1+2)}\right\} \times 3.2 + \left\{\frac{2}{(1+2)}\right\} \times 7 = 5.73$$

문제 10

⑥ → ② → ⑤ → ④ → ① → ⑧ → ⑩ → ⑦ → ⑨ → ③

문제 11

가. BOT 방식
다. BTO 방식

나. BOO 방식
라. 성능발주방식

문제 12

가. 비계기둥
다. 가새

나. 장선
라. 띠장

문제 13

① 중앙

② 하단

③ 상단

문제 14

① 기능은 올리고 비용은 내린다.
③ 기능은 일정하게 하고 비용은 내린다.
⑤ 기능은 약간 내리고 비용은 많이 내린다.

② 기능은 올리고 비용은 일정하게 한다.
④ 기능은 많이 올리고 비용은 약간 올린다.

가. 요철 또는 변형이 심한 개소를 고르게 덧바르거나 깎아내어 마감두께가 균등하게 되도록 조정하는 것
나. 바르기의 접합부 또는 균열의 틈새, 구멍 등에 반죽된 재료를 밀어 넣어 때우는 것

문제 **16**

① X선 및 γ선(방사선) 투과법 ② 초음파 탐상법
③ 침투수압법 ④ 자기분말 탐상법

문제 **17**

① 내화성 ② 내구성(방청)
③ 시공상 유동성 확보 ④ 적절한 응력 전달

문제 **18**

가. 공정표

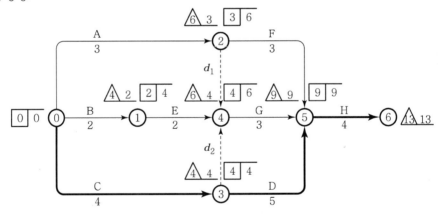

나. 여유시간

작업명	TF	FF	DF	CP
A	3	0	3	
B	2	0	2	
C	0	0	0	*
D	0	0	0	*
E	2	0	2	
F	3	3	0	
G	2	2	0	
H	0	0	0	*

문제 19

가. 소지질 : ① 도기질, ② 석기질, ③ 자기질
나. 용도 : ① 내장, ② 외장, ③ 바닥

문제 20

① 예비시험　　　　　　　　　　② 기밀시험
③ 정압수밀시험　　　　　　　　④ 동압수밀시험
⑤ 구조시험

문제 21

⑦ → ② → ⑤ → ⑥ → ① → ③ → ④

문제 22

① 80～180　　　　　　　② 60～150　　　　　　③ 4～6

ⓛ, ⓒ, ⓔ, ⓜ

① 웰 포인트 공법   ② 샌드 드레인 공법

③ 페이퍼 드레인 공법   ④ 생석회 말뚝공법

가. MCX : 주 공정상의 비용구배(Cost Slope)가 가장 작은 작업부터 단축하여 최소비용으로 공기를 단축하는 대표적인 공기단축기법

나. 특급점 : 직접비 곡선에서 특급비용과 특급공기가 만나는 점으로 아무리 비용을 투자해도 더 이상 공기를 단축할 수 없는 한계점

시방배합을 현장배합으로 고칠 경우에는 골재의 함수상태, 잔골재 중 5mm 체에 남는 양과 5mm 체를 통과하는 굵은 골재의 양 및 혼화재의 물에 희석한 양을 고려해야 한다. 여기에서 입도보정을 통한 현장배합 시 잔골재량과 굵은골재량을 구하는 공식은 다음과 같다.

$X = (100S - b(S+G))/(100 - (a+b))$

$Y = (100G - a(S+G))/(100 - (a+b))$

여기서, X = 입도조정에 의한 잔골재량(kg)

           Y = 입도조정에 의한 굵은골재량(kg)

           S = 시방배합의 잔골재량(kg)

           G = 시방배합의 굵은골재량(kg)

           a = 잔골재 중의 5mm 체 잔류율(%)

           b = 굵은골재 중의 5mm 체 통과율(%)

$\therefore Y = \{100 \times 700 - 0.1(300 + 700)\} \div \{100 - (0.1 + 0.1)\} = 700.4\text{kg}$

문제 01

① 변질부
② 용착금속부
③ 융합부

문제 02

① 줄눈을 방수적으로 시공
② 표면수밀재 붙임(타일 또는 돌붙임)
③ 표면 방수처리

문제 03

가. 사질토 : 웰포인트 공법
나. 점성토 : 샌드 드레인 공법, 페이퍼 드레인 공법

문제 04

① 공식 : $\tau = c + \sigma \tan\phi$
② 설명 : τ – 전단강도, c – 점착력, $\tan\phi$ – 마찰계수, ϕ – 내부마찰각, σ – 파괴면에 수직인 힘

문제 05

① Plan(계획)
② Do(실시)
③ Check(검토)
④ Action(조치)

가. 콘크리트량(m^3)
  ① 기둥 : $0.5 \times 0.5 \times (4-0.12) \times 10개 = 9.7m^3$
  ② $G_1 = 0.4 \times (0.6-0.12) \times 8.4 \times 2개 = 3.226m^3$
    $G_2(5.45m) = 0.4 \times (0.6-0.12) \times 5.45 \times 4개 = 4.186m^3$
    $G_2(5.5m) = 0.4 \times (0.6-0.12) \times 5.5 \times 4개 = 4.224m^3$
    $G_3 = 0.4 \times (0.7-0.12) \times 8.4 \times 3개 = 5.846m^3$
    $B_1 = 0.3 \times (0.6-0.12) \times 8.6 \times 4개 = 4.954m^3$
  ③ 슬래브 $= 9.4 \times 24.4 \times 0.12 = 27.523m^3$
∴ 콘크리트 량 = 기둥 + 보 + 슬래브 $= 59.66m^3$

나. 거푸집면적(m^2)
  ① 기둥 : $2(0.5+0.5) \times 3.88 \times 10개 = 77.6m^2$
  ② 보 : $G_1 = 0.48 \times 2 \times 8.4 \times 2개 = 16.128m^2$
    $G_2(5.45m) = 0.48 \times 2 \times 5.45 \times 4개 = 20.928m^2$
    $G_2(5.5m) = 0.48 \times 2 \times 5.5 \times 4개 = 21.12m^2$
    $G_3 = 0.58 \times 2 \times 8.4 \times 3개 = 29.232m^2$
    $B_1 = 0.48 \times 2 \times 8.6 \times 4개 = 33.024m^2$
  ③ 슬래브 $= (9.4 \times 24.4) + 2(9.4+24.4) \times 0.12 = 237.472m^2$
∴ 거푸집 면적 = 기둥 + 보 + 슬래브 $= 435.5m^2$

가. 메탈라스 : 얇은 철판에 자름금을 내어 당겨 늘린 것으로 미장바름에 사용
나. 펀칭메탈 : 얇은 철판에 각종 모양을 도려낸 것으로 장식용, 라디에이터 등에 사용

① 재료분리
② 공기량

가. 25 : 굵은골재 최대치수(mm)

나. 30 : 호칭강도(Mpa)

다. 210 : 슬럼프(mm)

가. 제치장 콘크리트

나. 매스(Mass) 콘크리트

다. 고강도 콘크리트

① 주위에 배수도랑을 설치하여 우수(雨水) 침입을 방지한다.

② 마루높이는 방습상 지면에서 30cm 이상으로 한다.

③ 출입구, 채광창 외에 공기의 유통을 막기 위해 되도록 개구부는 설치하지 아니한다.

④ 반입구, 반출구를 따로 두고 먼저 반입한 것을 먼저 사용한다.

⑤ 쌓기 높이는 13포 이하로 한다.(단, 장기 저장 시는 7포 이하)

㉠, ㉣, ㉤

가. 페코 빔   나. 워플 폼   다. 터널 폼

어떤 작업을 수행할 때 몇 개의 작업 팀을 구성하고 각 공구의 작업을 각 작업팀에 균형있게 배분하여 대기시간을 최소화하도록 계획하는 방법으로 주로 고층건물이나 공동주택과 같이 계속적으로 반복되는 작업에 적용된다. 산업공학에서는 라인 밸런싱(Line Balancing)이라고도 한다.

문제 15

수평선을 강조하는 창과 스팬드럴의 조합으로 이루어지는 방식

문제 16

① 일식도급
② 분담이행방식

문제 17

가. 공정표

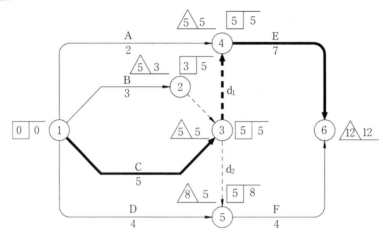

나. 여유시간

작업명	TF	FF	DF	CP
A	3	3	0	
B	2	2	0	
C	0	0	0	*
D	4	1	3	
E	0	0	0	*
F	3	3	0	

① 가새   ② 버팀대   ③ 귀잡이

표준형 벽돌 1.5B의 정미량은 224매/m²이므로

$\therefore$ 벽면적 $= 1,000 \div 224 = 4.46\text{m}^2$

Flange의 체적 $= 0.5 \times 0.1 \times 2(\text{양쪽}) \times 20 \times 20 = 40\text{m}^3$

Web의 체적 $= (1.2 - 0.1 \times 2) \times 0.025 \times 20 \times 20 = 10\text{m}^3$

$\therefore$ 총 중량 $= (40\text{m}^3 + 10\text{m}^3) \times 7.85\text{ton/m}^3 = 392.5\text{ton}$

액상화(Liquefaction)

한 켜는 마구리쌓기, 다음 켜는 길이쌓기로 하고, 모서리 벽 끝에는 이오토막을 사용하여 마무리하는 쌓기법으로 벽돌쌓기 중 가장 튼튼한 쌓기법이다.

가. Washington Meter : 콘크리트 속의 공기량을 측정하는 계기

나. Piezo Meter : 굴착에 따른 간극의 수압을 측정하는 계기

다. Earth pressure Meter : 주변 지반의 토압 변화를 측정하는 계기

라. Dispenser : AE제를 계량하는 분배기

문제 24

⑧ → ① → ⑩ → ④ → ⑦ → ⑥ → ⑨ → ② → ⑤ → ③

문제 25

① 슬래그 감싸들기   ② 언더 컷
③ 오버 랩   ④ 블로 홀
⑤ 크랙   ⑥ 피트
⑦ 용입 부족   ⑧ 크레이터

문제 26

가. 유리 : 1%   나. 시멘트벽돌 : 5%
다. 붉은벽돌 : 3%   라. 기와 : 5%

문제 01

① 영식쌓기   ② 화란식쌓기
③ 불식쌓기   ④ 미식쌓기

문제 02

① 원형깔기   ② 오늬무늬깔기
③ 바자무늬깔기   ④ 빗깔기
⑤ 일자깔기   ⑥ 바둑판깔기
⑦ 마름모깔기   ⑧ 화문깔기

문제 03

㉮ 프라이머 칠하기   ㉯ 시트 붙이기   ㉰ 마무리

문제 04

① 방습   ② 방음
③ 방한(단열)   ④ 방서

문제 05

① 뿜칠공법   ② 타설공법
③ 미장공법   ④ 조적공법

문제 06

$$\therefore ~ \textcircled{마} \rightarrow \textcircled{가} \rightarrow \textcircled{라} \rightarrow \textcircled{나} \rightarrow \textcircled{사} \rightarrow \textcircled{다} \rightarrow \textcircled{아} \rightarrow \textcircled{바} \rightarrow \textcircled{자}$$

문제 07

물시멘트비 $(\%) = \dfrac{\text{물의 중량(kg)}}{\text{시멘트 중량(kg)}}$ 이고, $V(\text{체적}) \times g(\text{비중}) = W(\text{중량})$ 이다.

또한 모래, 자갈의 중량 산출을 위한 각 재료의 체적은 다음과 같다.

1. 공기체적 $V_a = 1\% = 0.01 \text{m}^3$

2. 물체적 $V_w = \dfrac{W_w}{g_w} = \dfrac{0.16}{1} = 0.16 \text{m}^3$

3. 시멘트체적 $V_c = \dfrac{W_c}{g_c} = \dfrac{0.32}{3.15} = 0.102 \text{m}^3$

   ① 시멘트 중량 : $C(\text{시멘트 중량}) = \dfrac{W(\text{물의 중량})}{x(\text{물시멘트비})}$ 이므로 $\dfrac{160}{0.5} = 320 \text{kg/m}^3$

   ② 모래의 중량 : $W_s = V_s \times g_s$ 이므로 $\{1-(0.01+0.16+0.102)\} \times 0.4 \times 2.6 = 757 \text{kg/m}^3$

   ③ 자갈의 중량 : $W_g = V_g \times g_g$ 이므로 $\{1-(0.01+0.16+0.102)\} \times 0.6 \times 2.6 = 1,136 \text{kg/m}^3$

   ④ 물의 중량 : $W_W = V_W \times g_W$ 이므로 $160 \times 1 = 160 \text{kg/m}^3$

문제 08

가. 스캘럽(Scallop)

나. 메탈 터치(Metal Touch)

다. 엔드 탭(End Tab)

문제 09

가. 정의 : 기존 건물 가까이에 신축공사를 할 때 기존 건물의 지반과 기초를 보강하는 공법

나. 종류

   ① 2중 널말뚝 공법

   ② 현장 타설콘크리트 말뚝 공법

   ③ 강재 말뚝 공법

   ④ 모르타르 및 약액주입법

가. 박배   나. 마중대
다. 여밈대   라. 풍소란

1. 옥상방수면적 : $(7 \times 7) + (4 \times 5) + 0.43 \times 2(11+7) = 84.48 \text{m}^3$
2. 누름콘크리트량 : $\{(7 \times 7) + (4 \times 5)\} \times 0.08 = 5.52 \text{m}^3$
3. 보호벽돌량 : $0.35 \times 2\{(11-0.09) + (7-0.09)\} \times 75 \text{매/m}^2 \times 1.05 = 982.3 \rightarrow 983 \text{매}$

가. PQ제도
나. CM제도

① 비표면적 시험
② 체가름 시험

① 긴장재(Tendon)
② 쉬스(Sheath)
③ 그라우팅(Grouting)

가. 인트랩트 에어 : 일반 콘크리트에 자연적으로 상호연속된 부정형의 기포가 1~2% 정도 함유된 것
나. 배처플랜트 : 물, 시멘트, 골재 등의 콘크리트 각 재료를 정확하게 중량으로 계량하는 기계설비
다. 알칼리 골재반응 : 포틀랜드 시멘트 중의 알칼리 성분과 골재 등의 실리카 광물이 화학반응을 일으
    켜 팽창을 유발하는 반응으로 균열을 발생시켜 내구성을 떨어뜨린다.

문제 16

사회간접시설의 확충을 위해서 민간자본으로 시설물을 완성(Build)하고, 그 시설을 일정기간 동안 운영(Operate)하여 투자자금을 회수한 후 발주자에게 그 시설을 인도(Transfer)하는 방식

문제 17

① 맞댄용접   ② 0.7배

문제 18

점토지반의 대표적인 탈수공법으로 지름 40~60cm의 철관을 이용 모래말뚝을 형성한 후, 지표면에 성토하중을 가하여 점토질 지반을 압밀탈수하는 공법

문제 19

표준형 벽돌 1.5B의 정미량은 224매/m²이므로
∴ 20m² × 224매/m² = 4,480매

문제 20

가 - ②   나 - ①
다 - ③   라 - ④

문제 21

가 - ⑦   나 - ⑥   다 - ⑤

문제 22

고층 건물에서 건축구조물의 높이가 증가함에 따라 발생하는 기둥의 축소변위량으로 구조물의 안전성은 물론 건축마감재, 엘리베이터, 설비 등에 변형을 유발하며 건물의 기능 및 사용성을 저해한다.

문제 23

가. 액성한계　　　　　　　　　　　나. 소성한계

문제 24

① 120m³
② 3회(3조＝공시체 9개)
③ 3,000m³

문제 25

가. 공정표

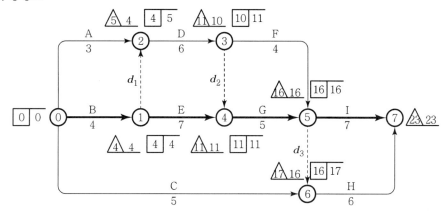

나. 여유시간

작업명	TF	FF	DF	CP
A	2	1	1	
B	0	0	0	*
C	12	11	1	
D	1	0	1	
E	0	0	0	*
F	2	2	0	
G	0	0	0	*
H	1	1	0	
I	0	0	0	*

문제 01

가. 표준 네트워크 공정표

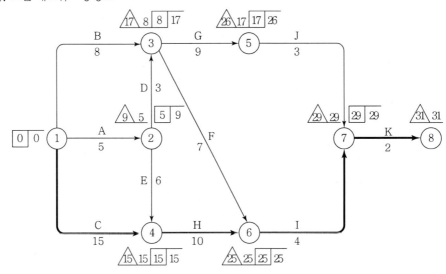

나. 공기단축된 네트워크 공정표

① 공기단축

경 로	1차 단축공기	2차 단축공기	3차 단축공기	4차 단축공기
B−G−J−K(22일)	22	22	22	21
B−F−I−K(21일)	21	21	19	18
A−D−G−J−K(22일)	22	22	22	21
A−D−F−I−K(21일)	21	21	19	18
A−E−H−I−K(27일)	24	24	22	21
C−H−I−K(31일)	28	24	22	21
단축작업 및 일수	H−3일	C−4일	I−2일	A, B, C−1일

② 단축된 네트워크 공정표

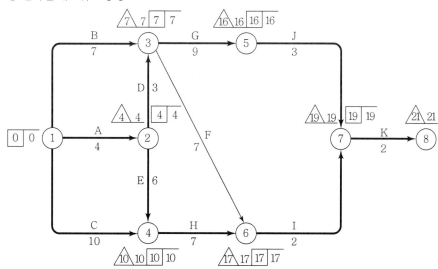

다. 총 공사비

추가비용＝A＋B＋5C＋3H＋2I＝10,000＋15,000＋45,000＋25,500＋19,000＝114,500

∴ 총 공사비＝1,000,000＋114,500＝1,114,500원

문제 02

① － ⑰   ② － ⑭   ③ － ㉮

문제 03

가. 오버 랩   나. 언더 컷
다. 슬래그 감싸들기   라. 블로 홀

문제 04

① 슬라이드 방식   ② 회전 방식   ③ 고정 방식

문제 05

① CIP 파일   ② PIP 파일   ③ MIP 파일

문제 06

콘크리트 타설 윗면으로부터 최대측압이 생기는 지점까지의 거리

문제 07

빌딩 바닥에 파이프나 전선 등의 설치 및 조작을 용이하게 하기 위한 이중 바닥 시스템으로 업무 능률 향상과 배선 보호가 주목적이다.

문제 08

가. 철근이 거푸집에 밀착하는 것을 방지하여 피복 간격을 확보하기 위한 간격재
나. 온도 변화에 따른 콘크리트의 수축으로 생긴 균열을 최소화하기 위한 철근

문제 09

⑥ → ④ → ⑤ → ③ → ② → ①

문제 10

가. 숏크리트 : 모르타르를 압축공기로 분사하여 시공하는 뿜칠 콘크리트 공법
나. 장점 : 시공성이 좋고, 가설공사비 감소
다. 단점 : 건조수축, 분진이 크고, 숙련공을 필요로 함

문제 11

가. 부어넣기 직후의 모르타르 또는 콘크리트에 포함된 시멘트풀 속의 시멘트에 대한 물의 중량 백분율
나. 아스팔트 양·부를 판정하는 데 가장 중요한 아스팔트의 경도를 나타내는 기준

가. 벽돌량

① 외벽(1.5B) : $2(20+6.5) \times 3.6 - (2.2 \times 2.4 + 0.9 \times 2.4 + 1.8 \times 1.2 \times 3 + 1.2 \times 1.2)$

$\qquad = 175.44\text{m}^2 \times 224\text{매}/\text{m}^2 \times 1.05 = 41,263.5 \rightarrow 41,264\text{매}$

② 내벽(1.0B) : $(6.5-0.29) \times 3.6 - (0.9 \times 2.1) = 20.466\text{m}^2 \times 149\text{매}/\text{m}^2 \times 1.05$

$\qquad = 3,201.9 \rightarrow 3,202\text{매}$

$\therefore \ (41,264 + 3,202) = 44,466\text{매}$

나. 미장면적

① 외벽 : $2(20.29 + 6.79) \times 3.6 - (2.2 \times 2.4 + 0.9 \times 2.4 + 1.8 \times 1.2 \times 3 + 1.2 \times 1.2)$

$\qquad = 179.616\text{m}^2$

② 내벽(창고 A) : $2(4.76 + 6.21) \times 3.6 - (0.9 \times 2.4 + 0.9 \times 2.1 + 1.2 \times 1.2) = 73.494\text{m}^2$

$\quad$ (창고 B) : $2(14.76 + 6.21) \times 3.6 - (2.2 \times 2.4 + 1.8 \times 1.2 \times 3 + 0.9 \times 2.1) = 137.334\text{m}^2$

$\therefore \ 179.616 + 73.494 + 137.334 = 390.44\text{m}^2$

$$t_e = \frac{t_0 + 4t_m + t_p}{6} = \frac{4 + 4 \times 5 + 6}{6} = 5\text{일}$$

(t_0 : 낙관시간치, t_m : 정상시간치, t_p : 비관시간치)

$$\text{공극률} = \frac{(G \times 0.999) - M}{G \times 0.999} \times 100 = \frac{(2.65 \times 0.999) - 1.6}{2.65 \times 0.999} \times 100\% = 39.56\%$$

(G : 비중, M : 단위용적 중량)

가. 다시비빔(Remixing) : 콘크리트나 모르타르가 아직 굳지 않았지만 비빈 후 상당한 시간이 경과한 후이거나 재료가 분리된 경우에 다시 비비는 것

나. 되비빔(Retempering) : 콘크리트나 모르타르가 엉기기 시작한 것을 다시 비비는 것

문제 16

① Washington Meter : 콘크리트 속의 공기량을 측정하는 계기
② Piezo Meter : 굴착에 따른 간극의 수압 측정
③ Earth Pressure Meter : 주변지반 토압의 변화 측정
④ Dispenser : AE제를 계량하는 분배기

문제 17

① 물·시멘트비가 적은 밀실한 콘크리트를 사용한다.
② 방청제를 사용하거나 염소이온을 적게 한다.
③ 콘크리트 표면에 수밀성이 높은 마감(라이닝 등)을 실시한다.
④ 피복두께를 충분히 확보한다.
⑤ 방청철근(에폭시수지 도장, 아연도금)을 사용한다.

문제 18

① 철근의 지름 차이가 6mm 초과인 경우   ② 철근의 재질이 서로 다른 경우
③ 항복점 또는 강도가 서로 다른 경우   ④ 강우 시, 강풍 시, 0℃ 이하

문제 19

① 5   ② 4

문제 20

㉮ 장점
　　① 조립분해가 생략되므로 인력절감   ② 이음부위 감소로 마감 단순화 및 비용절감
　　③ 기능공의 기능도에 좌우되지 않음   ④ 합판 교체 후 재사용 가능

㉯ 단점
　　① 초기 투자비 과다   ② 대형 양중장비 필요
　　③ 거푸집 조립시간 필요   ④ 기능공 교육 및 숙달기간 필요

① 콘크리트의 가로방향 변형 방지   ② 압축응력 증가
③ 기둥의 좌굴방지   ④ 주철근의 위치 확보

표본산술평균 $\overline{x} = \dfrac{42.26}{10} = 4.226$

변동 $S = (4.19 - 4.226)^2 + (4.17 - 4.226)^2 + (4.27 - 4.226)^2 + (4.80 - 4.226)^2 +$
$\qquad\quad (4.22 - 4.226)^2 + (4.47 - 4.226)^2 + (3.89 - 4.226)^2 + (4.28 - 4.226)^2 +$
$\qquad\quad (4.00 - 4.226)^2 + (3.97 - 4.226)^2 = 0.62784$

$\therefore$ 표본표준편차 $s = \sqrt{\dfrac{S}{n-1}} = \sqrt{\dfrac{0.62784}{10-1}} = 0.2641 \rightarrow 0.264$

$\therefore$ 변동계수 $CV = \dfrac{s}{x} \times 100 = \dfrac{0.264}{4.226} \times 100 = 6.25\%$

흡수량과 기건상태의 골재 내에 함유된 수량과의 차

① 스티프너(Stiffner)
② 띠판
③ 거싯플레이트(Gusset Plate)

① Prestress
② Tilt Up Method
③ Consistency

문제 01

각 재료의 전 길이에 단위중량(kg/m)을 곱하여 산출한다.

∴ 5m × 13.3kg/m × 2개 = 133kg

문제 02

① 초유동화 콘크리트의 워커빌리티를 측정하는 시험법
② 80mm, 40mm, 20mm, 10mm, 5mm, 2.5mm, 1.2mm, 0.6mm, 0.3mm, 0.15mm의 표준체를 따로 사용하여 체가름 시험을 하였을 때, 각 체에 남은 골재량의 백분율(%) 누계의 합을 100으로 나눈 값

문제 03

가. 프리텐션(Pre-tension) 방식 : PS강재에 미리 인장력을 가한 상태로 콘크리트를 넣고 경화한 후에 인장력을 풀어주는 방식
나. 포스트텐션(Post-tension) 방식 : 콘크리트 타설, 경화 후 미리 묻어둔 쉬스(Sheath) 내에 PS강재를 삽입하여 긴장시키고 정착한 다음 그라우팅하는 방식

문제 04

$$\text{비용구배(Cost Slope)} = \frac{\text{급속비용} - \text{정상비용}}{\text{정상공기} - \text{급속공기}}$$

가. 산출근거 : $A = \frac{(9,000 - 6,000)}{(4 - 2)} = 1,500$ 원/일

$B = \frac{(16,000 - 14,000)}{(15 - 14)} = 2,000$ 원/일

$C = \frac{(8,000 - 5,000)}{7 - 4} = 1,000$ 원/일

나. 작업순서 : C → A → B

① 컴프레솔 파일(Compressol Pile)   ② 심플렉스 파일(Simplex Pile)
③ 레이몬드 파일(Raymond Pile)   ④ 페데스탈 파일(Pedestal Pile)
⑤ 프랭키 파일(Franky Pile)   ⑥ 베노토 공법
⑦ 어스드릴 공법   ⑧ ICOS 공법
⑨ RCD 공법   ⑩ CIP 공법
⑪ PIP 공법   ⑫ MIP 공법

① 흙막이 벽의 타입깊이를 늘린다.
② 웰 포인트로 지하수위를 낮춘다.
③ 약액주입 등으로 굴착지면의 지수(止水)를 한다.

① 붕괴하중＝800N/mm^2×390mm×190mm＝59,280,000N
② 1초당 가압하중＝20N/mm^2×390mm×190mm＝1,482,000N
③ 붕괴시간＝59,280÷1,482＝40초

① V(Value) : 가치   ② F(Function) : 기능   ③ C(Cost) : 비용

프랑스 베노토 회사에서 개발한 대구경 굴삭기(Hammer Grab)를 써서 케이싱을 삽입하고 내부에 콘크리트를 채워 제자리 콘크리트 말뚝을 만드는 All Casing 공법

콘크리트에 일정한 하중이 계속 작용하면 하중의 증가 없이도 시간과 더불어 변형이 증가하는 현상

    ① 2　　　　　　　　　　　　　　　② 3

    ③ 3　　　　　　　　　　　　　　　④ 6

    ① 섬유포화점 이상에서는 강도가 일정함

    ② 섬유포화점 이하에서는 함수율에 따른 강도의 변화가 급속히 이루어짐

    도급비용은 실비비율보수 가산식(A+Af)으로 계산

    (A : 공사실비, f : 비율)

    ∴ 도급비용＝A(90,000,000)＋Af(90,000,000×0.15)＝103,500,000원

    ① 지하와 지상 동시 작업으로 공기 단축

    ② Slab 밑에서 작업하므로 전천후 시공 가능

    ③ 1층 바닥 선시공으로 작업공간 활용 가능

    ④ 주변지반 및 인접건물에 악영향 적음

    ⑤ 소음 및 진동이 적어 도심지 공사에 적합

    ⑥ 흙막이 안전성이 높음

    ① 습식공법 : 콘크리트나 모르타르와 같이 물을 혼합한 재료를 타설 또는 미장 등의 공법으로 부착하는
       내화피복공법

    ② 종류 : 뿜칠공법, 타설공법, 미장공법, 조적공법

    ③ 사용재료 : 콘크리트, 경량콘크리트, 철망모르타르, 철망 펄라이트 모르타르, 벽돌, 블록, 돌

① 목적 : 연약점토층의 수분을 탈수시켜 지반의 경화개량을 도모
② 방법
    ㉮ 지름 40~60cm 정도의 철관을 적당한 간격으로 때려 박는다.
    ㉯ 철관 속에 모래를 다져 넣어 모래말뚝을 형성한다.
    ㉰ 지표면에 성토하중을 가하여 모래말뚝을 통해서 수분을 탈수시킨다.

가. ① 중앙부 굴착   ② 중앙부 기초구조물 축조
    ③ 버팀대 설치   ④ 주변부 흙파기
나. ① 주변부 흙파기   ② 버팀대 설치
    ③ 주변부 기초 구조물 축조   ④ 중앙부 굴착

① 오거 보링   ② 수세식 보링
③ 충격식 보링   ④ 회전식 보링

① AE(Air Entraining Agent)제의 성능과 더불어 감수효과를 증대시킨 혼화제
② 믹싱 플랜트 고정믹서에서 어느 정도 비빈 것을 트럭믹서에 실어 운반도중 완전히 비비는 것

문제 20

가. 공정표

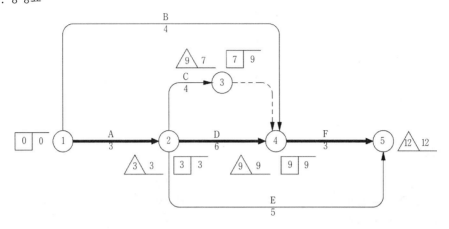

나. 공기단축 시 총 공사비 산출(SAM 기법)

경로 작업	A-E	A-D-F	A-C-F	B-F	비용구배	공기단축	추가비용
A	60,000/1	60,000/1	60,000/1		60,000원/일	0	0
B				10,000/2	10,000원/일	0	0
C			40,000/ 1(1)		40,000원/일	1	40,000
D		10,000/ 3(3)			10,000원/일	3	30,000
E	35,000/2				35,000원/일	0	0
F		40,000/ 1(1)	40,000/ 1(1)	40,000/ 1(1)	40,000원/일	1	40,000
공기	8	8	8	6			110,000

∴ 총 공사비 = 정상공사비 + 추가공사비 = 420,000 + 110,000 = 530,000원

문제 21

① 광명단   ② 산화철 녹막이 도료
③ 징크로메이트 도료   ④ 아연분말 도료

① 워커빌리티가 우수하다.
② 블리딩 및 재료분리에 대한 저항성이 우수하다.
③ 강도(휨, 인장, 전단, 장기)가 뛰어나다.
④ 내동결융해성, 내후성이 양호하다.
⑤ 내약품성이 뛰어나다.
⑥ 건조수축이 감소한다.
⑦ 크리프가 적다.

설계볼트장력은 고력볼트의 설계 시 허용전단력을 구하기 위해서 사용되며, 현장시공에서는 설계볼트장력보다 큰 표준볼트 장력을 목표로 설계볼트장력에 10%를 할증한 표준볼트장력으로 조임을 실시한다.

① Rock Anchor를 기초 저면 암반까지 정착시킨다.
② 부력에 대항하도록 구조물의 자중을 증대시킨다.
③ 배수공법을 이용하여 지하수위를 저하시킨다.
④ 마찰말뚝을 이용하여 마찰력을 증대시킨다.
⑤ 인접건물에 긴결시켜 수압상승에 대처한다.
⑥ Braket을 설치하여 상부 매립토 하중으로 수압에 저항한다.

문제 01

① 공극률 $= \dfrac{G \times 0.999 - M}{G \times 0.999} \times 100(\%) = \dfrac{2.65 \times 0.999 - 1.8}{2.65 \times 0.999} \times 100 = 31.998\%$ $\therefore$ 32%

② 실적률 $= 100\% - 32\% = 68\%$

※ 실적률 $= \dfrac{M}{G \times 0.999} \times 100(\%) = \dfrac{1.8}{2.65 \times 0.999} \times 100 = 68\%$

문제 02

① F(Fully Bonded) : 바탕에 전면 밀착시키는 공법

② M(Mechanical Fastened) : 바탕과 기계적으로 고정시키는 방수층

③ S(Spot Bonded) : 바탕에 부분적으로 밀착시키는 공법

④ U(Underground) : 지하에 적용하는 방수층

⑤ T(Thermal Insulated) : 바탕과의 사이에 단열재를 삽입한 방수층

⑥ W(Wall) : 외벽에 적용하는 방수층

문제 03

3N/mm²($=$MPa)

문제 04

결과에 원인이 어떻게 관계하고 있는가를 한눈에 알 수 있도록 작성한 그림

문제 05

① 융자력 증대　　　　　　　　　② 위험의 분산
③ 시공의 확실성　　　　　　　　④ 공사도급 경쟁 완화 수단
⑤ 상호기술의 확충

문제 06

① 사질토 : 웰 포인트 공법
② 점성토 : 샌드 드레인 공법, 페이퍼 드레인 공법

문제 07

1. D22 : $(3.6+25 \times 0.022) \times 4 \times 3.04 = 50.464 \text{kg}$
2. D19 : $(3.6+25 \times 0.019) \times 8 \times 2.25 = 73.35 \text{kg}$
3. D10 : $2(0.6+0.6) \times (1.8 \div 0.15 + 1.8 \div 0.3 + 1) \times 0.56 = 25.536 \text{kg}$
∴ 총 철근량 : $50.464 + 73.35 + 25.536 = 149.35 \text{kg}$

문제 08

파워셔블 시간당 작업량 $Q = \dfrac{3,600 \times q \times k \times f \times E}{C_m}$

∴ $Q = \dfrac{3,600 \times 0.8 \times 0.8 \times 1.28 \times 0.83}{40} = 61.19 \text{m}^3/\text{hr}$

문제 09

가. 도막방수 : 도료상의 방수제를 여러 번 칠하여 상당한 두께의 방수막을 형성하는 공법
나. 시트방수 : 합성고무 또는 합성수지를 주성분으로 하는 시트 1겹을 접착제로 바탕에 붙여서 방수층을 형성하는 공법

문제 10

① Pre-cooling : 콘크리트 재료의 일부 또는 전부를 냉각시켜 타설온도를 낮추는 방법
② Pipe Cooling : 콘크리트 타설 전 Pipe를 배관하여 냉각수를 순환시켜 콘크리트의 온도를 낮추는 방법

문제 11

㉯, ㉰, ㉭

문제 12

① 절대건조상태　　　　　　　　　② 기건상태
③ 습윤상태　　　　　　　　　　　④ 흡수량
⑤ 표면수량

문제 13

① 이음 : 재의 길이 방향으로 부재를 길게 접합하는 것
② 맞춤 : 부재를 서로 경사 또는 직각으로 접합하는 것
③ 쪽매 : 재를 섬유방향과 평행으로 옆대어 붙이는 것

문제 14

① 쌍줄비계 면적 : $A = (\sum \ell + 0.9 \times 8) \times H$
　　벽 외면에서 90cm 거리의 지면에서 건물높이까지의 외주면적
② 외줄비계 면적 : $A = (\sum \ell + 0.45 \times 8) \times H$
　　벽 외면에서 45cm 거리의 지면에서 건물높이까지의 외주면적

문제 15

1. 운반 모래 중량＝8×1,600＝12,800kg
2. 40kg의 질통으로 운반 시 운반횟수 : 12,800÷40＝320회
3. 질통으로 1왕복 시 소요시간 : 상하차 시간＋운반소요시간×2(왕복)＝2＋(150÷60)×2＝7분

4. 1일 1인 운반횟수 = $\dfrac{8시간 \times 60분}{7}$ = 68회

5. 총 인부 수 = $\dfrac{320회}{68회}$ = 4.71 → 5명

① 시공연도 개선   ② 단위수량 감소

③ 동결융해 저항성 증가   ④ Bleeding 감소

⑤ 알칼리 골재반응 억제   ⑥ 재료분리 감소

① 300   ② 90   ③ 5

① $\dfrac{4}{3}$ ② 25   ③ 1.0

① Mullion System, Panel System, Cover System

② Unit Wall 방식, Stick Wall 방식, Window Wall 방식

㉮ 스페이서(Spacer)   ㉯ 세퍼레이터(Separator)

㉰ 와이어 클리퍼(Wire Clipper)   ㉱ 인서트(Insert)

㉲ 폼타이(Form Tie)

① 베인 테스트(Vane Test)   ② 아스팔트 컴파운드

문제 22

구 분	안방수	바깥방수
① 사용환경	수압이 적고 얕은 지하실	수압이 크고 깊은 지하실
② 공사시기	자유롭다.	본 공사에 선행한다.
③ 내수압성	작다.	크다.
④ 경제성	싸다.	고가이다.
⑤ 보호누름	필요하다.	없어도 무방하다.

문제 23

① t_0 : 낙관시간, t_m : 정상시간, t_p : 비관시간

② $t_e = \dfrac{t_0 + 4t_m + t_p}{6} = \dfrac{4 + 4 \times 7 + 8}{6} = 6.67$일 → 7일

문제 24

① 소음이 적다.   ② 화재위험이 없다.

③ 접합부의 강성이 높다.   ④ 불량 개소의 수정이 용이하다.

⑤ 현장 시공 설비가 간단하다.   ⑥ 노동력이 절감되고 공기가 단축된다.

⑦ 피로강도가 높다.   ⑧ 조임이 정확하고 너트가 풀리지 않는다.

문제 25

① $\bar{x} = \dfrac{460 + 540 + 450 + 490 + 470 + 500 + 530 + 480 + 490}{9} = 490$

② $S = (460 - 490)^2 + (540 - 490)^2 + (450 - 490)^2 + (490 - 490)^2 + (470 - 490)^2$
$+ (500 - 490)^2 + (530 - 490)^2 + (480 - 490)^2 + (490 - 490)^2 = 7,200$

③ $s^2 = \dfrac{S}{n-1} = \dfrac{7,200}{9-1} = 900$

④ $s = \sqrt{s^2} = \sqrt{900} = 30$

문제 01

가. 기준점 : 공사 중에 높낮이의 기준이 되도록 건축물 인근에 설치하는 것

나. 방호선반 : 작업 중 재료나 공구 등의 낙하로 인한 피해를 방지하기 위하여 강판 등의 재료를 사용하여 비계 내측 및 외측 그리고 낙하물의 위험이 있는 장소에 설치하는 가설물

문제 02

① 2중 널말뚝공법

② 현장타설 콘크리트 말뚝공법

③ 강재 말뚝공법

④ 모르타르 및 약액 주입법

문제 03

벽과 바닥의 콘크리트 타설을 일체화하기 위한 ㄱ자 또는 ㄷ자형의 기성재 거푸집으로 아파트 공사에 주로 사용

문제 04

건물의 초기건설비로부터 유지관리, 해체에 이르기까지 건축물의 전 생애에 소요되는 총비용으로서 건물의 경제성 평가의 기준

문제 05

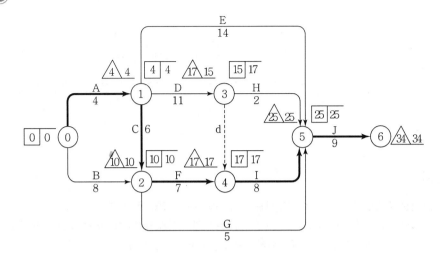

문제 06

S-Curve는 공정계획선의 상하에 허용한계선을 표시하여 그 한계 내에 들어가게 공정을 조정하는 것으로 공정의 진척 정도를 표시하는 데 활용

문제 07

① 콘크리트의 시공성 확보
② 재료분리 방지
③ 소요강도 확보

문제 08

가. Pr : 보행 등에 견딜 수 있는 보호층이 필요한 방수층(Protected)
나. Mi : 최상층에 모래 붙은 루핑을 사용한 방수층(Mineral Surfaced)
다. Al : 바탕이 ALC 패널용의 방수층
라. Th : 방수층 사이에 단열재를 삽입한 방수층(Thermal Insulated)
마. In : 실내용 방수층(Indoor)

(1) 장점
　　① 과다경쟁방지
　　② 부실시공방지(우량시공 기대)
　　③ 건설업체 전문화
(2) 단점
　　① 심사기준 미정립
　　② 등록 서류 복잡
　　③ 대기업 유리, 중소기업 불리

(1) 정의
　　포틀랜드 시멘트 중의 알칼리 성분과 골재 등의 실리카 광물이 화학반응을 일으켜 팽창을 유발하는
　　반응으로 균열을 발생시켜 내구성을 저하시킨다.
(2) 방지대책
　　① 저알칼리(고로슬래그, 플라이애시) 시멘트 사용
　　② 비반응성 골재 사용
　　③ 수분의 흡수방지
　　④ 염분의 침투방지
　　⑤ 콘크리트에 포함되어 있는 알칼리 총량을 저감

① 슬럼프가 클수록
② 부배합일수록
③ 부어넣기 속도가 빠를수록
④ 벽 두께가 두꺼울수록
⑤ 습도가 높을수록
⑥ 온도가 낮을수록
⑦ 다짐이 과다할수록
⑧ 거푸집 강성이 클수록
⑨ 철골 또는 철근량이 적을수록

불교란 시료채취가 불가능한 사질지반에서 지반의 밀실도를 측정할 때 사용되는 방법으로 무게 63.5kg의 추를 높이 75cm에서 낙하시켜 표준관입용 샘플러를 30cm 때려 박는 데 소요되는 타격횟수 N값을 측정하여 사질지반의 밀실도 측정

문제 **13**

① 접착성 　　　　　　　② 내구성 　　　　　　　③ 비오염성

문제 **14**

① 방부제 칠하기(도포법) : 방부제(크레오소트, 콜타르 등)를 표면에 바르는 것
② 표면탄화법 : 목재 표면을 불로 태워서 처리하는 것
③ 침지법 : 목재 방부액(크레오소트, PCP)에 장기간 담가두는 것
④ 가압주입법 : 방부제 용액을 고기압으로 가압 주입하는 것

문제 **15**

②, ⑤, ④, ③, ①

문제 **16**

점토질지반의 대표적인 탈수공법으로 지반지름 40~60cm 구멍을 뚫고 모래를 넣은 후, 성토 및 기타 하중을 가하여 점토질 지반을 압밀함으로써 탈수하는 공법

문제 **17**

(가) 서머콘(Thermo-Con)
(나) 진공 콘크리트(Vaccum Concrete)
(다) 프리팩트 콘크리트(Prepacked Concrete)

① 10m ② 80m²

줄기초의 총 길이는 $22 \times 2 + 8 \times 2 + 14 \times 3 + 6 = 108$m이며 ㅁ자형 교차부 6개소에서는 중복치수를 고려해야 한다.

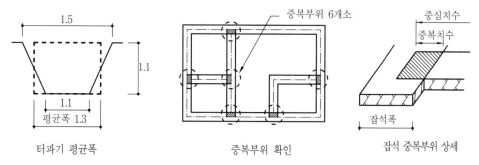

터파기 평균폭   중복부위 확인   잡석 중복부위 상세

1. 터파기량

$$V = 평균폭 \times 기초깊이 \times \left(총 \ 길이 - \frac{평균폭}{2} \times 중복부위 \ 개소\right)$$

$$= 1.3 \times 1.1 \times \left(108 - \frac{1.3}{2} \times 6\right) = 148.86 \text{m}^3$$

2. 기초구조부 체적(GL 이하)

① 잡석량 $S_1 = 1.1 \times 0.2 \times \left(108 - \frac{1.1}{2} \times 6\right) = 23.034 \text{m}^3$

② 기초판 콘크리트 $S_2 = 0.9 \times 0.2 \times \left(108 - \frac{0.9}{2} \times 6\right) = 18.954 \text{m}^3$

③ 기초벽 콘크리트 $S_3 = 0.3 \times 0.7 \times \left(108 - \frac{0.3}{2} \times 6\right) = 22.491 \text{m}^3$

$\therefore \ S = S_1 + S_2 + S_3 = 64.48 \text{m}^3$

3. 되메우기량

$V - S = 148.86 - 64.48 = 84.38 \text{m}^3$

4. 잔토처리량

$S' = S \times 1.2 = 64.48 \times 1.2 = 77.38 \text{m}^3$

문제 20

옥상 8층 아스팔트 방수공사의 표준 시공순서

① 1층 : 아스팔트 프라이머 ② 2층 : 아스팔트
③ 3층 : 아스팔트 펠트   ④ 4층 : 아스팔트
⑤ 5층 : 아스팔트 루핑   ⑥ 6층 : 아스팔트
⑦ 7층 : 아스팔트 루핑   ⑧ 8층 : 아스팔트

문제 21

① 기본블록   ② 반블록
③ 한마구리평블록   ④ 양마구리평블록
⑤ 창대블록   ⑥ 인방블록
⑦ 창쌤블록   ⑧ 가로근용 블록

문제 22

기획, 설계, 계약, 시공, 유지관리 등 건설의 생산활동 전 과정의 정보를 전자화하고, 발주자 및 건설관련자가 정보 Network를 통하여 신속하게 교환, 공유, 연계함으로써 공기단축, 비용절감, 품질향상 등을 이루어 내는 통합정보시스템

문제 23

소요 레미콘 대수 $= \dfrac{0.15 \times 100 \times 6}{7} = 12,857 \doteqdot 13$대

배차간격 $= \dfrac{8 \times 60}{13} = 36.923$분 $\doteqdot 37$분

문제 24

(1) 코너비드
벽, 기둥 등의 모서리는 손상되기 쉬우므로 별도의 마감재를 감아대거나 미장면의 모서리를 보호하면서 벽, 기둥 마무리를 하는 보호용 재료
(2) 차폐용 콘크리트
원자로, 의료용 조사실 등에서 방사선을 차단할 목적으로 비중(2.5~6.9)을 크게 한 콘크리트

문제 25

⑤, ②, ①, ④ ,③

문제 26

가. 표면처리법 : 미세한 균열에 적용되는 공법으로 균열부위에 시멘트 페이스트 등으로 도막을 형성하
는 공법

나. 주입공법 : 균열 부위에 주입용 파이프를 적당한 간격으로 설치하고 저점성의 에폭시 수지 등을
주입하는 공법

문제 01

1. 전체 콘크리트 물량

① 기둥 : $0.5 \times 0.5 \times (4-0.12) \times 10$개 $= 9.7\text{m}^3$

② $G_1 = 0.4 \times (0.6-0.12) \times 8.4 \times 2$개 $= 3.226\text{m}^3$

$G_2(5.45\text{m}) = 0.4 \times (0.6-0.12) \times 5.45 \times 4$개 $= 4.186\text{m}^3$

$G_2(5.5\text{m}) = 0.4 \times (0.6-0.12) \times 5.5 \times 4$개 $= 4.224\text{m}^3$

$G_3 = 0.4 \times (0.7-0.12) \times 8.4 \times 3$개 $= 5.846\text{m}^3$

$B_1 = 0.3 \times (0.6-0.12) \times 8.6 \times 4$개 $= 4.954\text{m}^3$

③ 슬래브 $= 9.4 \times 24.4 \times 0.12 = 27.523\text{m}^3$

∴ 콘크리트 물량 = 기둥 + 보 + 슬래브 $= 59.66\text{m}^3$

2. 전체 거푸집 면적

① 기둥 : $2(0.5+0.5) \times 3.88 \times 10$개 $= 77.6\text{m}^2$

② 보 : $G_1 = 0.48 \times 2 \times 8.4 \times 2$개 $= 16.128\text{m}^2$

$G_2(5.45\text{m}) = 0.48 \times 2 \times 5.45 \times 4$개 $= 20.928\text{m}^2$

$G_2(5.5\text{m}) = 0.48 \times 2 \times 5.5 \times 4$개 $= 21.12\text{m}^2$

$G_3 = 0.58 \times 2 \times 8.4 \times 3$개 $= 29.232\text{m}^2$

$B_1 = 0.48 \times 2 \times 8.6 \times 4$개 $= 33.024\text{m}^2$

③ 슬래브 $= (9.4 \times 24.4) + 2(9.4+24.4) \times 0.12 = 237.472\text{m}^2$

∴ 거푸집 물량 = 기둥 + 보 + 슬래브 $= 435.5\text{m}^2$

3. 시멘트, 모래, 자갈량

① 시멘트량(포대 수) : $\dfrac{37.5}{V}=\dfrac{37.5}{6.72}=5.58$

∴ $5.58 \times 59.66 = 332.9 \rightarrow 333$(포대)

② 모래량(m³) : $\dfrac{m}{V}=\dfrac{3}{6.72}=0.446$

∴ $0.446 \times 59.66 = 26.61$(m³)

③ 자갈량(m³) : $\dfrac{n}{V}=\dfrac{6}{6.72}=0.893$

∴ $0.893 \times 59.66 = 53.28$(m³)

문제 02

① 공정표

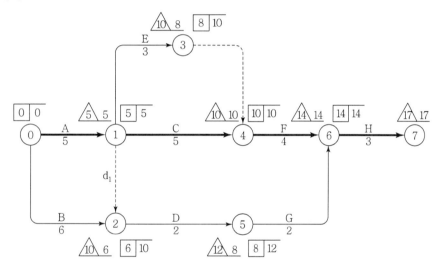

② 여유시간

작업명	TF	FF	DF	CP
A	0	0	0	*
B	4	0	4	
C	0	0	0	*
D	4	0	4	
E	2	2	0	
F	0	0	0	*
G	4	4	0	
H	0	0	0	*

③ 횡선식 공정표(Bar Chart)

작업 \ 일수	1	2	3	4	5	6	7	8	9	10	11	12	13	14	15	16	17	비고
A	■	■	■	■	■													
B	■	■	■	■	■	■	┈	┈										
C						■	■	■	■	■								
D							■	■										
E						■	■	■	□	□								
F											■	■	■	■				
G									■	■	□	□	□	□				
H															■	■	■	

문제 03

부재 길이의 변화량 $= 1.0 \times 10^{-5}/\text{℃} \times 10\text{℃} \times 1{,}000\text{cm} = 0.1\text{cm}$

문제 04

① 갱폼(Gang Form) ② 클라이밍 폼(Climbing Form)
③ 슬라이딩 폼(Sliding Form) ④ 슬립 폼(Slip Form)

문제 05

① 타격방향에 대한 보정 ② 재령에 대한 보정
③ 응력상태에 따른 보정 ④ 건조상태에 따른 보정

문제 06

②, ⑤, ⑧

문제 07

① $390 \times 190 \times 190$(mm)
② $390 \times 190 \times 150$(mm)
③ $390 \times 190 \times 100$(mm)

문제 08

가. 레이턴스(Laitance) : 콘크리트를 부어넣은 후 블리딩 수(水)의 증발에 따라 그 표면에 발생하는 백색의 미세한 물질
나. 콜드조인트(Cold Joint) : 콘크리트 작업관계로 경화된 콘크리트에 새로 콘크리트를 타설한 경우 일체화가 저해되어 생기는 줄눈
다. 모세관 공극(Capillary Cavity) : 콘크리트 입자들 사이에 발생하는 모세관 모양의 불연속 공극
라. 크리프(Creep) : 콘크리트에 일정한 하중이 계속 작용하면 하중의 증가 없이도 시간과 더불어 변형이 증가하는 현상

문제 09

가. 장점
   ① 조립 분해가 생략되므로 인력절감
   ② 이음부위 감소로 마감 단순화 및 비용절감
   ③ 기능공의 기능도에 좌우되지 않음
   ④ 합판 교체하여 재사용 가능
나. 단점
   ① 초기 투자비 과다
   ② 대형 양중장비 필요
   ③ 거푸집 조립시간 필요
   ④ 기능공 교육 및 숙달기간 필요

문제 10

표준형 벽돌 1.5B의 정미량은 224매/m²이므로
∴ $20\text{m}^2 \times 224\text{매/m}^2 = 4,480$매

가. 정의 : 콘크리트 표면에서 제일 외측에 가까운 철근 표면까지의 치수
나. 목적 : 내화성, 내구성(방청), 시공상 유동성 확보, 적절한 응력전달

가. 용도 : 방사선 차단용
나. 사용골재 : 자철광(Magnetite), 중정석(Barite)

① 떠붙임공법   ② 개량떠붙임공법
③ 압착공법   ④ 개량압착공법
⑤ 접착공법   ⑥ 밀착(동시줄눈) 공법

중량

가. 지명경쟁입찰   나. 공개경쟁입찰   다. 특명입찰

① 인접건물에 근접시공이 가능하다.
② 소음 · 진동이 적다.
③ 강성이 높아 주변 침하의 악영향이 적다.
④ 차수성이 크다.
⑤ 형상, 치수가 자유롭다.

가. 대리인형 CM : 프로젝트를 전반에 걸쳐 발주자의 컨설턴트 역할만을 수행하는 공사관리 계약방식
나. 시공자형 CM : 직접 공사를 수행하거나 전문시공자와 계약을 맺어 공사 전반을 책임지는 공사관리
   계약방식

문제 **18**

① PC 강선   ② PC 강연선   ③ PC 강봉

문제 **19**

① 지지각 분리방식   ② 지지각 일체방식
③ 조정 지지각방식   ④ 트렌치 구성방식

문제 **20**

건설프로세스의 효율적인 운영을 위해 필요한 기능들과 인력들을 유기적으로 연계시키는 건설 정보
통합시스템

문제 **21**

(1) ① 4,000   ② 1,000~2,000
    ③ 200   ④ 100
(2) 1.5배

문제 **22**

점토지반에서 하부지반이 연약할 때 흙막이 바깥에 있는 흙의 중량과 지표면의 적재하중으로 인하여
저면 흙이 붕괴되어 흙막이 바깥에 있는 흙이 안으로 밀려 들어와 불룩하게 되는 현상

① 압입식 공법   ② 수사식 공법

③ 프리보링공법   ④ 중굴공법

문제 24

가. 볼트축 전단형(TC) 고력볼트   나. 너트 전단형(PI 너트) 고력볼트

다. 그립형 고력볼트   라. 지압형 고력볼트

문제 01

① 저알칼리(고로, 플라이 애시) 시멘트 사용
② 비반응성 골재 사용
③ 수분의 흡수방지
④ 염분의 침투방지
⑤ 콘크리트에 포함되어 있는 알칼리 총량을 저감

문제 02

① 고정 매입공법   ② 가동 매입공법   ③ 나중 매입공법

문제 03

㉮ 수산화칼슘
㉯ 이산화탄소
㉰ 탄산칼슘 또는 탄산석회

문제 04

(1) 원인
  ① 기둥부재의 재질이 상이할 때   ② 기둥부재의 단면적이 상이할 때
  ③ 기둥부재의 높이가 다를 때   ④ 상부에 작용하는 하중이 차이 날 때

(2) 영향
  ① 건축마감재, 엘리베이터, 설비 등의 변형 유발
  ② 건물의 기능 및 사용성 저해

문제 05

① 공정표

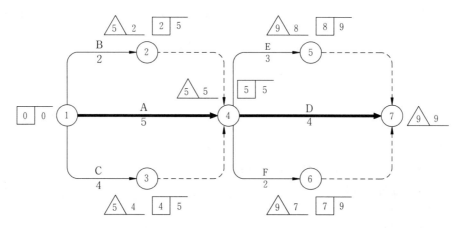

② 여유시간

작업명	TF	FF	DF	CP
A	0	0	0	*
B	3	3	0	
C	1	1	0	
D	0	0	0	*
E	1	1	0	
F	2	2	0	

문제 06

가. 건물의 초기 건설비로부터 유지관리, 해체에 이르는 건축물의 전 생애(Life Cycle)에 소요되는 제 비용(Total Cost)으로서 건물의 경제성 평가에 기준이 된다.

나. 최저의 비용(Cost)으로 제품이나 서비스에서 요구되는 기능(Function)을 확실히 달성하도록 공사를 관리하는 원가절감기법이다.

다. 각 분야의 전문가가 모인 한시적 조직으로 조직이 해결해야 할 과업의 성격이 그 조직의 사활을 좌우할 만큼 중요할 때 필요한 조직이다.

설계볼트장력은 고력볼트 설계 시 허용전단력을 구하기 위해서 사용되며 현장시공에서는 설계볼트 장력보다 큰 표준볼트장력을 목표로 설계볼트장력에 10%를 할증한 표준볼트장력으로 조임을 실시 한다.

① 불도저(Bulldozer) : 운반거리 50~60m 이내의 배토작업
② 앵글도저(Angle Dozer) : 산허리 등을 깎는 데 유용, 배토판 30° 회전 가능
③ 그레이더(Grader) : 정지작업(땅고르기, 노면정리)에 적당
④ 스크레이퍼(Scraper) : 토사의 운반과 100~150m의 중거리 정지공사에 적당

① 콜드 조인트의 발생 ② 내구성 · 수밀성의 저하
③ 장기강도의 저하 ④ 표면마감의 불량
⑤ 충전성 불량 ⑥ 건조수축균열의 증가
⑦ 플라스틱 균열 발생 ⑧ 온도균열의 발생

(1) ① 준불연재료 ② 단열성이 우수
   ③ 방화성이 우수 ④ 가공이 용이
(2) ① 내수성이 낮아 습기에 약함
   ② 접착제 시공 시 온도, 습도에 의한 동절기 작업 우려
   ③ 못 사용 시 녹막이 필요

①, ②, ④, ⑤

가. Longest Path(최장패스) : 임의의 두 결합점 패스 중 소요시간이 가장 긴 패스

나. 주공정선(Critical Path) : 최초의 개시 결합점에서 최종 종료 결합점에 이르는 가장 긴 경로

다. 급속점(Crash Point) : 직접비 곡선에서 급속비용과 급속공기가 만나는 점으로 아무리 비용을 투자해도 더 이상 공기를 단축할 수 없는 한계점

라. 비용구배(Cost Slope) : 공기를 1일 단축하는 데 추가되는 비용

가. BOT 방식 나. BOO 방식

다. BTO 방식 라. 성능발주방식

벽 표면에서 침투하는 빗물에 의해 모르타르 중의 석회분이 유출되어 공기 중 탄산가스와 결합하여 벽돌벽의 표면에 백색의 미세한 물질이 생기는 현상

가. 떠붙임공법 나. 압착공법

가. 다시비빔(Remixing) : 콘크리트나 모르타르가 아직 굳지 않았지만 비빈 후 상당 시간이 경과한 후이거나 재료가 분리된 경우에 다시 비비는 것

나. 되비빔(Retempering) : 콘크리트나 모르타르가 엉기기 시작한 것을 다시 비비는 것

㉮ → ㉯ → ㉰ → ㉱ → ㉲ → ㉳ → ㉴

문제 18

가. TF(전체여유) : 작업을 EST로 시작하고 LFT로 완료할 때에 생기는 여유시간

나. FF(자유여유) : 작업을 EST로 시작하고 후속작업도 EST로 시작할 때 생기는 여유시간

문제 19

적산온도

문제 20

㉮ - ②　　　　　　　　　　　㉯ - ③

㉰ - ①　　　　　　　　　　　㉱ - ④

문제 21

① 공벽붕괴방지

② 지하수 유입 차단

③ 굴착부의 마찰저항 감소

문제 22

① 철근량

　　D16 : $4 \times 9 \times 2 \times 1.56 = 112.32 \text{kg}$

　　D13 : $\sqrt{(4^2 + 4^2)} \times 3 \times 2 \times 0.995 = 33.77 \text{kg}$

　　∴ 철근량 : $112.32 + 33.77 = 146.09 \text{kg}$

② 콘크리트량

　　$4 \times 4 \times 0.4 + \dfrac{0.4}{6} \{(2 \times 4 + 0.6) \times 4 + (2 \times 0.6 + 4) \times 0.6\} = 8.9 \text{m}^3$

③ 거푸집량

　　$0.4 \times 2(4 + 4) = 6.4 \text{m}^2$

① 보통 포틀랜드 시멘트   ② 중용열 포틀랜드 시멘트
③ 조강 포틀랜드 시멘트   ④ 저열 포틀랜드 시멘트
⑤ 내황산염 포틀랜드 시멘트

가. 페이퍼 드레인 : 점토지반에서 모래 대신 합성수지로 된 Card Board를 사용하여 탈수하는 공법
나. 생석회 공법 : 연약한 점토층에 생석회 말뚝을 박아서 생석회가 흡수 팽창하는 원리를 이용하여
　　연약지반 중의 수분을 탈수하는 공법

사업 전반에 있어서 수행 조직을 관리 운영하고 경영의 계획 및 전략을 수립하도록 관련 정보를 신속
정확하게 경영자에게 전해줌으로써, 합리적인 경영을 유도하는 Project별 경영정보체계

문제 01

① 뿜칠공법   ② 타설공법

③ 미장공법   ④ 조적공법

문제 02

① 슬라이드방식(Slide Type)

② 회전방식(Locking Type)

③ 고정방식(Fixed Type)

문제 03

가. $A = 390 \times 150 = 58,500 \text{mm}^2$

나. 붕괴시간$(t) = \dfrac{\text{압축강도(MPa)}}{\text{초당 가압하중(MPa/sec)}} = \dfrac{10}{0.2} = 50(\sec)$

문제 04

변장비$(\lambda) = \dfrac{\text{장변 스팬}(l_y)}{\text{단변 스팬}(l_x)}$

① 1방향 슬래브 : $\lambda > 2$

② 2방향 슬래브 : $\lambda \leqq 2$

문제 05

① X선 및 γ선(방사선) 투과법   ② 초음파 탐상법
③ 침투수압법   ④ 자기분말탐상법

문제 06

가. ① 수산화칼슘   ② 탄산칼슘
나. ③ $Ca(OH)_2$ ④ $CaCO_3$

문제 07

⑥ → ④ → ① → ⑤ → ② → ③ → ⑦

문제 08

① 소성한계   ② 액성한계

문제 09

① $H - 294 \times 200 \times 10 \times 15$
② $C - 150 \times 65 \times 20$

문제 10

① 시공 시나 시공 완료 후 기온이 5℃ 이하가 되면 작업 중단할 것
② 콘크리트 또는 모르타르 바탕은 평탄하게 마무리할 것

문제 11

면진구조

문제 12

① ✕   ② ○
③ ○   ④ ✕
⑤ ○

문제 13

① 레미콘 공장에서 유동화제를 첨가해서 교반하는 방식
② 레미콘 공장에서 유동화제를 첨가해서 현장에서 교반하는 방식
③ 현장에서 레미콘 차에 유동화제를 첨가하여 교반하는 방식

문제 14

가. 공사 중에 높낮이의 기준이 되도록 건축물 인근에 설치하는 것
나. ① 바라보기 좋고 공사에 지장이 없는 곳에 설치
   ② 이동의 염려가 없는 곳에 설치
   ③ 지반선(GL)에서 0.5~1m 위에 둔다.

문제 15

① 실모
② 둥근모
③ 쌍사모

문제 16

① 골재의 절대용적의 합에 대한 잔골재의 절대용적의 백분율
② 콘크리트에서 체가름 시험을 통해 골재의 입도를 나타내는 방법으로 각 체에 남은 골재량의 백분율
   (%) 누계합을 100으로 나눈 값

문제 17

① 샌드드레인(Sand Drain) 공법, 페이퍼드레인(Paper Drain) 공법
② 샌드드레인공법 : 점토지반에 모래말뚝을 형성한 후, 지표면에 성토하중을 가하여 점토질지반을
　 압밀탈수하는 공법

문제 18

① 스팬드럴방식(Spandrel Type)　　　② 샛기둥방식(Mullion Type)
③ 격자방식(Grid Type)　　　　　　④ 피복방식(Sheath Type)

문제 19

$m = n + s + r - 2k$
　$= 9 + 5 + 3 - 2 \times 6$
　$= 5차 부정정$

문제 20

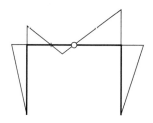

문제 21

① 창의성 있는 설계유도
② 설계와 시공의 Communication 우수
③ 공기 단축과 공사비 절감

문제 22

가. 조강시멘트
나. 백색시멘트
다. 중용열 시멘트

문제 23

① 용제에 의한 방법
② 인산피막법
③ 워시프라이머(Wash Primer)법

문제 24

① 지하와 지상 동시 작업으로 공기 단축
② Slab 밑에서 작업하므로 전천후 시공 가능
③ 1층 바닥 선시공으로 작업공간 활용 가능

문제 25

① 피치(Pitch)
② 게이지 라인(Gauge Line)
③ 게이지(Gauge)

문제 26

(1) ③
(2) ①
(3) ②

문제 27

sin 법칙 이용

$$\frac{5}{\sin 30°} = \frac{T}{\sin 60°}$$

$T = 8.66\text{kN}$

문제 28

① 페코빔(Pecco Beam)
② 워플폼(Waffle Form)
③ 터널폼(Tunnel Form)

문제 29

① 부대입찰제도 : 건설업계의 하도급 계열화를 촉진하고자 발주자가 입찰자로 하여금 하도급자와의 계약서를 첨부하여 입찰하도록 하는 방식
② 대안입찰제도 : 발주기관이 제시하는 원안설계에 대하여 동등 이상의 기능 및 효과를 가진 신공법, 신기술, 공기단축 등이 반영된 설계를 대안으로 제시하여 입찰하는 방식

문제 30

① $a = \dfrac{A_s \cdot f_y}{0.85 f_{ck} \cdot b} = \dfrac{2,028 \times 400}{085 \times 35 \times 350} = 77.91\text{mm}$

② $f_{ck} > 28\text{MPa}$의 경우 : $\beta_1 = 0.85 - 0.007(f_{ck} - 28) = 0.801$

③ $C = \dfrac{a}{\beta_1} = \dfrac{77.91}{0.801} = 97.27\text{mm}$

문제 01

① 비례한계점   ② 탄성한계점
③ 상위항복점   ④ 하위항복점
⑤ 최고강도점   ⑥ 파괴강도점
⑦ 탄성영역   ⑧ 소성영역
⑨ 변형도 경화영역   ⑩ 파괴영역

문제 02

주근의 이음길이를 고려하여야 하며 대근(Hopp)은 주근이 아니므로 물량에서 제외한다.

1. D22 : $(3.6 + 25 \times 0.022) \times 4 \times 3.04 = 50.464$kg
2. D19 : $(3.6 + 25 \times 0.019) \times 8 \times 2.25 = 73.35$kg

∴ 총 철근량 : $50.464 + 73.35 = 123.81$kg

문제 03

가. ③   나. ②
다. ④   라. ①

문제 04

수직부분(기둥, 벽)에 먼저 콘크리트를 타설하고 수평부분(보, 슬래브)을 후타설하는 공법

문제 05

① 간격재(Spacer) ② 격리재(Separator)
③ Column Band ④ 박리제(Form Oil)

문제 06

콘크리트에 일정한 하중이 계속 작용하면 하중의 증가 없이도 시간과 더불어 변형이 증가하는 현상

문제 07

① 바라보기 좋고 공사에 지장이 없는 곳에 설치한다.
② 이동의 염려가 없는 곳에 설치한다.
③ 지반선(GL)에서 0.5~1m 위에 둔다.
④ 최소 2개소 이상 여러 곳에 표시해 주는 것이 좋다.

문제 08

① 오거보링(Auger Boring) ② 수세식 보링(Wash Boring)
③ 충격식 보링(Percussion Boring) ④ 회전식 보링(Rotary Boring)

문제 09

① 정의 : 벽 표면에서 침투하는 빗물에 의해 모르타르 중의 석회분이 유출되어 공기 중의 탄산가스와 결합하여 벽돌벽의 표면에 백색의 미세한 물질이 생기는 현상
② 발생방지대책
　• 소성이 잘된 벽돌을 사용
　• 줄눈 모르타르에 방수제를 혼합하고 밀실하게 사춤시킨다.
　• 벽면에 비막이를 설치한다.
　• 벽면에 파라핀 도료 등을 발라 방수처리를 한다.

문제 10

① 창대쌓기

② 영롱쌓기

문제 11

① 5

② 60

문제 12

① 정의 : 풍동시험을 근거로 3개의 실물모형을 제작하여 건축예정지에서 최악의 기후조건으로 하는 커튼월의 성능시험

② 시험항목 : 예비시험, 기밀시험, 정압수밀시험, 동압수밀시험, 구조시험

문제 13

① $A + Af$

② $A' + A'f$

③ $A + F$

문제 14

조절줄눈(Control Joint)

문제 15

① 콘크리트 속의 공기량을 측정하는 계기

② 주변지반의 토압 변화 측정 기구

③ 굴착에 따른 간극의 수압 측정

④ AE제를 계량하는 분배기

문제 16

① 방부제 칠하기(도포법)

② 표면탄화법

③ 침지법

④ 가압주입법

문제 17

히스토그램, 파레토 그림, 특성요인도, 체크시트, 각종 그래프(관리도), 산점도, 층별

문제 18

① BOT 방식 : 사회간접시설의 확충을 위해 민간이 시설물을 완성(Build)하고, 그 시설물을 일정기간 동안 운영(Operater)하여 투자금을 회수한 후 발주자에게 그 시설을 양도(Transfer)하는 방식
② 유사한 방식 : BTO 방식, BOO 방식, BTL 방식

문제 19

① $M_u = \phi M_n$

$\quad M_n = \dfrac{M_u}{\phi} = \dfrac{1.2 \times 150 + 1.6 \times 130}{0.85} = 456.47 \, \text{kN} \cdot \text{m}$

② $V_u = \phi V_n$

$\quad V_n = \dfrac{V_u}{\phi} = \dfrac{1.2 \times 120 + 1.6 \times 110}{0.75} = 426.67 \, \text{kN}$

문제 20

① 전단력도(SFD)

② 최대전단력 : P

③ 휨모멘트도(BMD)

④ 최대휨모멘트 : $-\text{PL}_1$

문제 21

단순보와 내민보로 분리하여 해석

① 단순보 : $\sum M_C = \sum M_D = 0$

$\quad \therefore \; V_C = V_D = \dfrac{30 \times 6}{2} = 90 \, \text{kN}$

② 내민보 : $\sum M_B = 0$

$V_A \times 6 - 40 \times 3 + 90 \times 3 = 0$ $\therefore\ V_A = -25\,\text{kN}$

$\sum V = 0 : -25 - 40 + V_B - 90 = 0$ $\therefore\ V_B = 155\,\text{kN}$

문제 22

① $a = \dfrac{A_s \cdot f_y}{0.85 f_{ck} \cdot b} = \dfrac{3 \times 387 \times 400}{0.85 \times 21 \times 300} = 86.72\,\text{mm}$

② $f_{ck} = 21\text{MPa} \leqq 28\text{MPa}$이므로 $\beta_1 = 0.85$

③ $c = \dfrac{a}{\beta_1} = \dfrac{86.72}{0.85} = 102.02\,\text{mm}$

④ $\varepsilon_t = \dfrac{d_t - c}{c} \cdot \varepsilon_c = \dfrac{550 - 102.02}{102.02} \times 0.003 = 0.013 \geqq 0.005$

구한 값 ε_t가 0.005 이상이므로 인장지배단면 부재이며 $\phi = 0.85$를 적용함이 적합하다.

문제 23

① 전면바름 마무리법   ② 나중채워넣기 중심바름법

③ 나중채워넣기 십자바름법   ④ 나중채워넣기법

문제 24

㉮ − ①, ⑤, ⑦

㉯ − ②, ④, ⑧

㉰ − ③, ⑥, ⑨

문제 25

① 흡수율 $= \dfrac{3.95 - 3.6}{3.6} \times 100 = 9.72$ ② 표건비중 $= \dfrac{3.95}{3.95 - 2.45} = 2.63$

③ 겉보기비중 $= \dfrac{3.6}{3.95 - 2.45} = 2.4$ ④ 진비중 $= \dfrac{3.6}{3.6 - 2.45} = 3.13$

문제 26

총 단면적에 대한 설계인장강도

$\phi_t P_n = 0.9 F_y \cdot A_g$

$\quad = 0.9 \times 355 \times 5,624$

$\quad = 1,796,868 \, \text{N}$

$\quad = 1,796.868 \, \text{kN}$

문제 27

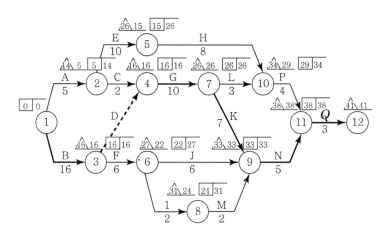

	EST	EFT	LST	LFT	TF	FF	DF	CP
A	0	5	9	14	9	0	9	
B	0	16	0	16	0	0	0	※
C	5	7	14	16	9	9	0	
D	16	16	16	16	0	0	0	※
E	5	15	16	26	11	0	11	
F	16	22	21	27	5	0	5	
G	16	26	16	26	0	0	0	※
H	15	23	26	34	11	6	5	
I	22	24	29	31	7	0	7	
J	22	28	27	33	5	5	0	
K	26	33	26	33	0	0	0	※
L	26	29	31	34	5	0	5	
M	24	26	31	33	7	7	0	
N	33	38	33	38	0	0	0	※
P	29	33	34	38	5	5	0	
Q	38	41	38	41	0	0	0	※

문제 01

가. 옥상 방수면적

계산과정 : $(7 \times 7) + (4 \times 5) + 0.43 \times 2(11+7) = 84.48 m^2$

나. 누름 콘크리트량

계산과정 : $\{(7 \times 7) + (4 \times 5)\} \times 0.08 = 5.52 m^3$

다. 누름 벽돌(시멘트벽돌, 표준형) 소요량

계산과정 : $0.35 \times 2\{(11-0.09) + (7-0.09)\} \times 75매/m^2 \times 1.05 = 983매$

문제 02

가수 후 발열하지 않고 10~20분에 굳어졌다가 다시 묽어지며 이후 순조롭게 경화되는 현상으로 이중응결이라고도 한다.

문제 03

① 간극비 : $\dfrac{V_v}{V_s}$

② 함수비 : $\dfrac{W_w}{W_s} \times 100(\%)$

③ 포화도 : $\dfrac{V_w}{V_v} \times 100(\%)$

문제 04

가. 장점
① 조립분해가 생략되므로 인력절감
② 이음부위 감소로 마감 단순화 및 비용절감
③ 기능공의 기능도에 좌우되지 않음
④ 합판 교체 후 재사용 가능

나. 단점
① 초기 투자비 과다
② 대형 양중장비 필요
③ 거푸집 조립시간 필요
④ 기능공 교육 및 숙달기간 필요

문제 05

가. 도막방수 : 도료상의 방수제를 여러 번 칠하여 상당한 두께의 방수막을 형성하는 원리
나. 시트방수 : 합성고무 또는 합성수지를 주성분으로 하는 시트 1겹의 접착제로 바탕에 붙여서 방수층을 형성하는 원리

문제 06

① 2중 널말뚝공법   ② 현장타설 콘크리트 말뚝공법
③ 강재 말뚝공법   ④ 모르타르 및 약액주입법

문제 07

① 넘버링 더미(Numbering Dummy)   ② 로지컬 더미(Logical Dummy)
③ 커넥션 더미(Connection Dummy)   ④ 타임 랙 더미(Time Lag Dummy)

문제 08

① 융자력 증대   ② 위험의 분산
③ 시공의 확실성   ④ 공사도급 경쟁의 완화수단
⑤ 상호기술의 확충

문제 09

1. 30m² 면적에 60cm 두께로 돋우기한 다짐상태의 체적 : $30m^2 \times 0.6m = 18m^3$

2. 다짐상태의 흙 18m³를 흐트러진 상태로 환산 : $18m^3 \times \dfrac{1.2}{0.9} = 24m^3$

3. 시공 완료된 후 흐트러진 상태로 남는 흙의 양 : $30m^3 - 24m^3 = 6m^3$

문제 10

콘크리트 타설 윗면에서부터 최대측압이 생기는 지점까지의 거리

문제 11

가. 정의 : 지중의 토사에 철관을 꽂아 시료를 채취하여 지층의 상황을 판단하기 위한 토질조사법
나. 종류
　　① 오거 보링　　　　　　　　② 수세식 보링
　　③ 충격식 보링　　　　　　　④ 회전식 보링

문제 12

가. 숏크리트 공법 : 모르타르를 압축공기로 분사하여 시공하는 뿜칠 콘크리트 공법
나. 장점 : 시공성이 좋고, 가설공사비 감소
다. 단점 : 건조수축, 분진이 크고, 숙련공을 필요로 함

문제 13

　① 수직철근공법　　　　　　　② 슬라이드공법
　③ 볼트조임공법　　　　　　　④ 커버플레이트공법

문제 14

　① 스칼럽(Scallop)　　　② 엔드 탭(End Tap)　　　③ 뒷댐재(Back Strip)

① 고정관념 제거　　　　　　　　② 사용자 중심의 사고
③ 기능 중심의 접근　　　　　　　④ 조직적 노력

① 콘크리트의 가로방향 변형 방지　　② 압축응력 증가
③ 기둥의 좌굴 방지　　　　　　　　④ 주철근의 위치 확보

① 체가름 시험
② 비표면적 시험

가. Critical Path

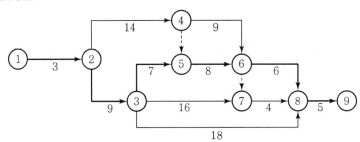

나. 38

가. 공개경쟁입찰 : 입찰 참가자를 공모하여 유자격자는 모두 참여시켜 입찰하는 방식
나. 지명경쟁입찰 : 발주자가 해당 공사에 적격하다고 인정되는 수 개의 도급업자를 선정하여 입찰시키
　　는 방식
다. 특명입찰 : 발주자가 해당 공사에 가장 적격한 단일 도급업자를 지명하여 입찰시키거나 또는 재입찰
　　후에도 낙찰자가 없을 때 최저 입찰자 순으로 교섭하여 계약을 체결하는 방식

온도 변화에 따른 콘크리트의 수축으로 생긴 균열 최소화하기 위한 철근

① 버팀대가 없어 굴착공간을 넓게 활용
② 대형기계 반입 용이
③ 작업공간이 좁은 곳에서도 시공 가능
④ 공기단축 용이
⑤ 시공 후 검사 곤란
⑥ 인접한 구조물의 기초나 매설물이 있는 경우 부적합

드라이브 핀(Drive Pin)

① $16t_f + b_w$ (t_f : 슬래브두께, b_w : 웨브폭)
② 양측 슬래브 중심 간 거리
③ $\dfrac{l}{4}$ (l : 부재의 스팬)

가. 콘크리트 탄성계수

계산과정 : $E_c = 8,500\sqrt[3]{f_{cu}} = 8,500\sqrt[3]{(24+4)} = 25,811\text{MPa}$

나. 탄성계수비

계산과정 : $n = \dfrac{E_s}{E_c} = \dfrac{200,000}{25,811} = 7.748 \rightarrow 8$

문제 25

가. 지판의 최소 크기$(b_1 \times b_2)$

계산과정 : $b_1 = \dfrac{6,000}{6} + \dfrac{6,000}{6} = 2,000\text{mm}$

$b_2 = \dfrac{4,500}{6} + \dfrac{4,500}{6} = 1,500\text{mm}$

$\therefore\ b_1 \times b_2 = 2,000\text{mm} \times 1,500\text{mm}$

나. 지판의 최소 두께

계산과정 : $\dfrac{t_s}{4} = \dfrac{200}{4} = 50\text{mm}$

문제 26

총 하중 : $(1.8 \times 1.8 \times 0.5 + 0.35 \times 0.35 \times 1) \times (2,400 \times 9.8)$

$+\ (1.8 \times 1.8 - 0.35 \times 0.35) \times 1 \times (2,082 \times 9.8) + 900,000 + 500,000$

$= 1,504,591.82\text{N}$

$= 1,504.59\text{kN}$

$\therefore\ $ 총 토압 : $\dfrac{1,504.59}{1.8 \times 1.8} = 464.38\text{kN/m}^2 = 464.38\text{kPa}$

문제 27

$\phi P_w = \phi F_w \cdot A_w$

$= 0.9 \times (0.6 \times 235) \times \{(0.7 \times 6) \times (100 - 2 \times 6)\}$

$= 46,902.24\text{N}$

$= 46.9\text{kN}$

문제 01

$\Sigma H = 0 : H_A = 0$

$\Sigma V = 0 : -\left(\dfrac{1}{2} \times 3 \times 2\right) + V_A = 0$ $\qquad \therefore V_A = 3\text{kN}$

$\Sigma M_A = 0 :$

$12 - \left(\dfrac{1}{2} \times 3 \times 2\right) \times \left(3 \times \dfrac{1}{3} + 3\right) + M_A = 0$ $\qquad \therefore M_A = 0$

$\therefore H_A = 0, \ V_A = 3\text{kN}, \ M_A = 0$

문제 02

① $kL = 0.7 \times 2a = 1.4a$ $\qquad$ ② $kL = 0.5 \times 4a = 2a$

③ $kL = 2 \times a = 2a$ $\qquad$ ④ $kL = 1 \times \dfrac{a}{2} = 0.5a$

문제 03

$\Delta L = \dfrac{PL}{EA} = \dfrac{(80 \times 10^3) \times (4 \times 10^3)}{(205,000) \times (10 \times 10^2)} = 1.56\,\text{mm}$

문제 04

① A지점의 처짐각

$$\theta_A = \frac{Pl^2}{16EI} = \frac{(30 \times 10^3) \times (6 \times 10^3)^2}{16 \times (206 \times 10^3) \times (1.6 \times 10^8)} = 0.002\,\mathrm{rad}$$

② C점의 최대처짐량

$$\delta_C = \frac{Pl^3}{48EI} = \frac{(30 \times 10^3) \times (6 \times 10^3)^3}{48 \times (206 \times 10^3) \times (1.6 \times 10^8)} = 4.096\,\mathrm{mm}$$

문제 05

① 순인장변형률(ε_t)

$$a = \frac{A_S \cdot f_y}{0.85 f_{ck} \cdot b} = \frac{1,927 \times 400}{0.85 \times 24 \times 250} = 151.137\,\mathrm{mm}$$

$f_{ck} = 24\mathrm{MPa} \le 28\mathrm{MPa}$이므로 $\beta_1 = 0.85$

$$c = \frac{a}{\beta_1} = \frac{151.137}{0.85} = 177.808\,\mathrm{mm}$$

$$\varepsilon_t = \frac{d_t - c}{c} \times \varepsilon_c = \frac{450 - 177.808}{177.808} \times 0.003 = 0.00459$$

② 지배단면 구분

$0.002 < \varepsilon_t < 0.005$이므로 변화구간 단면부재이다.

문제 06

압축 측 콘크리트 변형률이 극한변형률인 0.003의 값에 이르는 것과 인장 측 철근응력이 항복점에 도달하는 것이 동시에 일어나도록 설계된 보

문제 07

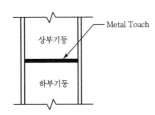

기둥 접합면에 인장력이 생길 우려가 없고, 접합부 단면을 절삭 등으로 밀착하는 경우에는 압축력과 휨모멘트는 각각 50%씩 접촉면에서 직접 전달되도록 한다.

문제 08

① 구조

　강관을 기둥의 거푸집으로 하여, 강관 내부에 콘크리트를 채운 합성구조로서, 좌굴방지, 내진성
　향상, 기둥 단면 축소, 휨강성 증대 등의 효과가 있으므로, 초고층 건물의 기둥구조물에 유리한 구조

② 장점

- 충전 콘크리트가 강관에 구속되어 내력 및 연성 향상
- 철근, 거푸집 공사의 축소로 인한 현장 작업의 절약으로 생산성 향상

③ 단점

- 내화성능이 우수하나 별도의 내화피복 필요
- 콘크리트의 충전성에 대한 품질검사 곤란

문제 09

CFT 구조

문제 10

1. 표준 네트워크 공정표

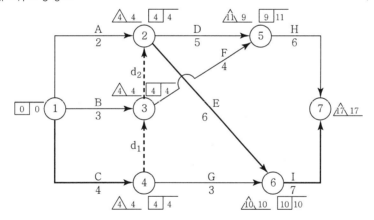

2. 7일 공기단축한 네트워크 공정표

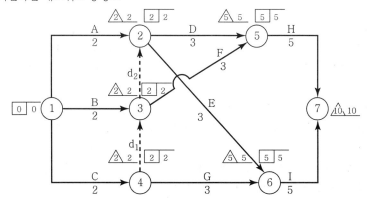

문제 11

① PERT   ② ADM   ③ PDM

문제 12

가. ⑦   나. ⑥   다. ⑤

문제 13

① 히빙 현상 : 점토지반에서 하부 지반이 연약할 때 흙막이 바깥에 있는 흙의 중량과 지표면의 적재하
   중으로 인해 저면 흙이 붕괴되어 흙막이 바깥에 있는 흙이 안으로 밀려 들어와 불룩하게 되는 현상
② 보일링 현상 : 투수성이 좋은 사질지반에서 흙막이 뒷 벽면의 수위가 높아서 지하수가 흙막이 벽을
   돌아서 모래와 같이 솟아오르는 현상

문제 14

① 재료 분리   ② 공기량

문제 15

① 인장강도 시험   ② 항복강도 시험

① 수화열이 적은 시멘트(중용열 시멘트) 사용
② Pre Cooling, Pipe Cooling 이용
③ 단위시멘트량 저감

① 장점
- 신장성, 내후성, 접착성 우수
- 상온 시공으로 복잡한 장소의 시공이 용이
- 공기가 짧으며 내약품성이 우수
② 단점
- 바탕과 시트 사이의 접착 불완전에 따른 균열, 박리 우려
- Sheet 두께가 얇으므로 파손의 우려
- 내구성 있는 보호층이 필요

① 장점
- 창의성 있는 설계 유도
- 설계와 시공의 Communication 우수
- 공기 단축과 공사비 절감
② 단점
- 응찰자의 설계비 과다 지출
- 건축주의 의견 반응 곤란
- 대기업 유리, 중소기업 불리

① 건물의 각 부 위치 표시
② 건물의 높이, 기초너비, 길이 등을 정확히 결정

문제 20

- 타설공법 : 콘크리트, 경량 콘크리트
- 조적공법 : 콘크리트 블록, 경량 콘크리트 블록, 돌, 벽돌
- 미장공법 : 철망 모르타르, 철망 펄라이트 모르타르

문제 21

쌍줄비계면적 : $A = (\sum l + 0.9 \times 8) \times H$
$$= \{2(18+12) + 7.2\} \times 13.5$$
$$= 907.2\text{m}^2$$

문제 22

(1) 주요 화합물
    ① 규산 이석회($2\text{CaO} \cdot \text{SiO}_2$)
    ② 규산 삼석회($3\text{CaO} \cdot \text{SiO}_2$)
    ③ 알루민산 삼석회($3\text{CaO} \cdot \text{Al}_2\text{O}_3$)
    ④ 알루민산철 사석회($4\text{CaO} \cdot \text{Al}_2\text{O}_3 \cdot \text{Fe}_2\text{O}_3$)
(2) 28일 이후 장기강도에 관여하는 화합물
    규산 이석회($2\text{CaO} \cdot \text{SiO}_2$)

문제 23

③ − ④ − ⑤ − ① − ② − ⑥

문제 24

① 압밀 : 외력에 의해 간극 내의 물이 빠져 흙입자 간의 사이가 좁아지는 것
② 예민비 : 점토에 있어서 함수율을 변화시키지 않고 이기면 약해지는 성질이 있는데 이러한 흙의 이김에 의해서 약해지는 정도를 표시하는 것

문제 25

④ − ② − ③ − ①

문제 26

① 알매흙   ② 아귀토

문제 27

① Top Down 공법에 비해 지하의 환기 · 조명 양호
② 철골과 RC Slab가 띠장 역할을 하므로 구조적으로 안정
③ 기초 완료 후 지상과 지하 동시 시공 가능
④ 구조체 철골 간격이 가설재 간격보다 넓어 작업공간 확보
⑤ 공기 단축 및 시공성 향상으로 원가절감

문제 28

① Rock Anchor를 기초저면 암반까지 정착시킨다.
② 부력에 대항하도록 구조물의 자중을 증대시킨다.
③ 배수공법을 이용하여 지하수위를 저하시킨다.
④ 마찰말뚝을 이용하여 마찰력을 증대시킨다.
⑤ 인접건물에 긴결시켜 수압상승에 대처한다.
⑥ Bracket을 설치하여 상부 매립토 하중으로 수압에 저항한다.

문제 29

① 강판 접착공법
② 앵커 접합 공법
③ 탄소 섬유판 접착공법
④ 단면 증가 공법

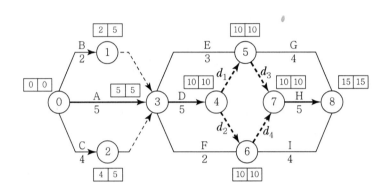

문제 01

문제 02

① 전단 절단　　　　　② 톱 절단　　　　　③ 가스 절단

문제 03

① 콘크리트의 시공성 확보
② 재료분리 방지
③ 소요강도 확보

문제 04

탑다운 공법은 토공사에 앞서 지상 1층 바닥슬래브를 선시공하여 작업공간으로 활용하여 협소한 부지를 넓게 쓸 수 있다.

① 변형률계(Strain Gauge)

② 하중계(Load Cell)

③ 토압계(Earth Pressure Meter)

① 마찰말뚝을 사용할 것   ② 경질지반에 지지시킬 것

③ 지하실을 설치할 것   ④ 복합 기초를 사용할 것

(1) 용접접합

   ① 강재량의 절약   ② 소음, 진동이 없음

   ③ 응력 전달 확실   ④ 수밀성 유지

(2) 고장력볼트 접합

   ① 소음이 적음   ② 접합부 강성 높음

   ③ 불량개소 수정 용이   ④ 피로강도가 높음

점토시반의 대표적인 탈수공법으로 지름 40~60cm의 철관을 이용하여 모래 말뚝을 형성한 후, 지표면에 성토하중을 가하여 점토질 지반을 압밀탈수하는 공법

결과에 원인이 어떻게 관계하고 있는가를 한눈에 알 수 있도록 작성한 그림

슬럼프, 부어넣기 속도, 다짐

문제 11

① 작업분류체계(WBS ; Work Breakdown Structure)
② 조직분류체계(OBS ; Organization Breakdown Structure)
③ 원가분류체계(CBS ; Cost Breakdown Structure)

문제 12

① 단위수량 감소
② 동결융해 저항성 증대
③ 알칼리 골재 반응 억제
④ 워커빌리티가 좋아지고 블리딩 및 재료분리가 감소
⑤ 수밀성 향상
⑥ 수화발열량 감소
⑦ 장기강도(내구성) 증대

문제 13

표준형 벽돌 1.5B의 정미량은 224장/m²이므로
∴ 벽면적 $= 1,000 \div 224 = 4.46m^2$

문제 14

① 프리텐션 방식 : PS 강재에 미리 인장력을 가한 상태로 콘크리트를 넣고 경화한 후에 인장력을 풀어 주는 방법
② 포스트텐션 방식 : 콘크리트 타설, 경화 후 미리 묻어둔 쉬스(Sheathe) 내에 PS 강재를 삽입하여 긴장시키고 정착한 다음 그라우팅하는 방법

문제 15

③, ④, ⑤

문제 16

① 2   ② 3

③ 3   ④ 6

문제 17

(1) 기경성

    ① 진흙

    ② 회반죽

    ③ 돌로마이트 플라스터

(2) 수경성

    ① 순석고 플라스터

    ② 배합석고 플라스터

    ③ 경석고 플라스터

    ④ 시멘트 모르타르

문제 18

① 안방수는 수압이 적고 얕은 지하실에, 바깥방수는 수압이 크고 깊은 지하실에 사용한다.

② 안방수는 보호누름이 필요하며, 바깥방수는 없어도 무방하다.

③ 안방수는 공사비가 싸고, 바깥방수는 고가이다.

④ 안방수는 시공이 간단하며, 바깥방수는 시공이 복잡하다.

문제 19

(1) 구조형식에 의한 분류

    ① Mullion System

    ② Panel System

    ③ Cover System

(2) 조립방식에 의한 분류

    ① Unit Wall 방식

    ② Stick Wall 방식

    ③ Window Wall 방식

문제 **20**

무수축 모르타르

 문제 **21**

흡수량과 기건상태의 골재 내에 함유된 수량과의 차

 문제 **22**

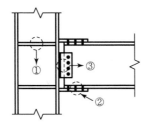

① 스티프너(Stiffener)　　　② 띠판(Flat Bar)　　　③ 거싯플레이트(Gusset Plate)

 문제 **23**

가. 바탕처리 : 요철 또는 변형이 심한 개소를 고르게 덧바르거나 깎아 내어 마감두께가 균등하게 되도록 조정하는 것

나. 덧먹임 : 바르기의 접합부 또는 균열의 틈새, 구멍 등에 반죽된 재료를 밀어 넣어 때우는 것

 문제 **24**

최외단 인장 철근 순인장 변형률 ε_t가

$0.002 < \varepsilon_t < 0.005$이므로 변화구간 단면이며,

$$\phi = 0.65 + (\varepsilon_t - 0.002) \times \frac{200}{3}$$

$$= 0.65 + (0.004 - 0.002) \times \frac{200}{3}$$

$$= 0.783$$

① 주근지름의 16배 이하

$16 \times 22\text{mm} = 352\text{mm}$ 이하

② 띠근지름의 48배 이하

$48 \times 10\text{mm} = 480\text{mm}$ 이하

③ 기둥의 최소폭 이하

300mm 이하

∴ ①, ②, ③ 중 최솟값인 300mm

① $l_{db} = \dfrac{0.25 d_b f_y}{\lambda \sqrt{f_{ck}}} = \dfrac{0.25 \times 22 \times 400}{1 \times \sqrt{24}} = 449.07\text{mm}$

② $l_{db} = 0.043 d_b f_y$

$\quad = 0.043 \times 22 \times 400$

$\quad = 378.4\text{mm}$

∴ ①, ② 중 최댓값인 449.07mm

$I_X = I_{x_0} + Ay^2$

$\quad = \dfrac{bd^3}{12} + (b \times d) \times \left(\dfrac{d}{4}\right)^2$

$\quad = \dfrac{7bd^3}{48}$

$m = n + s + r - 2k$

$\quad = 9 + 17 + 20 - 2 \times 14$

$\quad = 18$차 부정정

문제 29

$$P_{cr} = \frac{\pi^2 EI}{(K \cdot L)^2} = \frac{\pi^2 \times 200,000 \times 798,000}{(2 \times 2,500)^2}$$
$$= 63,007.55\,\text{N}$$
$$= 63.007\,\text{kN}$$

문제 30

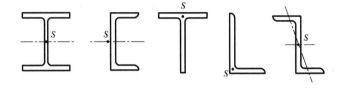

문제 01

① 히빙 현상 　　　　　　　② 보일링 현상
③ 파이핑 현상 　　　　　　　④ 지하수위 변동
⑤ 흙막이 벽 배면의 뒤채움 불량

문제 02

① 평판재하시험 　　　　　　　② 말뚝재하시험

문제 03

① AE제
② 방청제
③ 기포제(발포제)

문제 04

① 10 　　　　　　　　　　　② 80

문제 05

$5\text{m} \times 13.3\text{kg/m} \times 2개 = 133\text{kg}$

문제 06

가. ①   나. ⑤

다. ⑥   라. ②

문제 07

$$M_{cr} = Z \times f_r$$
$$= \frac{bh^2}{6} \times 0.63\lambda \sqrt{f_{ck}}$$
$$= \frac{300 \times 500^2}{6} \times 0.63 \times 1 \times \sqrt{24}$$
$$= 38,579,463.45 \text{N} \cdot \text{mm}$$
$$= 38.579 \text{kN} \cdot \text{m}$$

문제 08

① 이음 : 재의 길이방향으로 부재를 길게 접합하는 것

② 맞춤 : 부재를 서로 경사 또는 직각으로 접합하는 것

③ 쪽매 : 재를 섬유방향과 평행으로 옆대어 붙이는 것

문제 09

가. 히빙(Heaving) 현상 : 점토지반에서 하부지반이 연약할 때 흙막이 바깥에 있는 흙의 중량과 지표면의 적재하중으로 인하여 저면 흙이 붕괴되어 흙막이 바깥에 있는 흙이 안으로 말려 들어와 불룩하게 되는 현상

나. 보일링(Boiling) 현상 : 투수성이 좋은 사질지반에서 흙막이 벽 뒷면의 수위가 높아서 지하수가 흙막이 벽을 돌아서 모래와 같이 솟아오르는 현상

다. 흙의 휴식각 : 흙 입자 간의 응집력, 부착력을 무시한 때, 즉 마찰력만으로 중력에 대해 정지하는 흙의 사면각도

문제 10

건물의 초기건설비로부터 유지관리, 해체에 이르기까지 건축물의 전 생애에 소요되는 총비용으로서 건물의 경제성 평가의 기준이 된다.

$$\phi P_n = \phi \times 0.80 \times [0.85 f_{ck}(A_g - A_{st}) + f_y \cdot A_{st}]$$
$$= 0.65 \times 0.80 \times [0.85 \times 27 \times (400 \times 300 - 3,096) + 400 \times 3,096)$$
$$= 2,039,100\,\text{N} = 2,039.1\,\text{kN}$$

① 터파기량 : $V = \dfrac{10}{6}\{(2 \times 60 + 40) \times 50 + (2 \times 40 + 60) \times 30\} = 20,333.33\text{m}^3$

② 운반대수 : $\dfrac{\text{터파기량} \times L}{\text{1대 적재량}} = \dfrac{20,333.33 \times 1.3}{12} = 2,202.7 \rightarrow 2,203\text{대}$

③ 표고 : $\dfrac{\text{터파기량} \times C}{\text{성토면적}} = \dfrac{20,333.33 \times 0.9}{5,000} = 3.66\text{m}$

① 공기를 차단하여 용적의 산화 또는 질화를 방지한다.
② 함유원소를 이온화하여 아크를 안정시킨다.
③ 용융금속의 탈산, 정련을 한다.
④ 용착금속의 합금원소를 가한다.
⑤ 표면의 냉각응고속도를 낮춘다.

$$P_{cr} = \dfrac{\pi^2 EI_{\min}}{(K \cdot L)^2} = \dfrac{\pi^2 \times 205,000 \times (134 \times 10^4)}{(2 \times 2.5 \times 10^3)^2}$$
$$= 108,477.21\text{N} = 108.477\text{kN}$$

가. 파레토도 : 불량 등 발생건수를 분류 항목별로 나누어 크기 순서대로 나열해 놓은 그림으로 불량의 원인 파악 용이

나. 특성요인도 : 결과에 원인이 어떻게 관계하고 있는가를 한눈에 알 수 있도록 작성한 그림

다. 층별 : 집단을 구성하는 많은 Data를 어떤 특징에 따라 몇 개의 부분 집단으로 나눈 것

라. 산점도 : 서로 대응하는 2개의 짝으로 된 데이트를 그래프에 점으로 나타낸 그림

1. 공정표

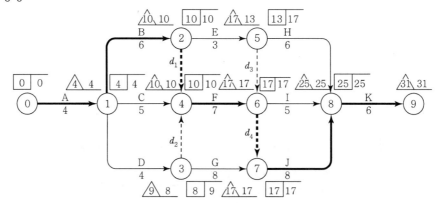

2. 여유시간

작업명	TF	FF	DF	CP
A	0	0	0	*
B	0	0	0	*
C	1	1	0	
D	1	0	1	
E	4	0	4	
F	0	0	0	*
G	1	1	0	
H	6	6	0	
I	3	3	0	
J	0	0	0	*
K	0	0	0	*

문제 17

① 저알칼리(고로 슬래그, 플라이 애시) 시멘트 사용
② 비반응성 골재 사용
③ 수분의 흡수 방지
④ 염분의 침투 방지
⑤ 콘크리트에 포함되어 있는 알칼리 총량을 저감

문제 18

① 광명단　　　　　　　　　　② 산화철 녹막이 도료
③ 징크로메이트 도료　　　　　④ 아연분말 도료

문제 19

① 오거 보링　　　　　　　　　② 수세식 보링
③ 충격식 보링　　　　　　　　④ 회전식 보링

문제 20

① 기초 : 건물의 상부 하중을 지반에 안전하게 전달시키는 구조부분
② 지정 : 기초를 보강하거나 지반의 지지력을 증가시키기 위한 구조부분

문제 21

가. 콜드 조인트 : 콘크리트 작업관계로 경화된 콘크리트에 새로 콘크리트를 타설할 경우 일체화가 저해
　　되어 생기는 줄눈
나. 블리딩 : 아직 굳지 않은 시멘트 풀, 모르타르 및 콘크리트에 있어서 물이 윗면에 스며 오르는 현상

문제 22

$$V_A = \frac{40+40+40}{2} = 60 \text{kN}$$

$$\sum M_F = 0 : 60 \times 6 - 40 \times 3 + U_2 \times 3 = 0$$

$$\therefore U_2 = -80 \text{kN}(\text{압축재})$$

$$\sum M_E = 0 : 60 \times 3 - L_2 \times 3 = 0$$

$$\therefore L_2 = 60 \text{kN}(\text{인장재})$$

문제 23

① 페코빔(Pecco Beam)　　② 와플폼(Waffle Form)　　③ 터널폼(Tunnel Form)

$$I_x = \frac{300 \times 600^3}{12} + (300 \times 600) \times 300^2 = 2.16 \times 10^{10} \, \text{mm}^4$$

$$I_y = \frac{600 \times 300^3}{12} + (600 \times 300) \times 150^2 = 5.4 \times 10^9 \, \text{mm}^4$$

$$\therefore \; \frac{I_x}{I_y} = \frac{2.16 \times 10^{10}}{5.4 \times 10^9} = 4$$

① 슬래그 감싸들기　　　　　② 언더컷
③ 오버랩　　　　　　　　　④ 블로홀
⑤ 크랙　　　　　　　　　　⑥ 피트
⑦ 용입 부족　　　　　　　　⑧ 크레이터

버팀대 대신 흙막이 벽을 Earth Drill로 천공한 후 인장재와 Mortar를 주입하여 경화시킨 후 인장력에 의해 토압을 지지하는 공법

① – 나　　　　　　　　　② – 가
③ – 라　　　　　　　　　④ – 다

$$M_A = -(4\text{kN} \times 1\text{m}) = -4\text{kN} \cdot \text{m}$$

문제 01

가. 네트워크 공정표

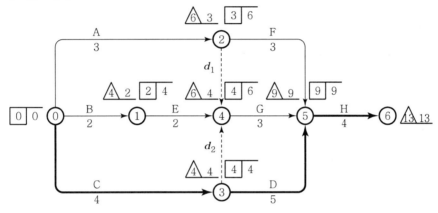

나. 각 작업의 여유시간

작업명	TF	FF	DF	CP
A	3	0	3	
B	2	0	2	
C	0	0	0	*
D	0	0	0	*
E	2	0	2	
F	3	3	0	
G	2	2	0	
H	0	0	0	*

문제 02

가. 용도 : 방사선 차단용

나. 사용골재 : 자철광(Magnetite), 중정석(Barite)

문제 03

S-Curve는 공정계획선의 상하에 허용한계선을 표시하여 그 한계 내에 들어가게 공정을 조정하는 것으로 공정의 진척 정도를 표시하는 데 활용된다.

문제 04

트임새 모양, 모아대기법, 구속법, 자세의 적부

문제 05

① 주위에 배수도랑을 설치하여 우수(雨水) 침입을 방지한다.

② 마루높이는 방습상 지면에서 30cm 이상으로 한다.

③ 출입구, 채광창 외에 공기의 유통을 막기 위해 개구부는 되도록 설치하지 아니한다.

④ 반입구, 반출구를 따로 두고 먼저 반입한 것을 먼저 사용한다.

⑤ 쌓기 높이는 13포 이하로 한다(단, 장기 저장 시는 7포 이하).

⑥ 3개월 이상 경과한 시멘트는 재시험을 거친 후 사용한다.

문제 06

① 물 · 시멘트비가 적은 밀실한 콘크리트를 사용한다.

② 방청제를 사용하거나 염소이온을 적게 한다.

③ 콘크리트 표면에 수밀성이 높은 마감(라이닝 등)을 실시한다.

④ 피복두께를 충분히 확보한다.

⑤ 방청철근(에폭시수지 도장, 아연도금)을 사용한다.

    1. 벽돌량

       ① 외벽(1.5B) : $2(20+6.5) \times 3.6 - (2.2 \times 2.4 + 0.9 \times 2.4 + 1.8 \times 1.2 \times 3 + 1.2 \times 1.2)$

$$= 175.44\text{m}^2 \times 224\text{매}/\text{m}^2 \times 1.05 = 41,263.5 \ \rightarrow \ 41,264\text{매}$$

       ② 내벽(1.0B) : $(6.5-0.29) \times 3.6 - (0.9 \times 2.1) = 20.466\text{m}^2 \times 149\text{매}/\text{m}^2 \times 1.05$

$$= 3,201.9 \ \rightarrow \ 3,202\text{매}$$

       $\therefore (41,264 + 3,202) = 44,466\text{매}$

    2. 미장면적

       ① 외벽 : $2(20.29 + 6.79) \times 3.6 - (2.2 \times 2.4 + 0.9 \times 2.4 + 1.8 \times 1.2 \times 3 + 1.2 \times 1.2)$

$$= 179.616\text{m}^2$$

       ② 내벽(창고 A) : $2(4.76 + 6.21) \times 3.6 - (0.9 \times 2.4 + 0.9 \times 2.1 + 1.2 \times 1.2) = 73.494\text{m}^2$

          (창고 B) : $2(14.76 + 6.21) \times 3.6 - (2.2 \times 2.4 + 1.8 \times 1.2 \times 3 + 0.9 \times 2.1) = 137.334\text{m}^2$

       $\therefore 179.616 + 73.494 + 137.334 = 390.44\text{m}^2$

    불도저 1대의 시간당 작업량 $Q = \dfrac{60 \times q \times f \times E}{C_m}$

    $Q = \dfrac{60 \times 0.6 \times 0.7 \times 0.9}{15} = 1.512\text{m}^3/\text{hr}$

    $\therefore \dfrac{2,000\text{m}^3}{1.512\text{m}^3/\text{hr} \times 2\text{대}} = 661.38\text{시간}$

    나, 다, 마

    $90,000,000 + 90,000,000 \times 0.05 = 94,500,000$

    $\therefore$ 총 공사금액 : 94,500,000원

① 2.5

② 750

① 토압계 : 흙막이벽 배면

② 하중계 : Strut 또는 Earth Anchor

③ 경사계 : 흙막이벽 또는 배면지반

④ 변형률계 : Strut, 띠장, 각종 강재

① 스페이서(Spacer)

② 세퍼레이터(Separator)

③ 와이어 클리퍼(Wire Clipper)

④ 인서트(Insert)

⑤ 폼타이(Form Tie)

$\phi P_n = 0.65 \times 0.8 [0.85 f_{ck}(Ag - Ast) + f_y Ast]$

$\quad = 0.65 \times 0.8 [0.85 \times 24(500 \times 500 - 8 \times 387) + 400 \times (8 \times 387)]$

$\quad = 3,263,125\text{N}$

$\quad = 3,263.125\text{kN}$

가. 인장재 : ③, ④, ⑥, ⑧

나. 압축재 : ①, ②, ⑤, ⑦

설계볼트장력은 고력볼트 설계 시 허용전단력을 구하기 위해서 사용되며 현장시공에서는 설계볼트
장력보다 큰 표준볼트장력을 목표로 설계볼트장력에 10%를 할증한 표준볼트장력으로 조임을 실시
한다.

$$f_{ck} = \frac{P}{A} = \frac{P}{\dfrac{\pi D^2}{4}} = \frac{400 \times 10^3}{\dfrac{\pi \times 150^2}{4}}$$

$$= 22.635\text{N/mm}^2 = 22.635\text{MPa}$$

$$A_n = A_g - n \cdot d \cdot t$$

$$= (200 - 7) \times 7 - 2 \times 22 \times 7 = 1{,}043\text{mm}^2$$

$$\lambda = \frac{l_k}{r_{\min}} = \frac{l_k}{\sqrt{\dfrac{I_{\min}}{A}}}$$

$$= \frac{1.0 \times l}{\sqrt{\dfrac{\dfrac{200 \times 150^3}{12}}{200 \times 150}}} = 150$$

$$\therefore \ l = 6{,}495\text{mm} = 6.495\text{m}$$

위험단면 둘레길이

$$b_0 = 2(c_1 + d) + 2(c_2 + d) = 2 \times (60 + 70) + 2 \times (60 + 70) = 520\text{cm}$$

$$\therefore \ \text{저항면적} \ A = b_0 \times d = 520 \times 70 = 36{,}400\text{cm}^2$$

① 겹침이음   ② 용접이음

③ 가스압접이음   ④ 기계적 이음

문제 22

$$\phi R_n = \phi n_b \cdot F_{nv} \cdot A_b$$

$$= 0.75 \times 4 \times 450 \times \frac{\pi \times 22^2}{4}$$

$$= 513{,}179\text{N}$$

$$= 513{,}179\text{kN}$$

문제 23

구분	창	문
목재	① WW	② WD
철재	③ SW	④ SD
알루미늄재	⑤ AW	⑥ AD

문제 24

① 조립분해가 생략되므로 인력 절감   ② 이음 부위 감소로 마감 단순화 및 비용절감
③ 기능공의 기능도에 좌우되지 않는다.   ④ 합판 교체하여 재사용 가능

문제 25

① 복층 유리 : 건조 공기층을 사이에 두고 판유리를 이중으로 접합하여 테두리를 둘러서 밀봉한 것으로, 단열·방음·결로 방지에 유리하다.
② 배강도 유리 : 일반 서랭 유리를 연화점 부근까지 재가열한 후 찬 공기로 강화유리보다 서서히 냉각하여 제조한 반강화유리로 파손 시 유리가 이탈하지 않아 고층 건축물 사용 시 적합한 유리

문제 26

가. - ④   나. - ⑤
다. - ③   라. - ⑥

문제 01

① 저알칼리(고로슬래그, 플라이애시) 시멘트 사용
② 비반응성 골재 사용
③ 수분의 흡수방지
④ 염분의 침투방지
⑤ 콘크리트에 포함되어 있는 알칼리 총량을 저감

문제 02

① 웰 포인트(Well Point) 공법   ② 샌드 드레인(Sand Drain) 공법
③ 페이퍼 드레인(Paper Drain) 공법   ④ 생석회 말뚝 공법

문제 03

④ → ① → ⑤ → ② → ③ → ⑥

문제 04

서류상으로는 공동도급의 형태를 취하지만 실질적으로는 하도급 형태로 참여하거나 단순한 이익배당에만 참여하는 형태의 위장된 공동도급

문제 05

① 철근의 지름 차이가 6mm 초과인 경우   ② 철근의 재질이 서로 다른 경우
③ 항복점 또는 강도가 서로 다른 경우   ④ 강우 시, 강풍 시, 0℃ 이하

문제 06

$⑥ \rightarrow ① \rightarrow ② \rightarrow ⑦ \rightarrow ⑤ \rightarrow ③ \rightarrow ④$

문제 07

가. 회전식 보링   나. 충격식 보링   다. 수세식 보링

문제 08

가. 쌍줄비계 면적 : $A = (\sum l + 0.9 \times 8) \times H$
   벽 외면에서 90cm 거리의 지면에서 건물높이까지의 외주면적
나. 외줄비계 면적 : $A = (\sum l + 0.45 \times 8) \times H$
   벽 외면에서 45cm 거리의 지면에서 건물높이까지의 외주면적

문제 09

철근이 거푸집에 밀착하는 것을 방지하여 피복간격을 확보하기 위한 간격재(굄재)

문제 10

① 소요량 $= (0.5 \times 0.6 \times 0.004 \times 7{,}850) \times 30개 = 282.6\text{kg}$

② 스크랩량 $= (\dfrac{1}{2} \times 0.5 \times 0.25 \times 0.004 \times 7{,}850) \times 30개 = 58.88\text{kg}$

문제 11

가. 네트워크 공정표

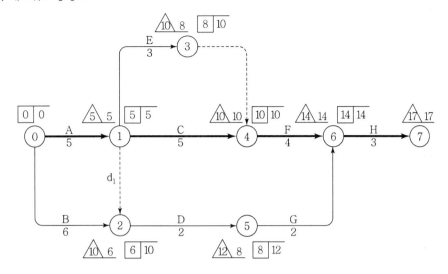

나. 각 작업의 여유시간

작업명	TF	FF	DF	CP
A	0	0	0	*
B	4	0	4	
C	0	0	0	*
D	4	0	4	
E	2	2	0	
F	0	0	0	*
G	4	4	0	
H	0	0	0	*

문제 12

정보수집단계 → 기능분석단계 → 대체안 개발단계 → 실시단계

문제 13

① 스팬드럴 방식(Spandrel Type)   ② 샛기둥 방식(Mullion Type)
③ 격자 방식(Grid Type)   ④ 피복 방식(Sheath Type)

가. 흙막이벽의 타입깊이를 늘린다.
나. 웰포인트로 지하수위를 낮춘다.

문제 15

$$\lambda = \frac{\xi}{1+50\rho'} = \frac{2.0}{1+50\times0} = 2$$

장기처짐 = 탄성처짐(즉시처짐)×λ = 5×2 = 10mm
∴ 총 처짐량 = 순간처짐 + 장기처짐 = 5+10 = 15mm

문제 16

$$b = 2a + nd_b + (n-1)P$$

    a : 피복두께 + 늑근직경
    n : 주근개수
    d_b : 주근직경
    P : 주근 순간격

P ① 25mm 이상

   ② 1.0×주철근 직경 이상

   ③ $\frac{4}{3}$×굵은골재 최대치수 이상

①, ②, ③ 중 큰 값 25mm 이용
b = 2×53 + 4×25 + 3×25 = 281mm

문제 17

$$변장비(\lambda) = \frac{장변\ 스팬(l_y)}{단변\ 스팬(l_x)}$$

① 1방향 슬래브 : $\lambda > 2$
② 2방향 슬래브 : $\lambda \leq 2$

데크 플레이트(Deck Plate)

가. Trench Cut 공법

나. Island Cut 공법

① Closed Joint : Curtain Wall Unit의 접합부를 Seal 재로 완전히 밀폐시켜 틈을 없앰으로써 비처리 하는 방식

② Open Joint : 벽의 외측면과 내측면 사이에 공간을 두어 옥외의 기압과 같은 기압을 유지하게 하여 배수하는 방식

$$l_{db} = \frac{0.6 d_b f_y}{\lambda \sqrt{f_{ck}}} = \frac{0.6 \times 22.2 \times 400}{1 \times \sqrt{30}} = 972.755 \text{mm}$$

최대전단력 $V_{\max} = \dfrac{P}{2} = \dfrac{200}{2} = 100 \text{kN}$

$\therefore$ 최대전단응력 $\tau_{\max} = K \cdot \dfrac{V_{\max}}{A} = \dfrac{3}{2} \times \dfrac{100 \times 10^3}{300 \times 500} = 1 \text{N/mm}^2 = 1 \text{MPa}$

$P_u = 1.2 P_D + 1.6 P_L = 1.2 \times 20 + 1.6 \times 30 = 72 \text{kN}$

$\therefore M_u = \dfrac{P_u L}{4} = \dfrac{72 \times 8}{4} = 144 \text{kN} \cdot \text{m}$

문제 24

① 재하시험 : 지내력을 구하는 시험으로 기초저면까지 판 자리에서 직접 재하하거나 사용예정인 말뚝에 실제 사용되는 상태에서 지지력 판정의 자료를 얻는 시험

② 합성말뚝 : 이질재료의 말뚝을 이어서 한 개의 말뚝을 구성하는 것으로, 나무말뚝과 기성콘크리트 말뚝 또는 제자리 콘크리트 말뚝을 이어서 쓸 때가 있다.

문제 25

①, ②, ③, ⑤

문제 26

가. 혼화재 : 콘크리트의 물성을 개선하기 위하여 비교적 다량 사용(시멘트 중량의 5% 이상)하는 것으로 배합설계 시 혼화재의 부피를 계산에 포함한다.

  예 고로슬래그, 플라이 애시, 실리카 퓸

나. 혼화제 : 콘크리트의 성질을 개선하기 위해 비교적 소량 사용(시멘트 중량의 5% 미만)하는 것으로 배합설계 시 혼화제의 부피는 무시한다.

  예 표면활성제(AE제, 감수제, AE감수제), 유동화제, 고성능 감수제

문제 27

① 적산 : 공사에 필요한 재료 및 품의 수량. 즉, 공사량을 산출하는 기술활동

② 견적 : 공사량에 단가를 곱하여 공사비를 산출하는 기술활동

문제 01

sin 법칙 이용

$$\frac{5}{\sin 30°} = \frac{T}{\sin 60°}$$

$$\therefore T = 8.66\text{kN}$$

문제 02

BTL(Build Transfer Lease) 방식

문제 03

1. 시멘트 벽돌량

    $12\text{m} \times 3\text{m} \times 149\text{매}/\text{m}^2 = 5,364\text{매}$

    $\therefore 5,364 \times 1.05 = 5,632.2 \rightarrow 5,633\text{매}$

2. 모르타르량

    $5,364\text{매(정미량)} \times 0.33\text{m}^3/1,000\text{매} = 1.77\text{m}^3$

가. 네트워크 공정표

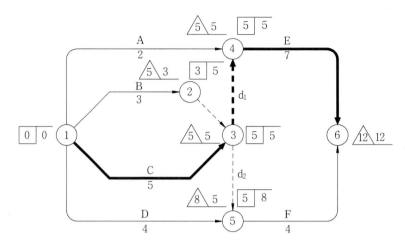

나. 각 작업의 여유시간

작업명	TF	FF	DF	CP
A	3	3	0	
B	2	2	0	
C	0	0	0	*
D	4	1	3	
E	0	0	0	*
F	3	3	0	

$\phi P_w = 0.9 F_w A_w$

$= 0.9 \times (0.6 \times 235) \times \{(0.7 \times 6) \times (150 - 2 \times 6) \times 2\}$

$= 147,102.48 \text{N}$

$= 147.102 \text{kN}$

가. ①, ④, ⑦

나. ②, ③, ⑧

다. ⑤, ⑥

문제 07

1. 터파기량

   $V = 17.6 \times 12.6 \times 6.5 = 1,441.44\text{m}^3$

2. 기초 구조부 체적(GL 이하)

   ① 잡석량 + 밑창콘크리트

   $S_1 = 15.6 \times 10.6 \times 0.3 = 49.608\text{m}^3$

   ② 지하실

   $S_2 = 15.2 \times 10.2 \times 6.2 = 961.248\text{m}^3$

   $S = S_1 + S_2 = 1,010.86\text{m}^3$

3. 되메우기량

   $V - S = 1,441.44 - 1,010.86 = 430.58\text{m}^3$

4. 잔토처리량

   $S' = S \times 1.2 = 1,010.86 \times 1.2 = 1,213.03\text{m}^3$

문제 08

조립방식	설 명
(①)	• 구성부재를 현장에서 조립·연결하여 창틀이 구성되는 형식으로, Glazing은 현장에서 실시 • 현장안전과 품질관리에 부담이 있지만, 현장 적응력이 우수하여 공기조절이 가능
(②)	• 건축모듈을 기준으로 하여 취급이 가능한 크기로 나누며 구성 부재 모두가 공장에서 조립된 프리패브 형식으로 대부분 Glazing을 포함 • 시공속도나 품질관리의 업체의존도가 높아 현장상황에 융통성을 발휘하기가 어려움
(③)	• 창호 주변이 패널로 구성됨으로써 창호의 구조가 패널트러스에 연결됨 • 패널트러스를 스틸트러스에 연결할 수 있으므로 재료의 사용 효율이 높아 비교적 경제적인 시스템 구성이 가능

문제 09

① – 다　　　　　　② – 라　　　　　　③ – 마

④ – 가　　　　　　⑤ – 나

문제 10

① 조절줄눈(Control Joint)　　　　　② 미끄럼줄눈(Sliding Joint)

③ 시공줄눈(Construction Joint)　　　④ 신축줄눈(Expansion Joint)

문제 11

가. 공사 중에 높낮이의 기준이 되도록 건축물 인근에 설치하는 것
나. 작업 중 재료나 공구 등의 낙하로 인한 피해를 방지하기 위하여 강판 등의 재료를 사용하여 비계 내측 및 외측 그리고 낙하물 위험이 있는 장소에 설치하는 가설물

문제 12

① 소성이 잘된 벽돌을 사용한다.
② 줄눈 모르타르에 방수제를 혼합하고 밀실하게 사춤시킨다.
③ 벽면에 비막이를 설치한다.
④ 벽면에 파라핀 도료 등을 발라 방수처리를 한다.

문제 13

가. Heaving 현상   나. Boiling 현상   다. Piping 현상

문제 14

가. 웰 포인트(Well Point) 공법   나. 샌드 드레인(Sand Drain) 공법

문제 15

① 콘크리트 시공성 확보
② 재료분리 방지
③ 소요강도 확보

문제 16

m=n+s+r−2k에서
　=3+4+2−2×5=−1차
불안정 구조이므로 휨모멘트도가 존재하지 않음

문제 17

가. 수경성 재료
  ① 순석고 플라스터
  ② 배합석고 플라스터
  ③ 경석고 플라스터
  ④ 시멘트 모르타르

나. 기경성 재료
  ① 진흙
  ② 회반죽
  ③ 돌로마이트 플라스터

문제 18

실리카 퓸(Silica Fume)

문제 19

$$f_b = \frac{M_{\max}}{Z} = \frac{(12 \times 10^3) \times 150}{\dfrac{150 \times 150^2}{6}} = 3.2\text{N/mm}^2 = 3.2\text{MPa}$$

문제 20

(1) 장점
  ① 입찰수속 간단
  ② 공사기밀 유지
  ③ 우량시공 기대

(2) 단점
  ① 공사금액 결정 불명확
  ② 공사비 증대

문제 21

$$\sigma_{max} = -\frac{P}{A} - \frac{M}{Z}$$

$$= -\frac{36 \times 10^3}{600 \times 600} - \frac{(36 \times 10^3) \times 1,000}{\dfrac{600 \times 600^2}{6}} = -1.1 \text{N/mm}^2 = -1.1 \text{MPa}$$

문제 22

① 예비시험   ② 기밀시험
③ 정압수밀시험   ④ 동압수밀시험
⑤ 구조시험

문제 23

① Slag 감싸들기   ② 언더 컷
③ 오버 랩   ④ 블로 홀
⑤ 크랙   ⑥ 피트
⑦ 용입 부족   ⑧ 크레이터

문제 24

① 포스트텐션(Post-Tension)
② 쉬스(Sheath)

문제 25

②, ⑤, ⑥

가. 균형철근비(ρ_b)

$$\rho_b = 0.85\beta_1 \cdot \frac{f_{ck}}{f_y} \cdot \frac{600}{600+f_y}$$

$$= 0.85 \times 0.85 \times \frac{27}{300} \times \frac{600}{600+300}$$

$$= 0.04335$$

나. 최대철근량

최대철근비(ρ_{max})

$$\rho_{max} = 0.85\beta_1 \cdot \frac{f_{ck}}{f_y} \cdot \frac{d_t}{d} \cdot \frac{0.003}{0.003+\varepsilon_{a\,min}}$$

$$= 0.85 \times 0.85 \times \frac{27}{300} \times \frac{750}{750} \times \frac{0.003}{0.003+0.004}$$

$$= 0.02786$$

$\therefore$ 최대철근량$(A_{s\,max})$

$$= \rho_{max} \cdot b \cdot d = 0.02786 \times 500 \times 750$$

$$= 10,450.446 \text{mm}^2$$

문제 01

① 스캘럽 : 철골부재 용접 시 이음 및 접합부위의 용접선이 교차되어 재용접된 부위가 열영향을 받아 취약해지기 때문에 모재에 부채꼴 모양의 모따기를 한 것

② 뒷댐재 : 맞댄용접을 한 면으로만 실시하는 경우에 충분한 용입을 확보하고, 용융금속의 용락을 방지할 목적으로 동종 또는 이종의 금속판을 루트 뒷면에 받치는 것

문제 02

화재 시 급격한 고온에 의해서 내부 수증기압이 발생하고, 이 수증기압이 콘크리트 인장강도보다 크게 되면, 콘크리트 부재 표면이 심한 폭음과 함께 박리 및 탈락하는 현상

문제 03

Cold Joint

1. 공정표

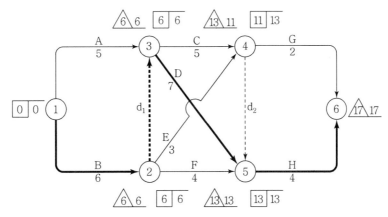

2. 여유시간

작업명	TF	FF	DF	CP
A	1	1	0	
B	0	0	0	*
C	2	0	2	
D	0	0	0	*
E	4	2	2	
F	3	3	0	
G	4	4	0	
H	0	0	0	*

1. Con'c량

$$0.5 \times 0.8 \times (9-0.7) + \frac{1}{2} \times 1.0 \times 0.3 \times 0.5 \times 2 = 3.47\text{m}^3$$

2. 거푸집 면적

① 옆면 : $\left\{ 0.68 \times (9-0.7) + \frac{1}{2} \times 1.0 \times 0.3 \times 2 \right\} \times 2 = 11.888\text{m}^2$

② 밑면 : $0.5 \times (9-1.0-1.0-0.7) + \sqrt{1.0^2 + 0.3^2} \times 0.5 \times 2 = 4.194\text{m}^2$

∴ 합계 16.08m^2

　① 품질관리 조직　　　　　　　　　② 시험설비
　③ 시험담당자　　　　　　　　　　④ 품질관리 항목
　⑤ 빈도　　　　　　　　　　　　　⑥ 규격
　⑦ 품질관리 실시방법

　① 강재량의 절약　　　　　　　　　② 건물의 경량화
　③ 소음 · 진동이 없음　　　　　　　④ 응력의 전달 확실
　⑤ 수밀성 유지

　① 비중은 철의 약 1/3 정도로 가볍다.　　② 녹슬지 않고 사용연한이 길다.
　③ 공작이 자유롭고 수밀 · 기밀성이 좋다.　④ 여닫음이 경쾌하다.
　⑤ 내식성이 강하고 착색이 가능하다.

　① 장애물로 회전이 불가능한 경우
　② Jib가 대지 경계선을 넘어갈 경우

　① 분산된 벽체를 일체로 하여 하중을 균등히 분포
　② 수직균열 방지
　③ 세로철근의 정착
　④ 집중하중을 받는 부분을 보강

문제 11

① 콘크리트의 시공성 확보
② 재료분리 방지
③ 소요강도 확보

문제 12

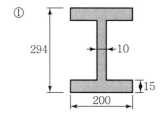

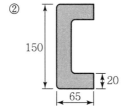

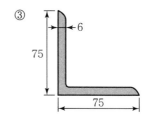

문제 13

① 가새   ② 버팀대   ③ 귀잡이

문제 14

$f_{ck} > 28\text{N/mm}^2$인 경우

$\beta_1 = 0.85 - 0.007 \times (f_{ck} - 28) \geq 0.65$에서

$\quad = 0.85 - 0.007 \times (30 - 28)$

$\quad = 0.836$

문제 15

$I_X = I_{x_0} + Ay^2$

$\quad = \dfrac{600 \times 200^3}{12} + (600 \times 200) \times 200^2$

$\quad = 5{,}200{,}000{,}000 \text{mm}^4$

문제 16

사회간접시설의 확충을 위해서 민간자본으로 시설물을 완성(Build)하고, 그 시설을 일정 기간 동안 운영(Operate)하여 투자자금을 회수한 후 발주자에게 그 시설을 양도(Transfer)하는 방식

문제 17

공사 중에 높낮이의 기준이 되도록 건축물 인근에 설치하는 것

문제 18

① 16   ② 48

문제 19

① $m = n + s + r - 2k$

   $= 3 + 8 + 0 - 2 \times 5$

   $= 1$차 부정정

② 안정구조물

문제 20

(A)의 최대 휨 모멘트 = (B)의 최대 휨 모멘트

$\dfrac{wl^2}{8} = \dfrac{Pl}{4}$

$\dfrac{10 \times 8^2}{8} = \dfrac{P \times 8}{4}$ 이므로

$P = 40\text{kN}$

문제 21

㉮ 히스토그램   ㉯ 파레토도   ㉰ 특성요인도

① Rock Anchor를 기초 저면 암반까지 정착시킨다.
② 부력에 대항하도록 구조물의 자중을 증대시킨다.
③ 배수공법을 이용하여 지하수위를 저하시킨다.
④ 마찰말뚝을 이용하여 마찰력을 증대시킨다.
⑤ 인접건물에 긴결시켜 수압 상승에 대처한다.
⑥ Braket을 설치하여 상부 매립토 하중으로 수압에 저항한다.

① 뿜칠공법　　　　　　　　　② 타설공법
③ 미장공법　　　　　　　　　④ 조적공법

①, ③, ④

(가) 콘크리트 속의 공기량을 측정하는 계기　　(나) 굴착에 따른 간극의 수압을 측정하는 계기
(다) 주변 지반의 토압 변화를 측정하는 계기　　(라) AE제를 계량하는 분배기

① 현장용접하는 부분　　　　　② 고력볼트 접합부 마찰면
③ 콘크리트에 묻히는 부분　　　④ 조립에 의해 맞닿는(밀착되는) 부분
⑤ 밀폐되는 내면

① X선 및 γ선(방사선) 투과법　　② 초음파 탐상법
③ 침투수압법　　　　　　　　　④ 자기분말 탐상법

문제 01

　① 거친갈기　　　　　　　　　② 물갈기
　③ 본갈기　　　　　　　　　　④ 정갈기

문제 02

　㉮ 손질바름 : 콘크리트, 콘크리트 블록 바탕에서 초벌바름하기 전에 마감두께를 균등하게 할 목적으로
　　　모르타르 등으로 미리 요철을 조정하는 것
　㉯ 실러바름 : 바탕의 흡수 조정, 바름재와 바탕과의 접착력 증진 등을 위해 합성수지 에멀션 희석액
　　　등을 바탕에 바르는 것

문제 03

　① 기계화, 공업화 생산 가능으로 성력화
　② 재래 공법보다 제작 및 접합 용이로 품질 향상
　③ 지상조립과 고소작업 축소로 안전성 향상
　④ 현장작업 공정 축소로 공기단축
　⑤ 현장에서 건설장비 사용 확대로 기계화

문제 04

　노출면적이 넓은 Slab에서 타설 직후 미경화 Con'c가 건조한 바람이나 고온저습한 외기에 노출되면
　급격히 증발·건조되는바, 증발 속도가 Bleeding 속도보다 빠를 때 발생하는 균열

문제 05

① 강도 저하 ② 재료 분리
③ Bleeding 증가 ④ 건조수축 균열 발생

문제 06

가. 직접비 나. 일반관리비 다. 노무비

문제 07

㉮ 제재 ㉯ 마무리 ㉰ 정

문제 08

가. 정의 : 모르타르를 압축공기로 분사하여 시공하는 뿜칠 콘크리트 공법
나. 장점 : 시공성이 좋고, 가설공사비 감소
다. 단점 : 건조수축, 분진이 크고, 숙련공을 필요로 한다.

문제 09

①, ②, ④, ⑤

문제 10

㉮ 뿜칠공법 : 뿜칠암면, 뿜칠 모르타르, 뿜칠 플라스터
㉯ 타설공법 : 콘크리트, 경량콘크리트
㉰ 미장공법 : 철망 모르타르, 철망 펄라이트 모르타르
㉱ 조적공법 : 콘크리트 블록, 경량 콘크리트 블록, 돌, 벽돌

1. 콘크리트량

　① 기둥(C_1)　1층 $=0.3\times0.3\times(3.3-0.13)\times9개=2.568\text{m}^3$

　　　　　　　2층 $=0.3\times0.3\times(3-0.13)\times9개=2.325\text{m}^3$

　② 보(G_1)　　1층 $=0.3\times0.47\times5.7\times6개=4.822\text{m}^3$

　　　　　　　2층 $=0.3\times0.47\times5.7\times6개=4.822\text{m}^3$

　　　(G_2)　　1층 $=0.3\times0.47\times4.7\times6개=3.976\text{m}^3$

　　　　　　　2층 $=0.3\times0.47\times4.7\times6개=3.976\text{m}^3$

　③ 슬래브(S_1) 1층 $=12.3\times10.3\times0.13=16.470\text{m}^3$

　　　　　　　2층 $=12.3\times10.3\times0.13=16.470\text{m}^3$

∴ 콘크리트 물량 = 기둥 + 보 + 슬래브 $=55.429\text{m}^3 \rightarrow 55.43\text{m}^3$

2. 거푸집 면적

　① 기둥(C_1)　1층 $=2(0.3+0.3)\times(3.3-0.13)\times9개=34.236\text{m}^2$

　　　　　　　2층 $=2(0.3+0.3)\times(3-0.13)\times9개=30.996\text{m}^2$

　② 보(G_1)　　1층 $=0.47\times2\times5.7\times6개=32.148\text{m}^2$

　　　　　　　2층 $=0.47\times2\times5.7\times6개=32.148\text{m}^2$

　　　(G_2)　　1층 $=0.47\times2\times4.7\times6개=26.508\text{m}^2$

　　　　　　　2층 $=0.47\times2\times4.7\times6개=26.508\text{m}^2$

　③ 슬래브(S_1) 1층 $=(12.3\times10.3)+2(12.3+10.3)\times0.13=132.566\text{m}^2$

　　　　　　　2층 $=(12.3\times10.3)+2(12.3+10.3)\times0.13=132.566\text{m}^2$

∴ 거푸집 면적 = 기둥 + 보 + 슬래브 $=447.676\text{m}^2 \rightarrow 447.68\text{m}^2$

(1) 목적(이유)

기존 건축물의 기초를 보강하거나, 새로운 기초를 설치하여 기존 건물을 보호할 때, 기울어진 건축물을 바로잡을 때, 인접한 토공사의 터파기 작업 시 기존 건축물 침하를 방지하기 위해

(2) 종류

　① 2중 널말뚝 공법　　　　　② 현장 타설콘크리트 말뚝 공법

　③ 강재 말뚝 공법　　　　　④ 모르타르 및 약액주입법

　① 수세식 보링　　　　　② 충격식 보링　　　　　③ 회전식 보링

문제 14

$$\text{공극률} = \frac{(\text{G} \times 0.999) - \text{M}}{\text{G} \times 0.999} \times 100 = \frac{(2.65 \times 0.999) - 1.6}{2.65 \times 0.999} \times 100\% = 39.56\%$$

문제 15

① Top Down 공법에 비해 지하의 환기 · 조명 양호
② 철골과 RC Slab가 띠장 역할을 하므로 구조적으로 안정
③ 기초 완료 후 지상과 지하 동시 시공 가능
④ 구조체 철골 간격이 가설재 간격보다 넓어 작업공간 확보
⑤ 공기단축 및 시공성 향상으로 원가 절감

문제 16

① 타격에너지가 크고, 박는 속도가 빠름
② 경비가 저렴하고 운전이 용이
③ 말뚝 두부 타격 손상이 적음
④ 타격소음과 진동이 큼
⑤ 연약지반 시공능률 저하

문제 17

① 방부제 칠하기(도포법) : 방부제(크레오소트, 콜타르 등)를 표면에 바르는 것
② 표면 탄화법 : 목재 표면을 불로 태워서 처리하는 것
③ 침지법 : 목재 방부액(크레오소트, PCP)에 장기간 담가두는 것
④ 가압 주입법 : 방부제 용액을 고기압으로 가압주입하는 것

1. 공정표

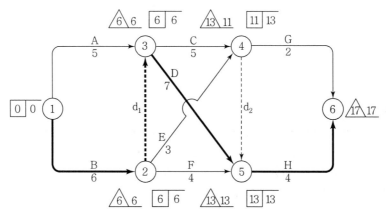

2. 여유시간

작업명	TF	FF	DF	CP
A	1	1	0	
B	0	0	0	*
C	2	0	2	
D	0	0	0	*
E	4	2	2	
F	3	3	0	
G	4	4	0	
H	0	0	0	*

문제 19

$$t_e = \frac{t_o + 4t_m + t_p}{6} = \frac{4 + 4 \times 7 + 8}{6} = 6.67$$

$M_u \leq \phi M_n$ 에서

① $M_u = \dfrac{P_u \cdot L}{4} + \dfrac{W_u \cdot L^2}{8} = \dfrac{P_u \cdot 6}{4} + \dfrac{5 \cdot 6^2}{8}$

② $\phi M_n = \phi A_s \cdot f_y \cdot \left(d - \dfrac{a}{2} \right)$

$\qquad = 0.85 \times 1{,}500 \times 400 \times \left(500 - \dfrac{84.03}{2} \right) = 233.572\text{kN}$

$\qquad$ (여기서, $a = \dfrac{A_s \cdot f_y}{0.85 \cdot f_{ck} \cdot b} = \dfrac{1{,}500 \times 400}{0.85 \times 28 \times 300} = 84.03$)

$\therefore \dfrac{P_u \cdot 6}{4} + \dfrac{5 \cdot 6^2}{8} \leq 233.572$

$\qquad P_u \leq 140.715\text{kN}$

① $a = \dfrac{A_s \cdot f_y}{0.85 \cdot f_{ck} \cdot b} = \dfrac{2{,}000 \times 400}{0.85 \times 30 \times 1{,}500} = 20.92\text{mm}$

② $f_{ck} > 28\text{MPa}$인 경우 : $\beta_1 = 0.85 - 0.007(f_{ck} - 28) = 0.836$

③ $c = \dfrac{a}{\beta_1} = \dfrac{20.92}{0.836} = 25.02\text{mm}$

$\delta_B = \dfrac{wl^4}{8EI} - \dfrac{Pl^3}{3EI} = 0$ 에서 $3wl = 8P$

$\therefore \omega = \dfrac{8P}{3l} = \dfrac{8 \times 3}{3 \times 8} = 1\text{kN/m}$

$E_c = 8{,}500 \sqrt[3]{f_{cu}} = 8{,}500 \sqrt[3]{(30+4)} = 27{,}536.7\text{MPa}$

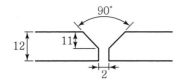

문제 24

문제 25

① $\phi R_n = \phi \cdot \mu \cdot h_{sc} \cdot T_o \cdot N_s$
$$= 1.0 \times 0.5 \times 1.0 \times 200 \times 1 = 100\text{kN}$$

② 고력볼트는 5개이므로
$$N = 100 \times 5 = 500\text{kN}$$

③ 450kN ≦ 500kN이므로 고력볼트 개수는 적절하다.

문제 01

1. 전체 콘크리트 물량

① 기둥 : $0.5 \times 0.5 \times (4 - 0.12) \times 10$개$= 9.7 \mathrm{m}^3$

② $G_1 = 0.4 \times (0.6 - 0.12) \times 8.4 \times 2$개$= 3.226 \mathrm{m}^3$

$G_2(5.45\mathrm{m}) = 0.4 \times (0.6 - 0.12) \times 5.45 \times 4$개$= 4.186 \mathrm{m}^3$

$G_2(5.5\mathrm{m}) = 0.4 \times (0.6 - 0.12) \times 5.5 \times 4$개$= 4.224 \mathrm{m}^3$

$G_3 = 0.4 \times (0.7 - 0.12) \times 8.4 \times 3$개$= 5.846 \mathrm{m}^3$

$B_1 = 0.3 \times (0.6 - 0.12) \times 8.6 \times 4$개$= 4.954 \mathrm{m}^3$

③ 슬래브$= 9.4 \times 24.4 \times 0.12 = 27.523 \mathrm{m}^3$

∴ 콘크리트 물량$=$기둥$+$보$+$슬래브$= 59.66 \mathrm{m}^3$

2. 전체 거푸집 면적

① 기둥 : $2(0.5 + 0.5) \times 3.88 \times 10$개$= 77.6 \mathrm{m}^2$

② 보 : $G_1 = 0.48 \times 2 \times 8.4 \times 2$개$= 16.128 \mathrm{m}^2$

$G_2(5.45\mathrm{m}) = 0.48 \times 2 \times 5.45 \times 4$개$= 20.928 \mathrm{m}^2$

$G_2(5.5\mathrm{m}) = 0.48 \times 2 \times 5.5 \times 4$개$= 21.12 \mathrm{m}^2$

$G_3 = 0.58 \times 2 \times 8.4 \times 3$개$= 29.232 \mathrm{m}^2$

$B_1 = 0.48 \times 2 \times 8.6 \times 4$개$= 33.024 \mathrm{m}^2$

③ 슬래브$= (9.4 \times 24.4) + 2(9.4 + 24.4) \times 0.12 = 237.472 \mathrm{m}^2$

∴ 거푸집 물량$=$기둥$+$보$+$슬래브$= 435.5 \mathrm{m}^2$

3. 시멘트, 모래, 자갈량

① 시멘트량(포대 수) : $\dfrac{37.5}{V} = \dfrac{37.5}{6.72} = 5.58$ ∴ $5.58 \times 59.66 = 332.9 \rightarrow 333$(포대)

② 모래량(m^3) : $\dfrac{m}{V} = \dfrac{3}{6.72} = 0.446$ ∴ $0.446 \times 59.66 = 26.61(\mathrm{m}^3)$

③ 자갈량(m^3) : $\dfrac{n}{V} = \dfrac{6}{6.72} = 0.893$ ∴ $0.893 \times 59.66 = 53.28(\mathrm{m}^3)$

문제 02

㉮ 파레토도 : 불량 등 발생건수를 분류 항목별로 나누어 크기 순서대로 나열해 놓은 그림
㉯ 특성요인도 : 결과에 원인이 어떻게 관계하고 있는가를 한눈에 알 수 있도록 작성한 그림
㉰ 층별 : 집단을 구성하는 많은 데이터를 어떤 특징에 따라 몇 개의 부분 집단으로 나눈 것
㉱ 산점도 : 서로 대응되는 2개의 짝으로 된 데이터를 그래프에 점으로 나타낸 그림

문제 03

① 슬라이드 방식
② 회전방식
③ 고정방식

문제 04

① 고정관념의 제거
② 사용자 중심의 사고
③ 기능중심의 접근
④ 조직적 노력

문제 05

최외단 인장 철근 순인장 변형률 ε_t가
$0.002 < \varepsilon_t < 0.005$이므로 변화구간 단면이며,

$$\phi = 0.65 + (\varepsilon_t - 0.002) \times \frac{200}{3}$$
$$= 0.65 + (0.004 - 0.002) \times \frac{200}{3}$$
$$= 0.783$$

문제 06

사회간접시설의 확충을 위해서 민간자본으로 시설물을 완성(Build)하고, 그 시설을 일정기간 동안 운영(Operate)하여 투자자금을 회수한 후 발주자에게 그 시설을 양도(Transfer)하는 방식

문제 07

(1) Pre-tension 공법

PS강재 긴장 → 콘크리트 타설 → PS강재와 콘크리트 부착(Prestress를 도입)

(2) Post-tension 공법

쉬스 설치 → 콘크리트 타설 → PS강재 삽입, 긴장, 고정 → 그라우팅(Prestress를 도입)

문제 08

① 소음, 진동이 적다.
② 차수성이 크다.
③ 벽체 강성이 높아 인접건물 근접시공이 가능하다.
④ 신속한 시공이 가능하다.
⑤ 지하연속벽에 비해 가격이 저렴하다.

문제 09

가 - ⑥   나 - ④
다 - ①   라 - ⑤
마 - ③   바 - ②

문제 10

(1) ① 4,000   ② 1,000~2,000
    ③ 200   ④ 100
(2) 1.5

② 타일 나누기 ③ 벽타일 붙이기
④ 치장줄눈 ⑤ 보양

㉮ 슬라이딩 폼(Sliding Form) : 콘크리트를 부어 넣으면서 거푸집을 연속적으로 끌어올려 Silo, 굴뚝 등 단면 형상의 변화가 없는 구조물에 사용되는 거푸집

㉯ 워플 폼(Waffle Form) : 무량판 구조 또는 평판 구조에서 2방향 장선(격자보) 바닥판 구조가 가능한 특수 상자모양의 기성재 거푸집

㉰ 터널 폼(Tunnel Form) : 벽과 바닥의 콘크리트 타설을 일체화하기 위한 ㄱ자 또는 ㄷ자 형의 기성재 거푸집으로 아파트공사에 주로 사용되는 거푸집

① 수화열이 적은 시멘트(중용열 시멘트) 사용
② Pre-cooling, Pipe-cooling 이용
③ 단위시멘트량 저감

① 슬래그 감싸들기 ② 언더 컷
③ 오버 랩 ④ 블로 홀
⑤ 크랙 ⑥ 피트
⑦ 용입 부족 ⑧ 크레이터

① 스티프너(Stiffner) ② 띠판(Flat Bar) ③ 거싯플레이트

① 피막도료칠(합성수지도료) ② 방수모르타르 바름 ③ 타일·판돌붙임

문제 17

㉮ 블리딩 : 아직 굳지 않은 시멘트풀, 모르타르 및 콘크리트에 있어서 물이 윗면에 스며오르는 현상
㉯ 레이턴스 : 콘크리트를 부어넣은 후 블리딩 수의 증발에 따라 그 표면에 발생하는 백색의 미세한
   물질

문제 18

점토질 지반의 대표적인 탈수공법으로 지반지름 40~60cm 구멍을 뚫고 모래를 넣은 후, 성토 및 기타
하중을 가하여 점토질 지반을 압밀함으로써 탈수하는 공법

문제 19

① 보통 포틀랜드 시멘트   ② 중용열 포틀랜드 시멘트
③ 조강 포틀랜드 시멘트   ④ 저열 포틀랜드 시멘트
⑤ 내황산염 프틀랜드 시멘트

문제 20

1. 공정표

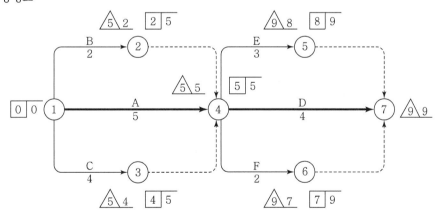

2. 여유시간

작업명	TF	FF	DF	CP
A	0	0	0	*
B	3	3	0	
C	1	1	0	
D	0	0	0	*
E	1	1	0	
F	2	2	0	

문제 21

① 슬래브 두께 증가   ② 지판 또는 주두 사용

③ 기둥열 철근을 스터럽으로 보강   ④ 전단머리(Shear Head) 보강

문제 22

① $M_{\max} = \dfrac{wl^2}{8} = \dfrac{30 \times 8^2}{8} = 240 \text{kN} \cdot \text{m} = 240 \times 10^6 \text{N} \cdot \text{mm}$

② $Z = \dfrac{bh^2}{6} = \dfrac{200 \times 300^2}{6} = 3 \times 10^6 \text{mm}^3$

③ $\sigma_{\max} = \dfrac{M_{\max}}{Z} = \dfrac{240 \times 10^6}{3 \times 10^6} = 80 \text{N/mm}^2 = 80 \text{MPa}$

문제 23

$I_X = I_{x_0} + Ay^2$

$= \left\{ \dfrac{400 \times 100^3}{12} + (400 \times 100) \times (300 + 50)^2 \right\} + \left\{ \dfrac{100 \times 300^3}{12} + (100 \times 300) \times 150^2 \right\}$

$= 5,833,333,333.33 \text{mm}^4$

문제 24

㉮ 1면 전단파괴   ㉯ 2면 전단파괴   ㉰ 인장파괴

문제 01

주근의 이음길이를 고려하여야 하며 대근(Hoop)의 포함 여부를 반드시 확인하여야 한다.
1. D22 : $(3.6 + 25 \times 0.022) \times 4 \times 3.04 = 50.464$kg
2. D19 : $(3.6 + 25 \times 0.019) \times 8 \times 2.25 = 73.35$kg
3. D10 : $2(0.6 + 0.6) \times (1.8 \div 0.15 + 1.8 \div 0.3 + 1) \times 0.56 = 25.536$kg
∴ 총 철근량 : $50.464 + 73.35 + 25.536 = 149.35$kg

문제 02

① 5   ② 4

문제 03

① 공식 : $\tau = c + \sigma \tan\phi$
② 설명
　　τ - 전단강도　　　　　　　　　　c - 점착력
　　$\tan\phi$ - 마찰계수　　　　　　　　ϕ - 내부마찰각
　　σ - 파괴면에 수직인 힘

문제 04

최외단 인장 철근 순인장 변형률 ε_t가 $0.002 < \varepsilon_t < 0.005$이므로 변화구간 단면이며,

$\phi = 0.65 + (\varepsilon_t - 0.002) \times \dfrac{200}{3} = 0.65 + (0.004 - 0.002) \times \dfrac{200}{3} = 0.783$

① 정의 : 최저의 비용(Cost)으로 제품이나 서비스에서 요구되는 기능(Function)을 확실히 달성하도록
   공사를 관리하는 원가절감기법
② 추진절차 : 정보수집단계 → 기능분석단계 → 대체안 개발단계 → 실시단계

문제 **06**

1. 옥상방수면적 : $(7 \times 7) + (4 \times 5) + 0.43 \times 2(11 + 7) = 84.48m^2$
2. 누름콘크리트량 : $\{(7 \times 7) + (4 \times 5)\} \times 0.08 = 5.52m^3$
3. 보호벽돌량 : $0.35 \times 2\{(11 - 0.09) + (7 - 0.09)\} \times 75$매$/m^2 \times 1.05 = 982.3 \rightarrow 983$매

문제 **07**

① 압입식 공법   ② 수사식 공법
③ 프리보링 공법   ④ 중굴공법

문제 **08**

㉮ – ①   ㉯ – ⑤
㉰ – ⑥   ㉱ – ②

문제 **09**

① 마찰말뚝을 사용할 것   ② 경질지반에 지지시킬 것
③ 지하실을 설치할 것   ④ 복합기초를 사용할 것

문제 **10**

㉮ – ⑤   ㉯ – ③
㉰ – ④   ㉱ – ②
㉲ – ①   ㉳ – ⑥

문제 11

(1) 장점
① 조립분해가 생략되므로 인력절감
② 이음부위 감소로 마감 단순화 및 비용절감
③ 기능공의 기능도에 좌우되지 않음
④ 합판 교체하여 재사용 가능

(2) 단점
① 초기 투자비 과다
② 대형 양중장비 필요
③ 거푸집 조립시간 필요
④ 기능공 교육 및 숙달기간 필요

문제 12

1. 공정표

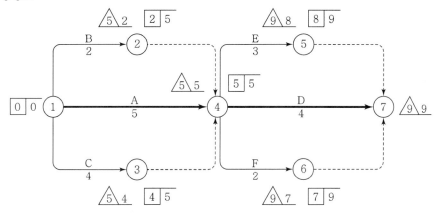

2. 여유시간

작업명	TF	FF	DF	CP
A	0	0	0	*
B	3	3	0	
C	1	1	0	
D	0	0	0	*
E	1	1	0	
F	2	2	0	

문제 13

㉮ 프라이머 칠하기   ㉯ 시트 붙이기   ㉰ 마무리

문제 14

① 비례한계점   ② 탄성한계점
③ 상위항복점   ④ 하위항복점
⑤ 최고강도점   ⑥ 파괴강도점
⑦ 탄성영역   ⑧ 소성영역
⑨ 변형도 경화영역   ⑩ 파괴영역

문제 15

① 방부제 칠하기(도포법)   ② 표면탄화법
③ 침지법   ④ 주입법(상압주입법, 가압주입법)

문제 16

콘크리트 타설 윗면으로부터 최대측압이 생기는 지점까지의 거리

문제 17

① 2중 널말뚝 공법   ② 현장 타설콘크리트 말뚝 공법
③ 강재 말뚝 공법   ④ 모르타르 및 약액주입법

문제 18

고층 건물에서 건축구조물의 높이가 증가함에 따라 발생하는 기둥의 축소변위량으로 구조물의 안전성은 물론 건축마감재, 엘리베이터, 설비 등에 변형을 유발하며 건물의 기능 및 사용성을 저해한다.

문제 19

가. 부어넣기 직후의 모르타르 또는 콘크리트에 포함된 시멘트풀 속의 시멘트에 대한 물의 중량 백분율

나. 아스팔트 양·부를 판정하는 데 가장 중요한 아스팔트의 경도를 나타내는 기준

문제 20

① $\bar{x} = \dfrac{460+540+450+490+470+500+530+480+490}{9} = 490$

② $S = (460-490)^2 + (540-490)^2 + (450-490)^2 + (490-490)^2 + (470-490)^2$
$+ (500-490)^2 + (530-490)^2 + (480-490)^2 + (490-490)^2 = 7,200$

③ $s^2 = \dfrac{S}{n-1} = \dfrac{7,200}{9-1} = 900$

문제 21

(1) 설치위치

　① 건물의 모서리　　　　　　　　② 벽이 길 때 중앙부

(2) 표시사항

　① 창문틀위치　　　　　　　　　② 나무벽돌위치

　③ 쌓기단수　　　　　　　　　　④ 줄눈위치

　⑤ 볼트위치

문제 22

① 직교형　　　　　　② 자재형　　　　　　③ 베이스플레이트

문제 23

개량압착공법

문제 24

SPS공법

$$I_X = \frac{300 \times 600^3}{12} + (300 \times 600) \times 300^2 = 2.16 \times 10^{10}\text{mm}^4$$

$$I_Y = \frac{600 \times 300^3}{12} + (600 \times 300) \times 150^2 = 5.4 \times 10^9\text{mm}^4$$

$$\therefore \frac{I_X}{I_Y} = \frac{2.16 \times 10^{10}}{5.4 \times 10^9} = 4$$

$$S = \frac{A_v \cdot f_{yt} \cdot d}{V_s} = \frac{142 \times 400 \times 550}{200 \times 1,000} = 156.2\text{mm}$$

$\sum M_B = 0$에서

$$V_A \times 8 - (20 \times 4) \times \left(4 \times \frac{1}{2} + 4\right) = 0$$

$\therefore\ V_A = 60\text{kN}$

구하고자 하는 위치는 전단력이 0이 되는 지점이므로

$$V_x = V_A - w \cdot x = 0$$
$$= 60 - 20 \cdot x = 0$$

$\therefore\ x = 3\text{m}$

문제 01

① 건물의 각부 위치 표시
② 건물의 높이, 기초 너비, 길이 등을 정확히 결정

문제 02

① 접합유리 : 2장 이상의 판유리를 투명한 합성수지로 겹붙여 댄 것
② 로이 유리 : 열적외선을 반사하는 은소재 도막으로 코팅하여 방사율과 열관류율을 낮추고 가시광선 투과율을 높인 유리

문제 03

①

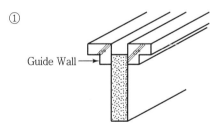

Guide Wall →

② 표토층의 붕괴방지, 굴착 시 수직도 및 벽두께 유지, 철근 삽입 및 트레미관 설치를 위한 지지대 역할

문제 04

(1) 원인
  ① 용접 전류가 낮을 때
  ② 운봉 부족 또는 속도가 과소할 때

(2) 대책
① 용접 전류 적정 유지
② 적당한 용접속도 유지

문제 05

① Slump Flow : 초유동화 콘크리트의 워커빌리티를 측정하는 시험법
② 조립률(FM) : 여러 가지 입자를 포함하는 골재의 평균입경을 대략적으로 나타내는 것

문제 06

① 전단절단   ② 톱절단   ③ 가스절단

문제 07

발주기관이 제시하는 원안 설계에 대하여 동등 이상의 기능 및 효과를 가진 신공법, 신기술, 공기단축 등이 반영된 설계를 대안으로 제시하여 입찰하는 방식

문제 08

① 슬립 폼 : 콘크리트를 부어 넣으면서 거푸집을 연속적으로 끌어올려 전망탑, 급수탑 등 단면 형상의 변화가 있는 구조물에 사용
② 트래블링 폼 : 거푸집 전체를 다음 장소로 이동하여 사용하는 대형의 수평이동 거푸집

문제 09

① 압밀 : 외력에 의하여 간극 내의 물이 빠져 흙입자 간의 사이가 좁아지는 것
② 예민비 : 흙을 이김에 의해 약해지는 정도로서 예민비는 자연시료 강도/이긴 시료의 강도이다.

문제 10

① 소성한계   ② 액성한계

① 스피닝(Spining)에 의한 방법　　　　　② 가열하여 구형으로 가공
③ 원판, 반구형판을 용접　　　　　　　　④ 관 끝을 압착하여 용접 밀폐시키는 방법

① 사춤 모르타르 불충분
② 치장줄눈의 불완전 시공
③ 이질재 접촉부
④ 물흘림, 물끊기 및 빗물막이의 불완전
⑤ 벽돌 또는 블록을 쌓을 때 비계장선 구멍의 메우기를 불충분히 했을 때

조절 줄눈(Control Joint)

온도 변화에 따른 콘크리트의 수축으로 생긴 균열을 최소화하기 위한 철근

① 평판 재하 시험　　　　　　　　　　　② 말뚝 재하 시험

① 1층 : 아스팔트 프라이머　　　　　　　② 2층 : 아스팔트
③ 3층 : 아스팔트 펠트　　　　　　　　　④ 4층 : 아스팔트
⑤ 5층 : 아스팔트 루핑　　　　　　　　　⑥ 6층 : 아스팔트
⑦ 7층 : 아스팔트 루핑　　　　　　　　　⑧ 8층 : 아스팔트

$$f_{ck} = \frac{P}{A} = \frac{P}{\frac{\pi D^2}{4}} = \frac{400 \times 10^3}{\frac{\pi \times 150^2}{4}} = 22.635 \text{N}/\text{mm}^2 = 22.635 \text{MPa}$$

문제 18

⑥ → ④ → ⑤ → ③ → ② → ①

문제 19

파워셔블 시간당 작업량

$$Q = \frac{3,600 \times q \times k \times f \times E}{C_m} = \frac{3,600 \times 0.8 \times 0.8 \times 0.7 \times 0.83}{40} = 33.47 \text{m}^3/\text{hr}$$

문제 20

표준형 벽돌 1.5B의 정미량은 224매/m²이므로

∴ 벽면적 = 1,000 ÷ 224 = 4.46m²

문제 21

1. 표준 네트워크 공정표

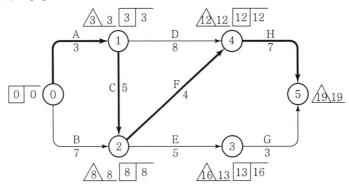

2. 공기단축된 네트워크 공정표

① 공기단축

경로	1차 단축공기	2차 단축공기	3차 단축공기
A-D-H(18일)	18	17	16
A-C-F-H(19일)	18	17	16
A-C-E-G(16일)	16	15	14
B-F-H(18일)	17	17	16
B-E-G(15일)	15	15	14
단축작업 및 일수	F-1일	A-1일	B, C, D-1일

② 단축된 네트워크 공정표

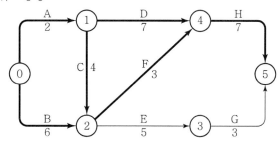

3. 총 공사비

추가비용＝A+B+C+D+F＝6,000+5,000+7,000+10,000+5,000＝33,000원

∴ 총 공사비＝280,000원+33,000원＝313,000원

문제 22

$$P_{cr} = \frac{\pi^2 EI}{(K \cdot L)^2} = \frac{\pi^2 \times 200,000 \times 798,000}{(2 \times 2,500)^2} = 63,007.55\text{N} = 63.007\text{kN}$$

문제 23

1. 목재 전체 체적 : 300,000재÷300＝1,000m³
2. 목재 전체 중량 : 1,000m³×0.6t/m³＝600t
3. 트럭 1대 적재량 : 8.3m³×0.6t/m³＝4.98t

∴ 운반트럭 대수＝$\frac{600t}{4.98t}$＝120.481＝121대

$$M_{OA} = 10 \times \frac{1}{1+1+2} = 2.5\text{kN} \cdot \text{m}$$

$$\therefore M_{AO} = 2.5\text{kN} \cdot \text{m} \times \frac{1}{2} = 1.25\text{kN} \cdot \text{m}$$

① $Z = \dfrac{bh^2}{6} = \dfrac{b(2b)^2}{6} = \dfrac{4b^3}{6} = \dfrac{2b^3}{3}$

② $D^2 = b^2 + h^2 = b^2 + (2b)^2 = 5b^2$ 에서 $b = \dfrac{D}{\sqrt{5}}$

$$\therefore Z = \frac{2}{3}\left(\frac{D}{\sqrt{5}}\right)^3 = \frac{2\sqrt{5}}{75}D^3$$

$$\lambda = \frac{\xi}{1+50\rho'} = \frac{1.8}{1+50\times 0.016} = 1$$

장기처짐 = 순간처짐 $\times \lambda = 2 \times 1 = 2\text{cm}$

$\therefore$ 총 처짐량 = 순간처짐 + 장기처짐 = 2cm + 2cm = 4cm

① 파단선 A-1-3-B

$\quad A_n = A_g - ndt = 300 \times 6 - 2 \times 22 \times 6 = 1{,}536\text{mm}^2$

② 파단선 A-1-2-3-B

$\quad A_n = A_g - ndt + \sum \dfrac{s^2}{4g}t = 300 \times 6 - 3 \times 22 \times 6 + \dfrac{55^2}{4\times 80}\times 6 + \dfrac{55^2}{4\times 80}\times 6 = 1{,}517\text{mm}^2$

$\quad \therefore A_n = 1{,}517\text{mm}^2$

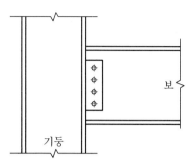

H형강의 Web만 볼트 등으로 체결시키고, Flange는 연결시키지 않으므로 접합부가 보의 회전에 대한 저항력을 갖지 못한다.

문제 01

① - 라

② - 나

③ - 다

④ - 가

문제 02

1. 30m² 면적에 60cm 두께로 돋우기한 다짐상태의 체적 : $30m^2 \times 0.6m = 18m^3$

2. 다짐상태의 흙 18m³를 흐트러진 상태로 환산 : $18m^3 \times \dfrac{1.2}{0.9} = 24m^3$

3. 시공 완료된 후 흐트러진 상태로 남는 흙의 양 : $30m^3 - 24m^3 = 6m^3$

문제 03

$1,000m^2 \times 0.05인/m^2 = 50인$

$\therefore$ 소요일수 $= \dfrac{50인}{10인} = 5일$

문제 04

① 타격법(슈미트 해머법)

② 음속법(초음파법)

③ 복합법

④ 공진법

⑤ 인발법

건축물 상판 구조물에 과다한 하중 및 진동으로 인한 균열, 붕괴의 위험을 방지하기 위해 보 및 슬래브의 적정 지점에 세워 구조물에 가해지는 과다한 하중을 분산하기 위한 동바리

① SM : 용접구조용 압연강재
② 355 : 항복강도(MPa)

① 공극률 $= \dfrac{\text{G} \times 0.999 - \text{M}}{\text{G} \times 0.999} \times 100(\%) = \dfrac{2.65 \times 0.999 - 1.8}{2.65 \times 0.999} \times 100 = 31.998\%$

   ∴ 32%

② 실적률 $= 100\% - 32\% = 68\%$

※ 실적률 $= \dfrac{\text{M}}{\text{G} \times 0.999} \times 100(\%) = \dfrac{1.8}{2.65 \times 0.999} \times 100 = 68\%$

① 콘크리트 탄성계수

   계산과정 : $E_c = 8,500 \sqrt[3]{f_{cu}} = 8,500 \sqrt[3]{(24+4)} = 25,811 \text{MPa}$

② 탄성계수비

   계산과정 : $n = \dfrac{E_s}{E_c} = \dfrac{200,000}{25,811} = 7.748 \rightarrow 8$

히스토그램, 파레토 그림, 특성요인도, 체크시트, 각종 그래프(관리도), 산점도, 층별

문제 10

① 품질관리 조직   ② 시험 설비
③ 시험담당자   ④ 품질관리 항목
⑤ 빈도   ⑥ 규격
⑦ 품질관리 실시방법

문제 11

㉮ 유리 : 1%   ㉯ 시멘트 벽돌 : 5%
㉰ 붉은 벽돌 : 3%   ㉱ 단열재 : 10%

문제 12

① 공정표

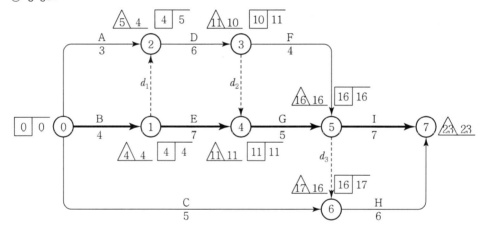

② 여유시간

작업명	TF	FF	DF	CP
A	2	1	1	
B	0	0	0	*
C	12	11	1	
D	1	0	1	
E	0	0	0	*
F	2	2	0	
G	0	0	0	*
H	1	1	0	
I	0	0	0	*

문제 13

① 뿜칠공법   ② 타설공법

③ 미장공법   ④ 조적공법

문제 14

① 슬래그 감싸들기   ② 언더 컷

③ 오버 랩   ④ 블로 홀

⑤ 크랙   ⑥ 피트

⑦ 용입 부족   ⑧ 크레이터

문제 15

① 스칼럽(Scallop)

② 메탈 터치(Metal Touch)

③ 엔드 탭(End Tab)

문제 16

① 제치장 콘크리트   ② 매스 콘크리트   ③ 고강도 콘크리트

① 25 : 굵은골재 최대치수(mm)

② 30 : 호칭강도(Mpa)

③ 210 : 슬럼프(mm)

(1) 정의

포틀랜드 시멘트 중의 알칼리 성분과 골재 등의 실리카 광물이 화학반응을 일으켜 팽창을 유발하는
반응으로 균열을 발생시켜 내구성을 저하시킨다.

(2) 방지대책

① 저알칼리(고로 슬래그, 플라이 애시) 시멘트 사용

② 비반응성 골재 사용한다.

③ 수분의 흡수방지

④ 염분의 침투방지

⑤ 콘크리트에 포함되어 있는 알칼리 총량을 저감

(1) 정의

벽표면에서 침투하는 빗물에 의해 모르타르 중의 석회분이 유출되어 공기 중의 탄산가스와 결합하
여 벽돌벽의 표면에 백색의 미세한 물질이 생기는 현상

(2) 방지대책

① 소성이 잘된 벽돌을 사용

② 줄눈 모르타르에 방수제를 혼합하고 밀실하게 사춤시킨다.

③ 벽면에 비막이를 설치한다.

④ 벽면에 파라핀 도료 등을 발라 방수처리를 한다.

① V(Value) : 가치

② F(Function) : 기능

③ C(Cost) : 비용

문제 21

버팀대 대신 흙막이 벽을 Earth Drill로 천공한 후 인장재와 Mortar를 주입하여 경화시킨 후 인장력에 의해 토압을 지지하는 공법

문제 22

사회간접시설의 확충을 위해 민간이 시설물을 완성(Build)하여 소유권을 공공부분에 먼저 양도 (Transfer)하고, 그 시설물을 일정기간 동안 운영(Operate)하여 투자금액을 회수하는 방식

문제 23

① 슬럼프가 클수록
② 부배합일수록
③ 부어넣기 속도가 빠를수록
④ 벽 두께가 두꺼울수록
⑤ 습도가 높을수록
⑥ 온도가 낮을수록
⑦ 다짐이 과다할수록
⑧ 거푸집 강성이 클수록
⑨ 철골 또는 철근량이 적을수록

문제 24

철근량＝전체철근량×$\dfrac{2}{1+변장비}$

$A_s' = A_s \times \dfrac{2}{1+\lambda} = 3,000 \times \dfrac{2}{1+\dfrac{3}{2}} = 2,400\,\text{mm}^2$

문제 25

① $\phi R_n = \phi \cdot \mu \cdot h_f \cdot T_0 \cdot Ns = 1.0 \times 0.5 \times 1.0 \times 200 \times 1 = 100\text{kN}$
② 고력 볼트가 4개이므로 $100\text{kN} \times 4 = 400\text{kN}$

① $W_u = 1.2\,W_D + 1.6\,W_L = 1.2 \times 15 + 1.6 \times 12 = 37.2\text{kN}$

② $V_{\max} = \dfrac{W_u \cdot l}{2} = \dfrac{37.2 \times 6}{2} = 111.6\text{kN}$

③ $V_u = V_{\max} - W_u \cdot d = 111.6 - 37.2 \times 0.5 = 93.0\text{kN}$

문제 01

점토질 지반의 대표적인 탈수공법으로 지반지름 40~60cm 구멍을 뚫고 모래를 넣은 후, 성토 및 기타 하중을 가하여 점토질 지반을 압밀함으로써 탈수하는 공법

문제 02

㉮ 사회간접시설의 확충을 위해 민간이 시설물을 완성(Build)하고, 그 시설물을 일정기간 동안 운영 (Operate)하여 투자금을 회수한 후 발주자에게 그 시설을 양도(Transfer)하는 방식

㉯ 발주자와 수급자가 상호신뢰를 바탕으로 팀을 구성해서 프로젝트의 성공과 상호이익 확보를 목표로 공동으로 프로젝트를 관리하는 방식

문제 03

가. 균형철근비(ρ_h)

$$\rho_b = 0.85\beta_1 \cdot \frac{f_{ck}}{f_y} \cdot \frac{600}{600+f_y}$$

$$= 0.85 \times 0.85 \times \frac{27}{300} \times \frac{600}{600+300} = 0.04335$$

나. 최대철근량
최대철근비($\rho_{\max}$)

$$\rho_{\max} = 0.85\beta_1 \cdot \frac{f_{ck}}{f_y} \cdot \frac{d_t}{d} \cdot \frac{0.003}{0.003+\varepsilon_{a\min}}$$

$$= 0.85 \times 0.85 \times \frac{27}{300} \times \frac{750}{750} \times \frac{0.003}{0.003+0.004}$$

$$= 0.02786$$

∴ 최대철근량($A_{s\max}$) = $\rho_{\max} \cdot b \cdot d = 0.02786 \times 500 \times 750 = 10,450.446\text{mm}^2$

문제 04

실리카 퓸(Silica Fume)

문제 05

$\phi P_w = 0.9 F_w A_w$
$= 0.9 \times (0.6 \times 235) \times \{(0.7 \times 6) \times (150 - 2 \times 6) \times 2\}$
$= 147,102.48\text{N}$
$= 147.102\text{kN}$

문제 06

① 겹침이음
③ 가스압접이음
② 용접이음
④ 기계적 이음

문제 07

① 2.5
② 750

문제 08

① 오우거 보링
③ 충격식 보링
② 수세식 보링
④ 회전식 보링

문제 09

건물의 초기건설비로부터 유지관리비, 해체에 이르기까지 건축물의 전 생애에 소요되는 총비용으로서 건물의 경제성 평가의 기준이 된다.

문제 10

1. Mullion System, Panel System, Cover System
2. Unit Wall 방식, Stick Wall 방식, Window Wall 방식

문제 11

(1) 구조

　강관을 기둥의 거푸집으로 하여 강관 내부에 콘크리트를 채운 합성구조로서 좌굴방지, 내진성 향상, 기둥단면 축소, 휨강성 증대 등의 효과가 있으므로, 초고층 건물이 기둥구조물에 유리한 구조

(2) 장점

　① 충전콘크리트가 강관에 구속되어 내력 및 연성 향상

　② 철근, 거푸집 공사의 축소로 인한 현장 작업이 절약으로 생산성 향상

(3) 단점

　① 내화성능이 우수하나 별도의 내화피복 필요

　② 콘크리트의 충전성에 대한 품질검사 곤란

문제 12

1. 표준 네트워크 공정표

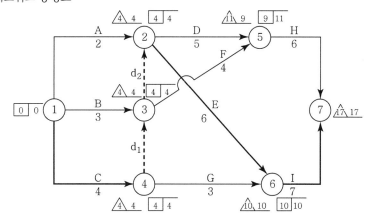

2. 7일 공기단축한 네트워크 공정표

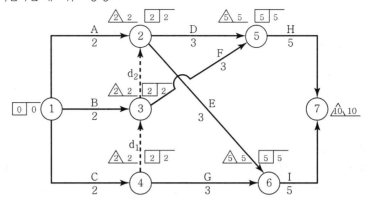

문제 13

콘크리트 타설 윗면으로부터 최대측압이 생기는 지점까지의 거리

문제 14

① 전단력도(SFD)

② 최대전단력 : P

③ 휨모멘트도(BMD)

④ 최대휨모멘트 : $-PL_1$

문제 15

① PC강선

② PC강연선

③ PC강봉

문제 16

① 떠붙임 공법

② 개량 떠붙임 공법

③ 압착공법

④ 개량 압착 공법

⑤ 접착공법

⑥ 밀착(동시줄눈) 공법

문제 17

① AE(Air Entraining Agent)제의 성능과 더불어 감수효과를 증대시킨 혼화제
② 믹싱플랜트 고정믹서에서 어느 정도 비빈 것을 트럭믹서에 실어 운반 도중 완전히 비비는 것

문제 18

① CIP 파일　　　　　② PIP 파일　　　　　③ MIP 파일

문제 19

①-ⓜ　　　　　②-ⓓ　　　　　③-ⓖ

문제 20

① 방화약제 가압주입법
② 표면 난연약제 도포법
③ 불연 방화도료를 칠하는 법

문제 21

① 청정, 견고, 내구성, 내화성
② 알 모양은 구형으로 표면이 거친 것이 좋음
③ 유기불순물을 포함하지 않을 것
④ 입도가 적당할 것(세ㆍ조립이 적당히 혼합된 것)
⑤ 물리적ㆍ화학적으로 안정할 것
⑥ 경화한 시멘트풀 강도 이상이어야 함

문제 22

① 몹시 느슨하다.　　　　　② 느슨하다.
③ 보통　　　　　　　　　　④ 다진 상태

문제 23

① 가설건축물 축조 신고서　　　　　② 가설건축물 배치도
③ 가설건축물 평면도　　　　　　　④ 가설계획 Fence

문제 24

Closed System

문제 25

① $\dfrac{8t}{1.8t/m^3} = 4.44m^3$

② $\dfrac{(12,000-5,000)m^3 \times 1.25}{4.44} = 1,970.72 \rightarrow 1,971$대

문제 26

$DF_{OA} = \dfrac{2}{2+3+4 \times \dfrac{3}{4}+1} = \dfrac{2}{9}$

문제 27

① 인장철근간격

$S = 375\left(\dfrac{210}{f_s}\right) - 2.5C_c = 375\left(\dfrac{210}{267}\right) - 2.5(50) = 170mm$

$S = 300\left(\dfrac{210}{f_s}\right) = 300\left(\dfrac{210}{267}\right) = 236mm$

∴ ①, ② 중 작은 값 $S_{max} = 170mm$

② 적합 여부

$\dfrac{1}{2}\left[400 - 2\left(40 + 10 + \dfrac{22}{2}\right)\right] = 139mm < S_{max} = 170mm$

∴ 판정 : 적합함

문제 01

① 지하와 지상 동시 작업으로 공기 단축
② Slab 밑에서 작업하므로 전천후 시공 가능
③ 1층 바닥 선시공으로 작업공간 활용 가능
④ 주변지반 및 인접건물에 악영향 적음
⑤ 소음 및 진동이 적어 도심지 공사에 적합
⑥ 흙막이 안전성이 높음

문제 02

① 샌드 드레인(Sand Drain) 공법, 페이퍼 드레인(Paper Drain) 공법
② 샌드 드레인 공법 : 점토지반에 모래 말뚝을 형성한 후, 지표면에 성토하중을 가하여 점토질 지반을 압밀탈수하는 공법

문제 03

① $\dfrac{4}{3}$

② 25

문제 04

㉮ 슬라이딩 폼(Sliding Form) : 콘크리트를 부어 넣으면서 거푸집을 연속적으로 끌어올려 Silo, 굴뚝 등 단면 형상의 변화가 없는 구조물에 사용되는 거푸집
㉯ 터널 폼(Tunnel Form) : 벽과 바닥의 콘크리트 타설을 일체화하기 위한 ㄱ자 또는 ㄷ자형의 기성재 거푸집으로 아파트 공사에 주로 사용되는 거푸집

㉮ — ④　　　　　　　　　　㉯ — ⑤
㉰ — ③　　　　　　　　　　㉱ — ⑥

문제 06

Delay Joint(지연줄눈)

문제 07

㉮ 5　　　　　　　　　　㉯ 60

문제 08

① 워커빌리티가 우수하다.
② 블리딩 및 재료분리에 대한 저항성이 우수하다.
③ 강도(휨, 인장, 전단, 장기)가 뛰어나다.
④ 내동결융해성, 내후성이 양호하다.
⑤ 내약품성이 뛰어나다.
⑥ 건조수축이 감소한다.
⑦ 크리프가 적다.

문제 09

① 뿜칠공법　　　　　　　　② 타설공법
③ 미장공법　　　　　　　　④ 조적공법

문제 10

① 철골부재 용접 시 이음 및 접합부위의 용접선이 교차되어 재용접된 부위가 열영향을 받아 취약해지기 때문에 모재에 부채꼴 모양의 모따기를 한 것
② Blow Hole, Crater 등의 용접결함이 생기기 쉬운 용접 Bead의 시작과 끝지점에 용접을 하기 위해 용접 접합하는 모재의 양단에 부착하는 보조강판

㉮ A : 아스팔트 방수층(Asphalt)

㉯ M : 개량아스팔트 방수층(Modified Asphalt)

㉰ S : 합성고분자 시트 방수층(Sheet)

㉱ L : 도막 방수층(Liquid)

문제 12

① 예비시험   ② 기밀시험

③ 정압수밀시험   ④ 동압수밀시험

⑤ 구조시험

문제 13

③ → ④ → ① → ②

문제 14

① 용제에 의한 방법

② 인산피막법

③ 워시 프라이머법

문제 15

① 내단열   ② 중단열   ③ 외단열

문제 16

면진구조

① 표준 네트워크 공정표

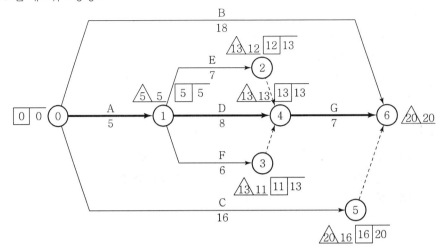

② 표준공기 시 총 공사비

$170,000 + 300,000 + 320,000 + 200,000 + 110,000 + 120,000 + 150,000 = 1,370,000$원

③ 4일 단축된 총 공사비

경로	1차 단축공기	2차 단축공기	3차 단축공기	4차 단축공기
B(18일)	18	18	17	16
A−E−G(19일)	19	18	17	16
A−D−G(20일)	19	18	17	16
A−F−G(18일)	18	17	16	15
C(16일)	16	16	16	16
단축작업 및 일수	D−1일	G−1일	B, G−1일	A, B−1일

추가비용$= A + 2B + D + 2G$

$\quad = 40,000 + 2 \times 30,000 + 30,000 + 2 \times 35,000$

$\quad = 200,000$원

∴ 총 공사비$= 1,370,000 + 200,000 = 1,570,000$원

문제 18

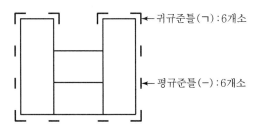

귀규준틀(ㄱ) : 6개소

평규준틀(一) : 6개소

문제 19

불도저 1대의 시간당 작업량 $Q = \dfrac{60 \times q \times f \times E}{C_m}$

$Q = \dfrac{60 \times 0.6 \times 0.7 \times 0.9}{15} = 1.512\text{m}^3/\text{hr}$

$\therefore \dfrac{2,000\text{m}^3}{1.512\text{m}^3/\text{hr} \times 2대} = 661.38시간$

문제 20

1. 분당 토출량 : $\dfrac{\pi \times (0.18)^2}{4} \times 1 \times 24 \times 0.9 = 0.549\text{m}^3/분$

2. 레미콘 트럭 배차시간 간격(분) : $\dfrac{7\text{m}^3}{0.549\text{m}^3/분} = 12.75분$

문제 21

1. 목재 전체 체적 : $30,000재 \div 300 = 100\text{m}^3$
2. 목재 전체 중량 : $100\text{m}^3 \times 0.8\text{t/m}^3 = 80\text{t}$
3. 트럭 1대 적재량 : $7.5\text{m}^3 \times 0.8\text{t/m}^3 = 6\text{t}$

$\therefore$ 운반트럭 대수 $= \dfrac{80\text{t}}{6\text{t}} = 13.333 = 14대$

문제 22

⑥ → ④ → ⑤ → ③ → ② → ①

가. ⑦   나. ⑥   다. ⑤

sin 법칙 이용

$$\frac{1}{\sin 30°} = \frac{T}{\sin 90°} \quad T = 2\text{kN}$$

① 최대 휨 모멘트

$$M_{\max} = \frac{wL^2}{8} = \frac{5 \times 12^2}{8} = 90\text{kN} \cdot \text{m}$$

② 균열 모멘트 및 균열 발생 여부 판정

$$M_{cr} = Z \times f_r = \frac{bh^2}{6} \times 0.63\lambda\sqrt{f_{ck}}$$

$$= \frac{200 \times 600^2}{6} \times 0.63 \times 1 \times \sqrt{24} = 37.036\text{kN} \cdot \text{m}$$

$\therefore M_{\max} > M_{cr}$ 이므로 균열이 발생한다.

① 압축응력 : $\sigma_c = \dfrac{P}{A} = \dfrac{10 \times 10^3}{10 \times 10} = 100\text{N/mm}^2 = 100\text{MPa}$

② 변형률 : $\varepsilon = \dfrac{\Delta L}{L} = \dfrac{1}{10 \times 10} = 0.01$

③ 탄성계수 : $E = \dfrac{\sigma_c}{\varepsilon} = \dfrac{100}{0.01} = 10,000\text{MPa}$

$$w = 1.0w_D + 1.0w_L = 1 \times 10 + 1 \times 20 = 30\text{kN/m} = 30\text{N/mm}$$

$$\delta_{\max} = \frac{5wL^4}{384EI} = \frac{5 \times 30 \times (7 \times 10^3)^4}{384 \times 205,000 \times 4,870 \times 10^4} = 93.94\text{mm}$$

문제 01

㉮ BOT 방식 : 사회간접시설의 확충을 위해 민간이 시설물을 완성(Build)하고, 그 시설물을 일정기간 동안 운영(Operate)하여, 투자금을 회수한 후 발주자에게 그 시설물을 양도(Transfer)하는 방식

㉯ 파트너링 방식 : 발주자와 수급자가 상호신뢰를 바탕으로 팀을 구성해서 프로젝트의 성공과 상호이익 확보를 목표로 공동으로 프로젝트를 관리하는 방식

문제 02

공사 중에 높낮이의 기준이 되도록 건축물 인근에 설치하는 것

문제 03

① 오우거 보링　　　　　　　　② 수세식 보링

③ 충격식 보링　　　　　　　　④ 회전식 보링

문제 04

① 가이드 월(Guide Wall)

② 철근망

③ 트레미관(Tremie Pipe)

① 컴프레설 파일(Compressol Pile)   ② 심플렉스 파일(Simplex Pile)
③ 레이몬드 파일(Raymond Pile)   ④ 페데스탈 파일(Pedestal Pile)
⑤ 프랭키 파일(Franky Pile)   ⑥ 베노토공법
⑦ 어스드릴공법   ⑧ ICOS공법
⑨ RCD공법   ⑩ CIP공법
⑪ PIP공법   ⑫ MIP공법

(1) 주요 화합물
    ① 규산 이석회($2CaO \cdot SiO_2$)
    ② 규산 삼석회($3CaO \cdot SiO_2$)
    ③ 알루민산 삼석회($3CaO \cdot Al_2O_3$)
    ④ 알루민산철 사석회($4CaO \cdot Al_2O_3 \cdot FC_2O_3$)
(2) 28일 이후 장기강도에 관여하는 화합물
    규산 이석회($2CaO \cdot SiO_2$)

① 해수 등의 화학적 저항성 증대
② 알칼리 골재 반응 억제
③ 워커빌리티가 좋아지고 블리딩 및 재료분리 감소
④ 수밀성 향상
⑤ 수화발열량 감소
⑥ 장기강도(내구성) 증대

① 강도저하   ② 재료분리
③ Bleeding 증가   ④ 건조수축 균열 발생

㉮ 표면처리법 : 미세한 균열에 적용되는 공법으로 균열부위에 시멘트 페이스트 등으로 도막을 형성하는 공법

㉯ 주입공법 : 균열 부위에 주입용 파이프를 적당한 간격으로 설치하고 저점성의 에폭시 수지 등을 주입하는 공법

① 도료, 기름, 오물은 충분히 청소하여 제거
② 들뜬 녹은 와이어 브러시로 제거
③ 녹, 흑피는 숏 블라스트(Shot Blast) 또는 샌드 블라스트(Sand Blast)로 제거

㉮ – ①, ④, ⑦
㉯ – ②, ③, ⑧
㉰ – ⑤, ⑥

① 철골구조의 절점에 있어서 각 부재의 접합부위에 대는 연결판
② 아연도 천판을 전곡하여 제작한 바닥(Slab) 콘크리트 타설을 위한 슬래브 하부 거푸집판
③ 철골보와 콘크리트 바닥판을 일체화시키기 위해 설치하는 전단력을 부담하는 연결재

① 창문틀 위치   ② 나무벽돌 위치   ③ 쌓기단수
④ 줄눈위치   ⑤ 볼트위치

① 섬유포화점 이상에서는 강도가 일정함
② 섬유포화점 이하에서는 함수율에 따른 강도의 변화가 급속히 이루어짐

① 재의 길이 방향으로 부재를 길게 접합하는 것
② 부재를 서로 경사 또는 직각으로 접합하는 것

① 방부제 칠하기(도포법)　　　　　② 표면 탄화법
③ 침지법　　　　　　　　　　　　④ 주입법(상압주입법, 가압주입법)

① 실모　　　　　② 둥근모　　　　　③ 쌍사모
④ 게눈모　　　　⑤ 큰모　　　　　　⑥ 평골모

① 바탕처리 미흡　　　　　　　　　② Open Time 미준수
③ 줄눈시공 불량　　　　　　　　　④ 보양(양생) 불량

① 광명단　　　　　　　　　　　　② 산화철 녹막이 도료
③ 징크로메이트 도료　　　　　　　④ 아연분말 도료

(1) 장점
　　① 준불연재료　　　　　　　　② 단열성이 우수
　　③ 방화성이 우수　　　　　　　④ 가공이 용이
(2) 단점
　　① 내수성이 낮아 습기에 약함
　　② 접착제 시공 시 온도, 습도에 의한 동절기 작업 우려
　　③ 못 사용 시 녹막이 필요

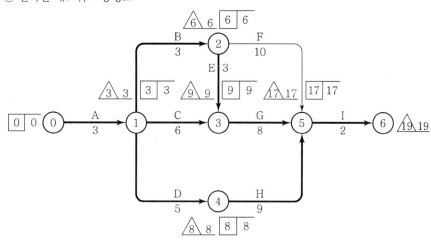

문제 21

1. 공기단축된 네트워크 공정표

   ① 공기단축

경로	1차 단축공기	2차 단축공기	3차 단축공기
A−B−F−I(20일)	20	19	18
A−B−E−G−I(22일)	21	20	19
A−C−G−I(19일)	19	19	19
A−D−H−I(21일)	21	20	19
단축작업 및 일수	E−1일	B, D−1일	B, D−1일

   ② 단축한 네트워크 공정표

2. 총 공사금액 = 정상공기시 공사비 + 추가공사비 = 69,000 + 8,500 = 77,500원

문제 22

① 터파기량 : $V = \dfrac{10}{6}\{(2 \times 60 + 40) \times 50 + (2 \times 40 + 60) \times 30\} = 20,333.33\text{m}^3$

② 운반대수 : $\dfrac{\text{터파기량} \times L}{\text{1대 적재량}} = \dfrac{20,333.33 \times 1.3}{12} = 2,202.7 \rightarrow 2,203$대

③ 표고 : $\dfrac{\text{터파기량} \times C}{\text{성토면적}} = \dfrac{20,333.33 \times 0.9}{5,000} = 3.66\text{m}$

$$\sum H = 0 : H_A - H_B = 0$$

$$\sum V = 0 : V_A - 6 + V_B = 0$$

$$\sum M_B = 0 : V_A \times 4 - 6 \times 3 = 0$$

$$\therefore V_A = 4.5\text{kN}, \ V_B = 1.5\text{kN}$$

$$\sum M_C = 0 : V_A \times 2 - H_A \times 3 - 6 \times 1 = 0$$

$$\therefore H_A = 1, \ H_B = 1$$

$$\therefore V_A = 4.5\text{kN}, \ H_A = 1\text{kN}$$

문제 24

최대전단력 $V_{\max} = \dfrac{P}{2} = \dfrac{200}{2} = 100\text{kN}$

$\therefore$ 최대전단응력 $\tau_{\max} = K \cdot \dfrac{V_{\max}}{A} = \dfrac{3}{2} \times \dfrac{100 \times 10^3}{300 \times 500} = 1\text{N/mm}^2 = 1\text{MPa}$

문제 25

최외단 인장철근 순인장변형률 ε_t가 $0.002 < \varepsilon_t < 0.005$이므로 변화구간 지배단면이며,

$$\phi - 0.65 + (\varepsilon_t - 0.002) \times \frac{200}{3} - 0.65 + (0.004 - 0.002) \times \frac{200}{3} = 0.783$$

문제 26

$$\lambda = \frac{\xi}{1 + 50\rho'} = \frac{2.0}{1 + 50 \times 0.005} = 1.6$$

(압축철근비$(\rho') = \dfrac{A_s'}{bd} = \dfrac{1,000}{400 \times 500} = 0.005$)

장기처짐 = 순간처짐 $\times \lambda = 20 \times 1.6 = 32\text{mm}$

$\therefore$ 총 처짐량 = 순간처짐 + 장기처짐 = 20mm + 32mm = 52mm

문제 01

① 바라보기 좋고 공사에 지장이 없는 곳에 설치한다.
② 이동의 염려가 없는 곳에 설치한다.
③ 지반선(G.L)에서 0.5~1m 위에 둔다.
④ 최소 2개소 이상 여러 곳에 표시해 두는 것이 좋다.

문제 02

① 흙막이벽의 타입 깊이를 늘린다.
② 흙막이벽 상부의 과재하중을 제거한다.
③ 강성이 큰 흙막이를 사용한다.
④ 흙막이벽 배면 Earth Anchor를 시공한다.

문제 03

① 2   ② 3   ③ 3   ④ 6

문제 04

① 단위수량 감소
② 동결융해 저항성 증대
③ 알칼리 골재 반응 억제
④ 워커빌리티가 좋아지고 블리딩 및 재료분리 감소
⑤ 수밀성 향상
⑥ 수화발열량 감소
⑦ 장기강도(내구성) 증대

문제 05

가수 후 발열하지 않고 10~20분에 굳어졌다가 다시 묽어지며 이후 순조롭게 경화되는 현상으로 이중 응결이라고도 한다.

① 서모콘   ② 진공 콘크리트   ③ 프리팩트 콘크리트

① 강판접착공법   ② 앵커접합공법
③ 탄소섬유판 접착공법   ④ 단면증가공법

1. 시멘트 중량

$$\frac{W}{C} = 50\% = 0.5 \qquad W = 160\text{kg/m}^3 \qquad \therefore\ C = 320\text{kg/m}^3$$

2. 공기, 물, 시멘트 체적(V_a, V_w, V_c)

V(체적) $\times$ g(비중) $=$ W(중량)

① 공기 체적 $V_a = 1\% = 0.01\text{m}^3$

② 물 체적 $V_w = \dfrac{W_w}{g_w} = \dfrac{0.16}{1} = 0.16\text{m}^3$

③ 시멘트 체적 $V_c = \dfrac{W_c}{g_c} = \dfrac{0.32}{3.15} = 0.102\text{m}^3$

3. 모래 체적(V_s), 자갈 체적(V_g)

① 모래와 자갈 체적 $= V_s + V_g = 1 - (V_a + V_w + V_c) = 1 - (0.01 + 0.16 + 0.102) = 0.728\text{m}^3$

② 모래 체적(V_s) : 물시멘트비(W/C)는 중량비이나 잔골재율$\left(\dfrac{S}{a}\right)$은 부피비이다.

$$\text{잔골재율}\left(\frac{S}{a}\right) = \frac{\text{모래(Sand)}}{\text{골재(Aggregate)}} = \frac{\text{모래(Sand)}}{\text{모래(Sand)} + \text{자갈(Graval)}} = 40\% = 0.4$$

$$\frac{S}{a} = \frac{V_s}{V_s + V_g} = \frac{V_s}{0.728} = 0.4$$

$\therefore\ V_s = 0.291\text{m}^3$

③ 자갈 체적(V_g)

$V_s + V_g = 0.728\text{m}^3$

$V_g = 0.437\text{m}^3$

4. 모래중량(W_s), 자갈중량(W_g)

① 모래중량 $W_s = V_s \times g_s = 0.291 \times 2.6 = 0.757\text{t/m}^3 = 757\text{kg/m}^3$

② 자갈중량 $W_g = V_g \times g_g = 0.437 \times 2.6 = 1.136\text{t/m}^3 = 1{,}136\text{kg/m}^3$

이상을 정리하면 다음 표와 같다.

재료	부피 V(m³)	비중(g)	중량 W(t/m³)
공기(A)	0.01		
물(W)	0.16	1	0.16
시멘트(C)	0.102	3.15	0.32
모래(S)	0.291	2.6	0.757
자갈(G)	0.437	2.6	1.136
합계	1m³		2.37t/m³

문제 09

$$l_{db} = \frac{0.6 d_b f_y}{\lambda \sqrt{f_{ck}}} = \frac{0.6 \times 22.2 \times 400}{1 \times \sqrt{30}} = 972.755 \text{mm}$$

문제 10

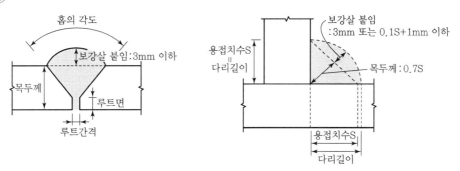

① 맞댄용접 : 접합하는 두 부재를 맞대어 홈(앞벌림 : Groove)을 만들고 그 사이에 용착금속으로 채워 용접하는 방법

② 필릿용접 : 목두께의 방향이 모재의 면과 45° 또는 거의 45°의 각을 이루며 용접하는 방법으로 단속용접과 연속용접이 있다.

문제 11

②, ⑤, ⑧

$$\phi R_n = \phi n_b \cdot F_{nv} \cdot A_b$$
$$= 0.75 \times 4 \times 450 \times \frac{\pi \times 22^2}{4}$$
$$= 513{,}179\text{N}$$
$$= 513.179\text{kN}$$

$$\lambda_f = \frac{(200/2)}{13} = 7.69$$
$$\lambda_w = \frac{400 - 2 \times 13 - 2 \times 16}{8} = 42.75$$

스터드 볼트(Stud Bolt)

한 켜는 마구리쌓기, 다음 켜는 길이쌓기로 하고, 모서리 벽 끝에는 이오토막을 사용하여 마무리하는 쌓기법으로 벽돌쌓기 중 가장 튼튼한 쌓기법이다.

지하실 바깥방수의 일반적인 시공순서는 다음과 같다.
잡석다짐 → 밑창 콘크리트 → 바닥방수층 시공 → 바닥 콘크리트 → 외벽 콘크리트 → 외벽방수층 시공 → 보호누름 시공 → 되메우기
∴ ② → ① → ⑧ → ③ → ⑤ → ⑥ → ④ → ⑦

문제 17

조립방식	설명
(①)	• 구성부재를 현장에서 조립·연결하여 창틀이 구성되는 형식으로, Glazing은 현장에서 실시 • 현장안전과 품질관리에 부담이 있지만, 현장 적용력이 우수하여 공기 조절이 가능
(②)	• 건축모듈을 기준으로 하여 취급이 가능한 크기로 나누며, 구성 부재 모두가 공장에서 조립된 프리패브형식으로 대부분 Glazing을 포함 • 시공속도나 품질관리의 업체의존도가 높아 현장상황에 융통성을 발휘하기가 어려움
(③)	• 창호 주변이 패널로 구성됨으로써 창호의 구조가 패널트러스에 연결됨 • 패널트러스를 스틸트러스에 연결할 수 있으므로 재료의 사용효율이 높아 비교적 경제적인 시스템 구성이 가능

문제 18

사회간접시설의 확충을 위해서 민간자본으로 시설물을 완성(Build)하고, 그 시설을 일정기간 동안 운영(Operate)하여 투자자금을 회수한 후 발주자에게 그 시설을 양도(Transfer)하는 방식

문제 19

결과에 원인이 어떻게 관계하고 있는가를 한눈에 알 수 있도록 작성한 그림

문제 20

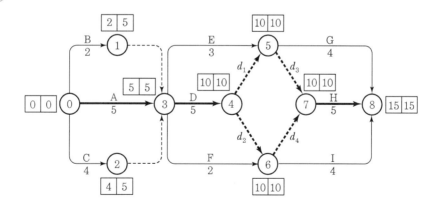

$$t_e = \frac{t_o + 4t_m + t_p}{6} = \frac{4 + 4 \times 7 + 8}{6} = 6.67$$

문제 22

공사 내용을 파악하기 위해 작업을 공종별로 세분화시킨 분류체계

문제 23

① 300, ② 95

문제 24

① 야적물질을 1일 이상 보관하는 경우 방진덮개를 덮을 것
② 공사장 경계에는 높이 1.8m 이상의 방진벽을 설치
③ 야적물질로 인한 비산먼지 발생 억제를 위한 살수시설 설치

문제 25

① 장기처짐 감소 : 크리프(Creep) 변형 억제
② 철근조립의 편리 : 피복두께의 유지
③ 연성의 증진

문제 26

$$0.55\phi \cdot f_{ck} \cdot A_g \cdot \left[1 - \left(\frac{k \cdot l_e}{32h}\right)^2\right]$$

$$0.55 \times 0.65 \times 24 \times (200 \times 2,000) \times \left[1 - \left(\frac{0.8 \times 3,200}{32 \times 200}\right)^2\right]$$

$$= 2,882,880\text{N}$$

$$= 2,882.88\text{kN}$$

문제 01

⑦ → ② → ⑤ → ⑥ → ① → ③ → ④

문제 02

1. 장점
   ① 입찰수속 간단
   ② 공사기밀 유지
   ③ 우량시공 기대
2. 단점
   ① 공사금액 결정 불명확
   ② 공사비 증대

문제 03

민간이 자금조달을 하여 시설을 준공한 후 소유권을 정부에 이전하되, 정부의 시설임대료를 통해 투자비를 회수하는 민간투자사업 계약방식

문제 04

① 굴토할 흙의 굴착깊이
② 굴착된 흙의 처리
③ 흙의 종류
④ 토공사 기간

문제 05

중앙부의 흙을 먼저 파고, 그 부분에 기초 또는 지하구조체를 축조한 후, 이것을 지점으로 하여 흙막이 버팀대를 경사지게 또는 수평으로 가설하여 널말뚝 부근의 흙을 마저 파내는 공법

문제 06

① 버팀대가 없어 굴착공간을 넓게 활용
② 대형기계 반입 용이
③ 작업공간이 좁은 곳에서도 시공 가능
④ 공기 단축 용이
⑤ 시공 후 검사 곤란
⑥ 인접한 구조물의 기초나 매설물이 있는 경우 부적합

문제 07

$$예민비 = \frac{자연시료강도}{이긴시료강도} = \frac{8}{5} = 1.6$$

문제 08

탑다운 공법은 토공사에 앞서 지상 1층 바닥슬래브를 선시공하여 작업공간으로 활용하여 협소한 부지를 넓게 쓸 수 있다.

문제 09

① 마찰말뚝을 사용할 것   ② 경질지반에 지지시킬 것
③ 지하실을 설치할 것   ④ 복합기초를 사용할 것

문제 10

① 보통 포틀랜드 시멘트   ② 중용열 포틀랜드 시멘트
③ 조강 포틀랜드 시멘트   ④ 저열 포틀랜드 시멘트
⑤ 내황산염 포틀랜드 시멘트

문제 11

① 엔트랩트 에어 : 일반 콘크리트에 자연적으로 상호연속된 부정형의 기포가 1~2% 정도 함유된 것
② 엔트레인드 에어 : AE제에 의한 독립된 미세한 기포로서 볼베어링 역할을 한다.

문제 12

① 콘크리트 속의 공기량을 측정하는 계기　　② 주변 지반의 토압변화 측정기구
③ 굴착에 따른 간극 수압 측정기구　　④ AE제를 계량하는 분배기

문제 13

① 프리텐션(Pre-tension) 방식 : PS강재에 미리 인장력을 가한 상태로 콘크리트를 넣고 경화한 후에 인장력을 풀어주는 방법
② 포스트텐션(Post-tension) 방식 : 콘크리트 타설, 경화 후 미리 묻어둔 쉬스(Sheath) 내에 PS강재를 삽입하여 긴장시키고 정착한 다음 그라우팅하는 방법

문제 14

① 타설공법 : 콘크리트, 경량 콘크리트
② 조적공법 : 콘크리트 블록, 경량 콘크리트 블록, 돌, 벽돌
③ 미장공법 : 철망 모르타르, 철망 펄라이트 모르타르

문제 15

① 고정 매입공법　　② 가동 매입공법　　③ 나중 매입공법

문제 16

① 축부　　② 나사부　　③ 핀테일　　④ 직경　　⑤ 평와셔

① 바탕처리 미흡
② Open Time 미준수
③ 줄눈시공 불량
④ 보양(양생) 불량

① 프라이머 칠하기　② 시트 붙이기　③ 마무리

① 건조 공기층을 사이에 두고 판유리를 이중으로 접합하여 테두리를 둘러서 밀봉한 것으로, 단열 · 방음 · 결로 방지에 유리하다.
② 일반 서랭 유리를 연화점 부근까지 재가열한 후 찬 공기로 강화유리보다 서서히 냉각하여 제조한 반강화유리로 파손 시 유리가 이탈하지 않아 고층건축물 사용 시 적합한 유리

수평선을 강조하는 창과 스팬드럴의 조합으로 이루어지는 방식

1. 표준 네트워크 공정표

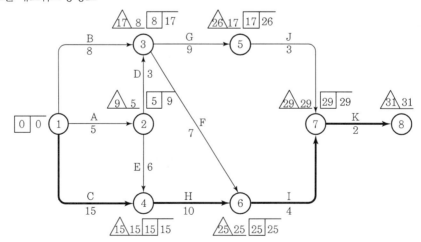

2. 공기 단축된 네트워크 공정표

① 공기 단축

경로		1차 단축공기	2차 단축공기	3차 단축공기	4차 단축공기
B-G-J-K	(22일)	22	22	22	21
B-F-I-K	(21일)	21	21	19	18
A-D-G-J-K	(22일)	22	22	22	21
A-D-F-I-K	(21일)	21	21	19	18
A-E-H-I-K	(27일)	24	24	22	21
C-H-I-K	(31일)	28	24	22	21
단축작업 및 일수		H-3일	C-4일	I-2일	A, B, C-1일

② 단축된 네트워크 공정표

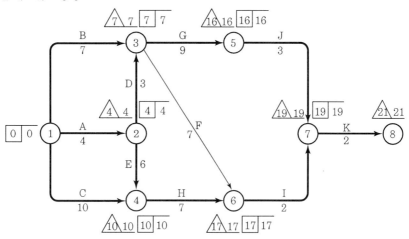

3. 총공사비

추가비용＝A＋B＋5C＋3H＋2I＝10,000＋15,000＋45,000＋25,500＋19,000＝114,500

∴ 총공사비＝1,000,000＋114,500＝1,114,500원

문제 22

① 흡수율 ＝ $\dfrac{3.95-3.6}{3.6} \times 100 = 9.72\%$ ② 표건비중 ＝ $\dfrac{3.95}{3.95-2.45} = 2.63$

③ 겉보기 비중 ＝ $\dfrac{3.6}{3.95-2.45} = 2.4$ ④ 진비중 ＝ $\dfrac{3.6}{3.6-2.45} = 3.13$

$$E_c = 8{,}500 \sqrt[3]{f_{cu}}$$
$$= 8{,}500 \sqrt[3]{(30+4)} = 27{,}536.7 \text{MPa}$$

위험단면 둘레길이

$$b_0 = 2(c_1 + d) + 2(c_2 + d)$$
$$= 2 \times (60+70) + 2 \times (60+70)$$
$$= 520 \text{cm}$$
$$\therefore \text{저항면적 } A = b_0 \times d$$
$$= 520 \times 70$$
$$= 36{,}400 \text{cm}^2$$

① $\dfrac{\pi D^2}{4} = a^2$에서 $D = \sqrt{\dfrac{4a^2}{\pi}} = 1.128a$

② $Z_A = \dfrac{\pi D^3}{32} = \dfrac{\pi \times (1.128a)^3}{32} = 0.141a^3$

$Z_B = \dfrac{a^3}{6}$

$\therefore Z_A : Z_B = 0.141a^3 : \dfrac{a^3}{6} = 1 : 1.182$

① $P_u = 1.2P_D + 1.6P_L = 1.2 \times 20 + 1.6 \times 30 = 72 \text{kN}$

② $a = 0.7s = 0.7 \times 5 = 3.5 \text{mm}$

$A_w = a \times 1 = 3.5 \times 1 = 3.5 \text{mm}^2$

$\phi P_w = \phi F_{nw} A_w = 0.75 \times (0.6 \times 490) \times 3.5 = 771.75 \text{N/mm}$

$\therefore L_e = \dfrac{P_u}{\phi P_w} = \dfrac{72 \times 1{,}000}{771.75} = 93.29 \text{mm}$

문제 01

BTL(Build Transfer Lease) 방식

문제 02

① 지하와 지상 동시 작업으로 공기 단축   ② Slab 밑에서 작업하므로 전천후 시공 가능
③ 1층 바닥 선시공으로 작업공간 활용 가능   ④ 주변 지반 및 인접 건물에 악영향이 적음
⑤ 소음 및 진동이 적어 도심지 공사에 적합   ⑥ 흙막이 안전성이 높음

문제 03

슬럼프시험, 흐름시험, 비비시험, 리몰딩시험

문제 04

① 베인테스트(Vane Test)   ② 아스팔트 콤파운드(Asphalt Compound)

문제 05

가치공학의 기본추진절차는 다음과 같다.
대상 선정 → 정보 수집 → 기능 정의 → 기능 정리 → 기능 평가 → 아이디어 발상 → 평가 → 제안
→ 실시
∴ ⑤ → ① → ④ → ② → ⑦ → ③ → ⑧ → ⑥ → ⑨

문제 06

① 6, ② 8

문제 07

① 철근의 지름 차이가 6mm 초과인 경우   ② 철근의 재질이 서로 다른 경우
③ 항복점 또는 강도가 서로 다른 경우   ④ 강우 시, 강풍 시, 0℃ 이하

문제 08

화재 시 급격한 고온에 의해서 내부 수증기압이 발생하고, 이 수증기압이 콘크리트 인장강도보다 크게 되면, 콘크리트 부재 표면이 심한 폭음과 함께 박리 및 탈락하는 현상

문제 09

슬럼프, 부어넣기 속도, 다짐

문제 10

점토질 지반의 대표적인 탈수공법으로 지반지름 40~60cm 구멍을 뚫고 모래를 넣은 후, 성토 및 기타 하중을 가하여 점토질 지반을 압밀함으로써 탈수하는 공법

문제 11

① 콜드 조인트 : 콘크리트 시공 과정 중 휴식시간 등으로 응결하기 시작한 콘크리트에 새로운 콘크리트를 이어칠 때 일체화가 저해되어 생기게 되는 줄눈
② 조절 줄눈 : 지반 등 안정된 위치에 있는 바닥판이 수축에 의하여 표면에 균열이 생길 수 있는데 이러한 균열을 방지하기 위해 설치하는 줄눈

문제 12

① 간격재(Spacer)   ② 격리재(Separator)
③ Column Band   ④ 박리제(Form Oil)

문제 13

① 알칼리 골재반응 : 포틀랜드 시멘트 중의 알칼리 성분과 골재 등의 실리카 광물이 화학반응을 일으켜 팽창을 유발하는 반응으로 균열을 발생시켜 내구성을 저하하는 반응
② 엔트랩트 에어(Entrapped Air) : 일반 콘크리트에 자연적으로 상호연속된 부정형의 기포가 1~2% 정도 함유된 것
③ 배처 플랜트(Batcher Plant) : 물, 시멘트, 골재 등의 콘크리트 각 재료를 정확하게 중량으로 계량하는 기계설비

문제 14

① X선 및 γ선(방사선) 투과법   ② 초음파 탐상법
③ 침투수압법   ④ 자기분말 탐상법

문제 15

강관을 기둥의 거푸집으로 하며, 강관 내부에 콘크리트를 채운 합성구조로서 좌굴방지, 내진성 향상, 기둥단면 축소, 휨강성 증대 등의 효과가 있으므로, 초고층건물의 기둥구조물에 유리한 구조

문제 16

① 비중은 철의 약 1/3 정도로 가볍다.   ② 녹슬지 않고 사용연한이 길다.
③ 공작이 자유롭고 수밀 · 기밀성이 좋다.   ④ 여닫음이 경쾌하다.
⑤ 내식성이 강하고 착색이 가능하다.

문제 17

① 복층유리 : 건조 공기층을 사이에 두고 판유리를 이중으로 접합하여 테두리를 둘러서 밀봉한 것으로 단열, 방음, 결로방지에 유리하다.
② 강화유리 : 보통 판유리 강도의 3~5배의 강도가 있고 200℃까지 내열성이 있다. 자동차유리, 유리문 등에 사용한다.

$$t_e = \frac{t_0 + 4t_m + t_p}{6} = \frac{4 + 4 \times 5 + 6}{6} = 5일$$

여기서, t_0 : 낙관시간치

t_m : 정상시간치

t_p : 비관시간치

문제 19

① 넘버링 더미(Numbering Dummy)

② 로지컬 더미(Logical Dummy)

③ 커넥션 더미(Connection Dummy)

④ 타임 랙 더미(Time Lag Dummy)

문제 20

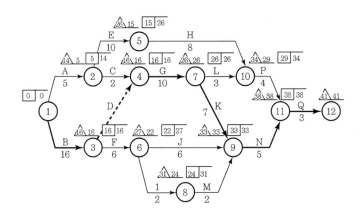

	EST	EFT	LST	LFT	TF	FF	DF	CP
A	0	5	9	14	9	0	9	
B	0	16	0	16	0	0	0	※
C	5	7	14	16	9	9	0	
D	16	16	16	16	0	0	0	※
E	5	15	16	26	11	0	11	
F	16	22	21	27	5	0	5	
G	16	26	16	26	0	0	0	※
H	15	23	26	34	11	6	5	
I	22	24	29	31	7	0	7	
J	22	28	27	33	5	5	0	
K	26	33	26	33	0	0	0	※
L	26	29	31	34	5	0	5	
M	24	26	31	33	7	7	0	
N	33	38	33	38	0	0	0	※
P	29	33	34	38	5	5	0	
Q	38	41	38	41	0	0	0	※

문제 **21**

쌍줄비계면적 : $A = (\sum l + 8 \times 0.9) \times H$
$$= \{2(18+12) + 7.2\} \times 13.5$$
$$= 907.2\text{m}^2$$

문제 **22**

체가름시험, 비표면적시험

문제 **23**

$A_n = A_g - n \cdot d \cdot t$
$$= (200-7) \times 7 - 2 \times 22 \times 7$$
$$= 1,043\text{mm}^2$$

$$\sum H = 0 \ : \ H_A = 0$$

$$\sum V = 0 \ : \ -\left(\frac{1}{2} \times 3 \times 2\right) + V_A = 0 \quad \therefore \ V_A = 3\text{kN}$$

$$\sum M_A = 0 \ : \ 12 - \left(\frac{1}{2} \times 3 \times 2\right) \times \left(3 \times \frac{1}{3} + 3\right) + M_A = 0 \quad \therefore \ M_A = 0$$

$$\therefore \ H_A = 0, \ V_A = 3\text{kN}, \ M_A = 0$$

① $r = \sqrt{\dfrac{I}{A}}$ 에서 $A = \dfrac{I}{r^2} = \dfrac{640{,}000}{\left(\dfrac{20}{\sqrt{3}}\right)^2} = 4{,}800\text{cm}^2$

② $I = \dfrac{bh^3}{12}$ 에서 $I = \dfrac{Ah^2}{12}$ 이므로 $h = \sqrt{\dfrac{I \times 12}{A}} = \sqrt{\dfrac{640{,}000 \times 12}{4{,}800}} = 40\text{cm}$

③ $b = \dfrac{A}{h} = \dfrac{4{,}800}{40} = 120\text{cm}$

$\therefore \ b \times h = 120\text{cm} \times 40\text{cm}$

$$\begin{aligned}
\phi P_w &= \phi F_w A_w \\
&= 0.9 \times (0.6 \times 235) \times \{(0.7 \times 6) \times (150 - 2 \times 6) \times 2\} \\
&= 147{,}102.48\text{N} \\
&= 147.102\text{kN}
\end{aligned}$$

문제 01

① 공동이행방식
② 분담이행방식
③ 주계약자형 공동도급방식

문제 02

1. 정의 : 공사 중에 높낮이의 기준이 되도록 건축물 인근에 설치하는 것
2. 주의사항
    ① 바라보기 좋고 공사에 지장이 없는 곳에 설치한다.
    ② 이동의 염려가 없는 곳에 설치한다.
    ③ 지반선(G.L)에서 0.5~1m 위에 둔다.
    ④ 최소 2개소 이상 여러 곳에 표시해 두는 것이 좋다.

문제 03

① 토질조사 및 토질주상도 작성
② 토질 샘플채취
③ 지하수위 조사

문제 04

① 중앙부 굴착
② 중앙부 기초구조물 축조
③ 버팀대 설치

문제 05

① 기존 건축물의 기초를 보강할 때
② 새로운 기초를 설치하여 기존 건물을 보호할 때
③ 기울어진 건축물을 바로 잡을 때
④ 인접한 토공사의 터파기 작업 시 기존 건축물 침하를 방지할 때

문제 06

① 건물 경사계(Tilt Meter)   ② 지표면 침하계(Level and Staff)
③ 지중 경사계(Inclino Meter)   ④ 지중 침하계(Extension Meter)
⑤ 변형률계(Strain Gauge)   ⑥ 하중계(Load Cell)
⑦ 토압계(Earth Pressure Meter)   ⑧ 간극수압계(Piezometer)
⑨ 지하수위계(Water Level Meter)

문제 07

① 이형철근 : 표면에 리브와 마디 등의 돌기가 있는 봉강
② 배력근 : 2방향 Slab에서 장변방향으로 배근하는 철근으로 주근에 직각되게 배치하는 부근

문제 08

가-④   나-①   다-③   라-②

문제 09

① 2   ② 3   ③ 3   ④ 6

문제 10

① 조절줄눈(Control Joint)   ② 미끄럼줄눈(Sliding Joint)
③ 시공줄눈(Construction Joint)   ④ 신축줄눈(Expansion Joint)

화재 시 급격한 고온에 의해서 내부 수증기압이 발생하고, 이 수증기압이 콘크리트 인장강도보다 크게 되면, 콘크리트 부재 표면이 심한 폭음과 함께 박리 및 탈락하는 현상

① 핀 주각   ② 고정 주각   ③ 매입형 주각

드라이브 핀(Drive Pin)

① 방부제 칠하기(도포법)   ② 표면탄화법
③ 침지법   ④ 주입법(상압주입법, 가압주입법)

① 열가소성 수지 : 염화비닐수지, 초산비닐수지, 아크릴수지, 폴리에틸렌수지, 폴리스티렌수지
② 열경화성 수지 : 실리콘수지, 에폭시수지, 페놀수지, 멜라민수지, 요소수지, 폴리우레탄수지, 폴리에스테르수지

① 메탈라스 : 얇은 철판에 자름금을 내어 당겨 늘린 것으로 미장바름에 사용
② 펀칭메탈 : 얇은 철판에 각종 모양을 도려낸 것으로 장식용, 라디에이터 등에 사용

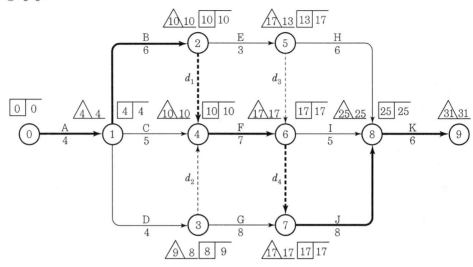

문제 17

① 공정표

② 여유시간

작업명	TF	FF	DF	CP
A	0	0	0	*
B	0	0	0	*
C	1	1	0	
D	1	0	1	
E	4	0	4	
F	0	0	0	*
G	1	1	0	
H	6	6	0	
I	3	3	0	
J	0	0	0	*
K	0	0	0	*

문제 18

① $10m^2$ 면적에 50cm 두께로 돋우기한 다짐상태의 체적 : $10m^2 \times 0.5m = 5m^3$

② 다짐상태의 흙 $5m^3$을 흐트러진 상태로 환산 : $5m^3 \times \dfrac{1.2}{0.9} = 6.67m^3$

③ 시공완료된 후 흐트러진 상태로 남는 흙의 양 : $10m^3 - 6.67m^3 = 3.33m^3$

문제 19

표준형 벽돌 1.5B의 정미량은 224매/m²이고, 붉은 벽돌의 할증률은 3%

$\therefore$ $100\text{m}^2 \times 224\text{매}/\text{m}^2 \times 1.03 = 23{,}072\text{매}$

문제 20

$1{,}000\text{m}^2 \times 0.05\text{인}/\text{m}^2 = 50\text{인}$

$\therefore$ 소요일수 $= \dfrac{50\text{인}}{10\text{인}} = 5\text{일}$

문제 21

① 평균압축강도 $= \left(\dfrac{600{,}000 + 500{,}000 + 550{,}000}{190 \times 390} \right) \div 3 = 7.42\text{MPa}$

② 판정 : 불합격($\because$ $7.42\text{MPa} < 8\text{MPa}$)

문제 22

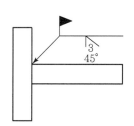

문제 23

sin 법칙 이용

$\dfrac{5}{\sin 30°} = \dfrac{T}{\sin 60°}$

$T = 8.66\text{kN}$

① 전단력

$\sum V = 0 : V_A - 3 - 4 - 2 = 0$

$\qquad V_A = 9$

$\therefore \ V_C = 9 - 3 = 6\text{kN}$

② 휨모멘트

$\sum M_A = 0 : M_A + 3 \times 3 + 4 \times 6 + 2 \times 8 = 0$

$\qquad M_A = -49$

$\therefore \ M_C = -49 + 9 \times 4 - 3 \times 1 = -16\text{kN} \cdot \text{m}$

위험단면 둘레길이 $b_o = 2(c_1 + d) + 2(c_2 + d)$

$\qquad\qquad\qquad = 2 \times (500 + 0.75 \times 600) + 2 \times (500 + 0.75 \times 600)$

$\qquad\qquad\qquad = 3,800\text{mm}$

$\lambda_f = \dfrac{(300/2)}{14} = 10.71$

문제 01

실비정산 보수가산식 도급

문제 02

① 특명입찰 : 건축주가 해당공사에 가장 적격한 단일 도급업자를 지명하여 입찰시키거나 또는 재입찰 후에도 낙찰자가 없을 때 최저 입찰자 순으로 교섭하여 계약을 체결하는 방식

② 공개경쟁입찰 : 입찰 참가자를 공모하여 유자격자는 모두 참여시켜 입찰하는 방식

③ 지명경쟁입찰 : 건축주가 해당공사에 적격하다고 인정되는 수개의 도급업자를 선정하여 입찰시키는 방식

문제 03

① 공식 : 예민비 $-\dfrac{\text{자연시료강도}}{\text{이긴시료강도}}$

② 설명 : 점토에 있어서 함수율을 변화시키지 않고 이기면 약해지는 성질이 있는데 이러한 흙의 이김에 의해서 약해지는 정도를 표시하는 것

문제 04

① 파워 셔블

② 클램셸

문제 05

② → ① → ⑤ → ③ → ④

문제 06

벽과 바닥 콘크리트 타설을 일체화하기 위한 ㄱ자 또는 ㄷ자형의 기성재 거푸집으로 아파트공사에 주로 사용

문제 07

① 시멘트 응결
② 공기 중 수분 증발

문제 08

① Cold Joint : 콘크리트 작업관계로 경화된 콘크리트에 새로 콘크리트를 타설할 경우 일체화가 저해되어 생기는 줄눈
② Control Joint : 바닥판의 수축에 의한 표면균열방지를 목적으로 설치하는 줄눈
③ Expansion Joint : 기초의 부동침하와 온도 습도 변화에 따른 신축팽창을 흡수시킬 목적으로 설치하는 줄눈

문제 09

②, ③, ④

문제 10

① 합성섬유　　　　　　　　　② 강섬유
③ 유리섬유　　　　　　　　　④ 탄소섬유

1. 습식공법 : 콘크리트나 모르타르와 같이 물을 혼합한 재료를 타설 또는 미장 등의 공법으로 부착하는
   내화피복공법
2. 종류와 사용재료
   ① 뿜칠공법 : 뿜칠암면, 뿜칠 모르타르, 뿜칠 플라스터
   ② 타설공법 : 콘크리트, 경량 콘크리트
   ③ 미장공법 : 철망 모르타르, 철망 펄라이트 모르타르
   ④ 조적공법 : 콘크리트 블록, 경량 콘크리트 블록, 돌, 벽돌

① 사춤모르타르 불충분   ② 치장줄눈의 불완전 시공
③ 이질재 접촉부   ④ 물흘림, 물끊기 및 빗물막이의 불완전
⑤ 벽돌 또는 블록을 쌓을 때 비계장선 구멍의 메우기를 불충분히 했을 때

① 40   ② 20

에폭시 접착제

① 침재법   ② 증재법   ③ 훈재법   ④ 자재법   ⑤ 열기건조법

수지미장

징두리 판벽

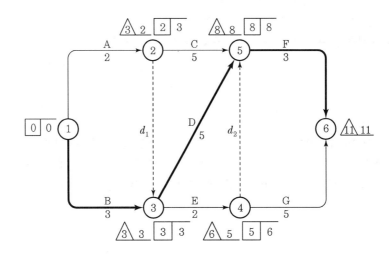

① 토량 : $\dfrac{1.2+0.8}{2}\times 1.8\times 2(13+7)=72\mathrm{m}^3$

② 운반대수 : $\dfrac{72\times 1.25\times 1.6}{6}=24$대

① 평균인장강도 $=\left(\dfrac{37{,}200+40{,}570+38{,}150}{\dfrac{\pi\times 14^2}{4}}\right)\div 3=251.01\mathrm{MPa}$

② 판정 : 합격($\because\ 251.01\mathrm{MPa}>240\mathrm{MPa}$)

문제 21

$$I_X = \frac{300 \times 600^3}{12} + (300 \times 600) \times 300^2 = 2.16 \times 10^{10} \, \text{mm}^4$$

$$I_Y = \frac{600 \times 300^3}{12} + (600 \times 300) \times 150^2 = 5.4 \times 10^9 \, \text{mm}^4$$

$$\therefore \frac{I_X}{I_Y} = \frac{2.16 \times 10^{10}}{5.4 \times 10^9} = 4$$

문제 22

$B \rightarrow A \rightarrow D \rightarrow C$

문제 23

$$\sigma_{\max} = -\frac{P}{A} - \frac{M}{Z} = -\frac{1,000 \times 10^3}{2,500 \times 4,000} - \frac{(1,000 \times 10^3) \times 500}{\dfrac{2,500 \times 4,000^2}{6}}$$

$$= -0.175 \text{N/mm}^2$$

$$= -0.175 \text{MPa}$$

문제 24

인장지배단면

문제 25

① α : 철근배치 위치계수   ② β : 철근 도막계수

③ γ : 철근 또는 철선의 크기계수   ④ λ : 경량콘크리트계수

① 파단선 $A-1-3-B$

$A_n = A_g - ndt$

$\quad = 300 \times 10 - 2 \times 22 \times 10$

$\quad = 2,560 \text{mm}^2$

② 파단선 $A-1-2-3-B$

$A_n = A_g - ndt + \sum \dfrac{S^2}{4g}t$

$\quad = 300 \times 10 - 3 \times 22 \times 10 + \dfrac{50^2}{4 \times 80} \times 10 + \dfrac{50^2}{4 \times 80} \times 10$

$\quad = 2,496.25 \text{mm}^2$

$\therefore \ A_n = 2,496.25 \text{mm}^2$

문제 01

① 에너지 소비 및 온실 가스배출 저감계획　　② 자원의 효율적인 관리계획
③ 작업장 대지 및 대지 주변의 환경관리계획　④ 수자원 관리계획

문제 02

프로젝트 발굴에서 기획, 설계, 시공, 인도 및 유지관리에 이르기까지 공사의 전 과정을 일괄 추진할
수 있는 능력을 갖춘 종합 건설업체로서 진행하는 제도

문제 03

① 융자력 증대　　　　　　　　② 위험의 분산
③ 시공의 확실성　　　　　　　④ 공사도급 경쟁의 완화수단
⑤ 상호기술의 확충

문제 04

1. 목적(이유) : 기존 건축물의 기초를 보강하거나, 새로운 기초를 설치하여 기존 건물을 보호할 때,
   기울어진 건축물을 바로잡을 때, 인접한 토공사의 터파기 작업 시 기존 건축물 침하를 방지하기 위해
2. 종류 : ① 2중 널말뚝 공법
   　　　　② 현장 타설콘크리트 말뚝 공법
   　　　　③ 강재 말뚝 공법
   　　　　④ 모르타르 및 약액주입법

문제 05

① 스페이서(Spacer)　　　　② 세퍼레이터(Separator)
③ 인서트(Insert)　　　　　④ 폼타이(Form Tie)

문제 06

① 슬립폼 : 콘크리트를 부어 넣으면서 거푸집을 연속적으로 끌어올려 전망탑, 급수탑 등 단면 형상의 변화가 있는 구조물에 사용
② 트래블링폼 : 거푸집 전체를 다음 장소로 이동하여 사용하는 대형의 수평이동 거푸집

문제 07

① 수량이 많으면 응결은 느리다.
② 분말도가 높으면 응결이 빠르다.
③ 온도가 높거나 습도가 낮으면 응결이 빠르다.
④ 화학성분 중 알루민산 삼석회가 많으면 응결이 빠르다.
⑤ 풍화된 시멘트는 응결이 느리다.

문제 08

① 물시멘트비가 적은 밀실한 콘크리트를 사용
② 방청제를 사용하거나 염소이온을 적게 한다.
③ 콘크리트 표면에 수밀성이 높은 마감(라이닝 등)을 실시
④ 피복두께를 충분히 확보
⑤ 방청철근(에폭시수지 도장, 아연도금)을 사용

문제 09

① 콜드조인트 : 콘크리트 작업관계로 경화된 콘크리트에 새로 콘크리트를 타설할 경우 일체화가 저해되어 생기는 줄눈
② 블리딩 : 아직 굳지 않은 시멘트 풀, 모르타르 및 콘크리트에 있어서 물이 윗면에 스며 오르는 현상

문제 10

① 프리텐션(Pre-tension) 방식 : PS강재에 미리 인장력을 가한 상태로 콘크리트를 넣고 경화한 후에 인장력을 풀어주는 방법

② 포스트텐션(Post-tension) 방식 : 콘크리트 타설, 경화 후 미리 묻어둔 쉬스(Sheath) 내에 PS강재를 삽입하여 긴장시키고 정착한 다음 그라우팅하는 방법

문제 11

① 현장용접하는 부분   ② 고력볼트 접합부 마찰면
③ 콘크리트에 묻히는 부분   ④ 조립에 의해 맞닿는(밀착되는) 부분
⑤ 밀폐되는 내면

문제 12

① 가이 데릭   ② 스티프레그 데릭
③ 진폴   ④ 타워 크레인
⑤ 트럭 크레인

문제 13

① 10m   ② 80m²

문제 14

① 방부제 칠하기(도포법) : 방부제(크레오소트, 콜타르 등)를 표면에 바르는 것
② 표면 탄화법 : 목재 표면을 불로 태워서 처리하는 것
③ 침지법 : 목재 방부액(크레오소트, PCP)에 장기간 담가두는 것
④ 가압 주입법 : 방부제 용액을 고기압으로 가압 주입하는 것

문제 15

① 줄눈을 방수적으로 시공
② 표면수밀제 붙임(타일 또는 돌붙임)
③ 표면 방수처리

① 강화유리   ② 복층유리
③ 스테인드 글라스   ④ 유리블록

문제 17

① 예비시험   ② 기밀시험
③ 정압수밀시험   ④ 동압수밀시험
⑤ 구조시험

문제 18

① 공정표

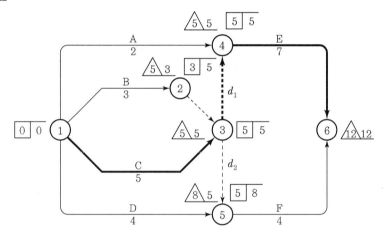

② 여유시간

작업명	TF	FF	DF	CP
A	3	3	0	
B	2	2	0	
C	0	0	0	*
D	4	1	3	
E	0	0	0	*
F	3	3	0	

문제 19

① 적산 : 공사에 필요한 재료 및 품의 수량. 즉, 공사량을 산출하는 기술활동
② 견적 : 공사량에 단가를 곱하여 공사비를 산출하는 기술활동

문제 20

- 소요 레미콘 대수 : $\dfrac{0.15 \times 100 \times 6}{6} = 15$대

- 배차간격 : $\dfrac{8 \times 60}{15} = 32$분

문제 21

① 부피 $= 0.45 \times 0.6 \times 4 \times 50 = 54\text{m}^3$
　중량 $= 54 \times 2.4 = 129.6\text{ton}$
② 부피 $= 0.3 \times 0.4 \times 1 \times 150 = 18\text{m}^3$
　중량 $= 18 \times 2.4 = 43.2\text{ton}$

문제 22

최대 휨모멘트는 전단력이 0인 지점까지의 면적이므로 전단력도의 (+)면적값을 구한다.
$4 : 12 = x : 4 - x$에서 $x = 1$인 점이므로

최대 휨모멘트 $= 4 \times 4 + \dfrac{1}{2} \times 1 \times 4 = 18\text{kN} \cdot \text{m}$

문제 23

$$V_A = \frac{5 + 10 + 10 + 10 + 5}{2} = 20\text{kN}$$

$$\sum M_D = 0 : 20 \times 8 - 5 \times 8 - 10 \times 4 + U_2 \times 4 = 0$$

$$\therefore U_2 = -20\text{kN}(압축재)$$

$$\sum M_G = 0 : 20 \times 4 - 5 \times 4 - L_2 \times 4 = 0$$

$$\therefore L_2 = 15\text{kN}(인장재)$$

$$\sum V = 0 : 20 - 5 - 10 - D_2 \sin 45° = 0$$

$$\therefore D_2 = 7.07\text{kN}(인장재)$$

문제 24

$$\lambda = \frac{l_k}{r_{\min}} = \frac{l_k}{\sqrt{\dfrac{I_{\min}}{A}}} = \frac{1.0 \times l}{\sqrt{\dfrac{\dfrac{200 \times 150^3}{12}}{200 \times 150}}} = 150$$

$$\therefore l = 6{,}495\text{mm} = 6.495\text{m}$$

문제 25

① 순인장변형률(ε_t)

$$a = \frac{A_S \cdot f_y}{0.85 f_{ck} \cdot b} = \frac{1{,}927 \times 400}{0.85 \times 24 \times 250} = 151.137\text{mm}$$

$f_{ck} = 24\text{MPa} \leqq 28\text{MPa}$이므로 $\beta_1 = 0.85$

$$c = \frac{a}{\beta_1} = \frac{151.137}{0.85} = 177.808\text{mm}$$

$$\varepsilon_t = \frac{d_t - c}{c} \times \varepsilon_c = \frac{450 - 177.808}{177.808} \times 0.003 = 0.00459$$

② 지배단면 구분

$0.002 < \varepsilon_t < 0.005$이므로 변화구간단면 부재이다.

문제 26

$$\lambda = \frac{\xi}{1 + 50\rho'} = \frac{2.0}{1 + 50 \times 0} = 2$$

장기처짐 = 탄성처짐(즉시처짐) × λ = 5 × 2 = 10mm

$\therefore$ 총처짐량 = 순간처짐 + 장기처짐 = 5 + 10 = 15mm

문제 01

① 사운딩 : 로드에 붙인 저항체를 지중에 넣고 관입, 회전, 빼올리기 등의 저항으로부터 토층의 성상을
탐사하는 법
② 탐사방법 : 표준관입시험, 베인테스트, 화란식 관입시험, 스웨덴식 사운딩 시험

문제 02

버팀대 대신 흙막이 벽을 Earth Drill로 천공한 후 인장재와 Mortar를 주입하여 경화시킨 후 인장력에
의해 토압을 지지하는 공법

문제 03

① 기초 : 건물의 상부 하중을 지반에 안전하게 전달시키는 구조부분
② 지정 : 기초를 보강하거나 지반의 지지력을 증가시키기 위한 구조부분

문제 04

조절줄눈(Control Joint)

문제 05

슬럼프시험, 흐름시험, 비비시험, 리몰딩시험

문제 06

① 수화열이 적은 시멘트(중용열 시멘트) 사용
② Pre Cooling, Pipe Cooling 이용
③ 단위시멘트량 저감

문제 07

① 모르타르를 압축공기로 분사하여 시공하는 뿜칠 콘크리트 공법
② 시공성이 좋고, 가설공사비 감소
③ 건조수축, 분진이 크고, 숙련공을 필요로 한다.

문제 08

① 내화도료의 도포
② 내화 모르타르의 도포
③ 유기질 섬유의 혼입

문제 09

① 2   ② 3   ③ 3   ④ 6

문제 10

CFT 구조

문제 11

① 오버 랩   ② 언더컷   ③ 슬래그 감싸들기   ④ 블로 홀

문제 12

① 예비시험   ② 기밀시험   ③ 정압수밀시험   ④ 동압수밀시험   ⑤ 구조시험

문제 013

① 철강제품의 품질을 보증하기 위해 재료성분 및 제원을 기록하여 Maker가 규격품에 대해 발행하는 증명서

② 맞댄용접을 한 면으로만 실시하는 경우에 충분한 용입을 확보하고, 용융금속의 용락을 방지할 목적으로 동종 또는 이종의 금속판을 루트 뒷면에 받치는 것

문제 14

면진구조

문제 15

TS(Torque Shear) 볼트

문제 16

① 접합부위 실런트의 밀실 충전　　　② 개스킷, 실런트 설치 시 동일두께 유지

③ 중간부위에 이음매가 없도록 설치　④ Weep Hole을 설치하여 배수

문제 17

① 건조에 의한 목새의 손상이 적고 경비가 적게 든다.

② 작업이 비교적 간단하다.

문제 18

1. 장점

　① 신장성, 내후성, 접착성이 우수

　② 상온 시공으로 복잡한 장소의 시공이 용이

　③ 공기가 짧으며 내약품성이 우수

2. 단점

　① 바탕과 시트 사이의 접착 불완전에 따른 균열, 박리 우려

　② Sheet 두께가 얇으므로 파손의 우려

　③ 내구성 있는 보호층이 필요

① 2장 이상의 판유리를 투명한 합성수지로 겹붙여 댄 것
② 열적외선을 반사하는 은소재 도막으로 코팅하여 방사율과 열관류율을 낮추고 가시광선 투과율을 높인 유리

문제 20

1. 공정표

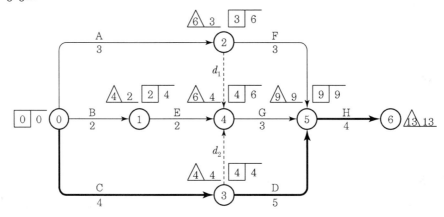

2. 여유시간

작업명	TF	FF	DF	CP
A	3	0	3	
B	2	0	2	
C	0	0	0	*
D	0	0	0	*
E	2	0	2	
F	3	3	0	
G	2	2	0	
H	0	0	0	*

문제 21

파워셔블 시간당 작업량 $Q = \dfrac{3{,}600 \times q \times k \times f \times E}{C_m}$

$\therefore Q = \dfrac{3{,}600 \times 0.8 \times 0.8 \times 0.7 \times 0.83}{40} = 33.47 \, \mathrm{m^3/hr}$

문제 22

$$\Sigma H = 0 : H_A - H_B = 0$$

$$\Sigma V = 0 : V_A - P + V_B = 0$$

$$\Sigma M_B = 0 : V_A \times l - P \times \frac{3}{4}l = 0$$

$$\therefore V_A = \frac{3P}{4}$$

$$\Sigma M_c = 0 : V_A \times \frac{l}{2} - P \times \frac{l}{4} - H_A \times h = 0$$

$$\therefore H_A = \frac{Pl}{8h}$$

$$\therefore V_A = \frac{3P}{4}, \ H_A = \frac{Pl}{8h}$$

문제 23

$$\phi P_n = 0.65 \times 0.8 \left[0.85 f_{ck}(Ag - Ast) + f_y Ast \right]$$

$$= 0.65 \times 0.8 \left[0.85 \times 24(500 \times 500 - 8 \times 387) + 400 \times (8 \times 387) \right]$$

$$= 3,263,125 \text{N}$$

$$= 3,263.125 \text{kN}$$

문제 24

$$l_d = \frac{0.6 d_b f_y}{\lambda \sqrt{f_{ck}}} \times 보정계수$$

$$= \frac{0.6 \times 22 \times 400}{1 \times \sqrt{30}} \times 1.3$$

$$= 1,253.189 \text{mm}$$

문제 25

① 20

② 18.5

③ 21

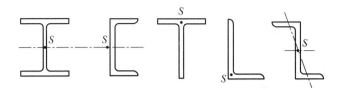

문제 01

① BOT 방식   ② BOO 방식

③ BTO 방식   ④ 성능발주방식

문제 02

① 안정액(Bentonite)   ② 철근망   ③ 콘크리트

문제 03

① 보일링 현상   ② 파이핑 현상

③ 히빙 현상   ④ 지하수위 변동

⑤ 흙막이벽 배면의 뒷채움 불량

문제 04

① 지하와 지상 동시 작업으로 공기 단축   ② Slab 밑에서 작업하므로 전천후 시공 가능

③ 1층 바닥 선시공으로 작업공간 활용 가능   ④ 주변지반 및 인접건물에 악영향 적음

⑤ 소음 및 진동이 적어 도심지 공사에 적합   ⑥ 흙막이 안전성이 높음

1. 장점
    ① 조립분해가 생략되므로 인력절감   ② 이음부위 감소로 마감 단순화 및 비용절감
    ③ 기능공의 기능도에 좌우되지 않음   ④ 합판을 교체하여 재사용 가능
2. 단점
    ① 초기 투자비 과다   ② 대형 양중장비 필요
    ③ 거푸집 조립시간 필요   ④ 기능공 교육 및 숙달기간 필요

문제 **06**

① 저알칼리(고로슬래그, 플라이 애시)시멘트 사용
② 비반응성 골재 사용
③ 수분의 흡수방지
④ 염분의 침투방지
⑤ 콘크리트에 포함되어 있는 알칼리 총량을 저감

문제 **07**

① AE제, AE감수제, 고성능AE감수제 등을 사용
② 단열보온양생, 가열보온양생 등을 실시

문제 **08**

① 콘크리트 재료의 일부 또는 전부를 냉각시켜 타설온도를 낮추는 방법
② 콘크리트 타설 전 Pipe를 배관하여 냉각수를 순환시켜 콘크리트의 온도를 낮추는 방법

문제 **09**

④-②-③-①

① 뿜칠공법   ② 타설공법
③ 미장공법   ④ 조직공법

문제 11

1. 원인
   ① 기둥 부재의 재질이 상이할 때   ② 기둥 부재의 단면적이 상이할 때
   ③ 기둥 부재의 높이가 상이할 때   ④ 상부에 작용하는 하중이 차이날 때
2. 영향
   ① 건축마감재, 엘리베이터, 설비 등의 변형 유발
   ② 건물의 기능 및 사용성 저해

문제 12

① Closed Joint : Curtain Wall Unit의 접합부를 Seal 재로 완전히 밀폐시켜 틈을 없앰으로써 비처리하는 방식
② Open Joint : 벽의 외측면과 내측면 사이에 공간을 두어 옥외의 기압과 같은 기압을 유지하게 하여 배수하는 방식

문제 13

③ → ④ → ⑤ → ① → ② → ⑥

문제 14

① 바탕과 시트 사이의 접착 불완전에 따른 균열, 박리 우려
② Sheet 두께가 얇으므로 파손의 우려
③ 내구성 있는 보호층이 필요

1. 네트워크 공정표

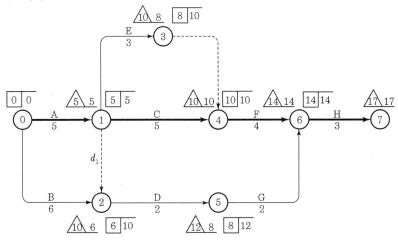

2. 각 작업의 여유시간

작업명	TF	FF	DF	CP
A	0	0	0	*
B	4	0	4	
C	0	0	0	*
D	4	0	4	
E	2	2	0	
F	0	0	0	*
G	4	4	0	
H	0	0	0	*

문제 16

① 흡수율 $= \dfrac{4.725 - 4.5}{4.5} \times 100 = 5\%$　　　　② 판정 : 합격($\because$ 5% < 12%)

문제 17

H $-294 \times 200 \times 10 \times 15$

표준형 벽돌 1.5B의 정미량은 224매/m²이고, 붉은 벽돌의 할증률은 3%

∴ $100\text{m}^2 \times 224$매$/\text{m}^2 \times 1.03 = 23{,}072$매

① 기둥 : $2(0.4+0.4) \times 3 \times 4 = 19.2\text{m}^2$

② 벽 : $(7.2 \times 3 \times 2) \times 2 + (4.2 \times 3 \times 2) \times 2 = 136.8\text{m}^2$

① $kL = 0.7 \times 2a = 1.4a$ 　　② $kL = 0.5 \times 4a = 2a$

③ $kL = 2 \times a = 2a$ 　　④ $kL = 1 \times \dfrac{a}{2} = 0.5a$

① $M_{\max} = \dfrac{wl^2}{8} = 30 \times \dfrac{8{,}000^2}{8} = 240 \times 10^6 \text{N} \cdot \text{mm}$

② $Z = \dfrac{bh^2}{6} = \dfrac{200 \times 300^2}{6} = 3 \times 10^6 \text{mm}^3$

③ $\sigma_{\max} = \dfrac{M_{\max}}{Z} = \dfrac{240 \times 10^6}{3 \times 10^6} = 80\text{N}/\text{mm}^2 = 80\text{MPa}$

$f_r = 0.63\lambda\sqrt{f_{ck}} = 0.63 \times 0.85 \times \sqrt{21} = 2.45\text{MPa}$

① 4MPa 　　　　　　　　　② 6MPa

문제 24

$$0.55\phi \cdot f_{ck} \cdot A_g \cdot \left[1 - \left(\frac{k \cdot l_e}{32h}\right)^2\right] = 0.55 \times 0.65 \times 24 \times (200 \times 2{,}000) \times \left[1 - \left(\frac{0.8 \times 3{,}200}{32 \times 200}\right)^2\right]$$

$$= 2{,}882{,}880\text{N} = 2{,}882.88\text{kN}$$

문제 25

$$\delta_c = \frac{5wl^4}{384EI} - \frac{V_c l^3}{48EI} = 0$$

$$V_c = \frac{5}{8}wl = \frac{5}{8} \times 2 \times 8 = 10\text{kN}$$

$$\sum V = 0 : V_A + V_B + V_C = 16\text{kN에서}$$

$$V_A = V_B = \frac{1.5}{8}wl = \frac{1.5}{8} \times 2 \times 8 = 3\text{kN}$$

$$\therefore V_A = 3\text{kN}, \ V_B = 3\text{kN}, \ V_c = 10\text{kN}$$

문제 26

강재의 항복점과 인장강도의 비로서 강재의 기계적 성질을 나타내는 지표이며 항복비가 커지면 부재의 변형능력을 저하한다.

문제 01

① 프로젝트를 전반에 걸쳐 발주자의 컨설턴트 역할만을 수행하는 공사관리 계약방식
② 직접 공사를 수행하거나 전문시공자와 계약을 맺어 공사전반을 책임지는 공사관리 계약방식

문제 02

건물의 초기건설비로부터 유지관리, 해체에 이르기까지 건축물의 전 생애에 소요되는 총비용으로서 건물의 경제성 평가의 기준이 된다.

문제 03

① 예민비 : 점토에 있어서 함수율을 변화시키지 않고 이기면 약해지는 성질이 있는데, 이러한 흙의 이김에 의해서 약해지는 정도를 표시하는 것이다.
② 지내력 시험 : 지반에 하중을 가하여 지반의 지지력을 파악하기 위한 재하시험(Loading Test)으로 평판재하시험, 말뚝재하시험 등이 있다.

문제 04

㉮ - ②　　㉯ - ③　　㉰ - ①　　㉱ - ④

문제 05

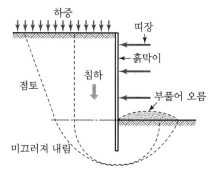

점토지반에서 하부지반이 연약할 때 흙막이 바깥에 있는 흙의 중량과 지표면의 적재하중으로 인하여 저면 흙이 붕괴되어 흙막이 바깥에 있는 흙이 안으로 밀려 들어와 불룩하게 되는 현상

문제 06

① 치환법   ② 탈수법   ③ 재하(압밀)법
④ 다짐법   ⑤ 약액주입법   ⑥ 동결법

문제 07

1. 목적(이유)
   기존 건축물의 기초를 보강하거나, 새로운 기초를 설치하여 기존 건물을 보호할 때, 기울어진 건축물을 바로잡을 때, 인접한 토공사의 터파기 작업 시 기존 건축물 침하를 방지하기 위해
2. 종류
   ① 2중 널말뚝 공법
   ② 현장 타설 콘크리트 말뚝 공법
   ③ 강재 말뚝 공법
   ④ 모르타르 및 약액주입법

문제 08

① 표면건조 내부포수상태의 골재 중에 포함되는 물의 양
② 습윤상태의 골재가 함유하는 전 수량

플라잉 폼

① 120   ② 150

① 25 : 굵은골재 최대치수(mm)
② 30 : 호칭강도(MPa)
③ 210 : 슬럼프(mm)

① 현장용접하는 부분   ② 고력볼트 접합부 마찰면
③ 콘크리트에 묻히는 부분   ④ 조립에 의해 맞닿는(밀착되는) 부분
⑤ 밀폐되는 내면

제품의 역학적 시험 내용, 화학 성분 시험 내용, 규격 표시

① 철골부재 용접 시 이음 및 접합부위의 용접선이 교차되어 재용접된 부위가 열영향을 받아 취약해지기 때문에 모재에 부채꼴 모양의 모따기를 한 것
② Blow Hole, Crater 등의 용접결함이 생기기 쉬운 용접 Bead의 시작과 끝지점에 용접을 하기 위해 용접 접합하는 모재의 양단에 부착하는 보조강판

① 방부제 칠하기(도포법) : 방부제(크레오소트, 콜타르 등)를 표면에 바르는 것
② 표면 탄화법 : 목재 표면을 불로 태워서 처리하는 것
③ 침지법 : 목재 방부액(크레오소트, PCP)에 장기간 담가두는 것
④ 가압 주입법 : 방부제 용액을 고압으로 가압주입하는 것

백화

구분	안방수	바깥방수
① 사용환경	수압이 적고 얕은 지하실	수압이 크고 깊은 지하실
② 공사시기	자유롭다.	본 공사에 선행한다.
③ 내수압성	작다.	크다.
④ 경제성	싸다.	고가이다.
⑤ 보호누름	필요하다.	없어도 무방하다.

① 벽, 기둥 등의 모서리는 손상되기 쉬우므로 별도의 마감재를 감아 대거나 미장면의 모서리를
보호하면서 벽, 기둥을 마무리하는 보호용 재료
② 원자로, 의료용 조사실 등에서 방사선을 차단할 목적으로 비중(2.5∼6.9)을 크게 한 콘크리트

빌딩 바닥에 파이프나 전선 등의 설치 및 조작을 용이하게 하기 위한 이중 바닥 시스템으로 업무능률과
배선 보호가 주목적이다.

문제 20

1. 네트워크 공정표

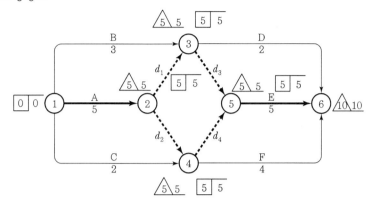

2. 여유시간

작업명	TF	FF	DF	CP
A	0	0	0	*
B	2	2	0	
C	3	3	0	
D	3	3	0	
E	0	0	0	*
F	1	1	0	

문제 21

① 기둥 : $0.5 \times 0.5 \times (4-0.12) \times 10$개 $= 9.7 m^3$

② $G_1 = 0.4 \times (0.6-0.12) \times 8.4 \times 2$개 $= 3.226 m^3$

$G_2(5.45m) = 0.4 \times (0.6-0.12) \times 5.45 \times 4$개 $= 4.186 m^3$

$G_2(5.5m) = 0.4 \times (0.6-0.12) \times 5.5 \times 4$개 $= 4.224 m^3$

$G_3 = 0.4 \times (0.7-0.12) \times 8.4 \times 3$개 $= 5.846 m^3$

$B_1 = 0.3 \times (0.6-0.12) \times 8.6 \times 4$개 $= 4.954 m^3$

③ 슬래브 $= 9.4 \times 24.4 \times 0.12 = 27.523 m^3$

∴ 콘크리트 물량 $=$ 기둥$+$보$+$슬래브 $= 59.66 m^3$

문제 22

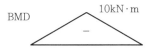

문제 23

① 비례한계점　　　　　　　② 탄성한계점
③ 상위항복점　　　　　　　④ 하위항복점
⑤ 최고강도점　　　　　　　⑥ 파괴강도점
⑦ 탄성영역　　　　　　　　⑧ 소성영역
⑨ 변형도 경화영역　　　　　⑩ 파괴영역

문제 24

① $\dfrac{d}{4} = \dfrac{550}{4} = 137.5\text{mm}$ 이하

② 300mm 이하

①, ② 중 최솟값 : 137.5mm

문제 25

구조물의 외형, 유지 및 관리, 내구성, 사용자의 안락감 또는 기계류의 정상적인 기능 등을 유지하기 위한 구조물의 능력에 영향을 미치는 한계상태

문제 26

$$\text{변장비}(\lambda) = \frac{\text{장변 스팬}(l_y)}{\text{단변 스팬}(l_x)}$$

① 1방향 슬래브 : $\lambda > 2$
② 2방향 슬래브 : $\lambda \leq 2$

문제 01

가격 이외에도 계약이행능력을 종합적으로 심사하여 선정하는 방식

문제 02

① BOT 방식 : 사회간접시설의 확충을 위해 민간이 시설물을 완성(Build)하고, 그 시설물을 일정기간
동안 운영(Operate)하여 투자금을 회수한 후 발주자에게 그 시설을 양도(Transfer)하는 방식
② 유사한 방식 : BTO 방식, BOO 방식, BTL 방식

문제 03

① 압밀 : 연약점토지반에서 외력을 가하여, 흙속의 간극수를 제거하는 것
② 다짐 : 느슨한 사질토지반에서 외력을 가하여, 흙속의 공기를 제거하는 것

문제 04

① Top Down 공법에 비해 지하의 환기 · 조명 양호
② 철골과 RC Slab가 띠장 역할을 하므로 구조적으로 안정
③ 기초 완료 후 지상과 지하 동시 시공 가능
④ 구조체 철골 간격이 가설재 간격보다 넓어 작업공간 확보
⑤ 공기단축 및 시공성 향상으로 원가절감

① 마찰말뚝을 사용할 것   ② 경질지반에 지지시킬 것
③ 지하실을 설치할 것   ④ 복합기초를 사용할 것

① Rock Anchor를 기초 저면 암반까지 정착시킨다.
② 부력에 대항하도록 구조물의 자중을 증대시킨다.
③ 배수공법을 이용하여 지하수위를 저하시킨다.
④ 마찰말뚝을 이용하여 마찰력을 증대시킨다.
⑤ 인접건물에 긴결시켜 수압상승에 대처한다.
⑥ Braket을 설치하여 상부 매립토 하중으로 수압에 저항한다.

① 20 또는 25   ② 40   ③ 40

석회질, 규산질

① 시공줄눈 : 시공상 콘크리트를 한번에 계속하여 부어나가지 못할 곳에 생기는 줄눈
② 신축줄눈 : 기초의 부동침하와 온도·습도 변화에 따른 신축팽창을 흡수시킬 목적으로 설치하는 줄눈

① 레이턴스 : 콘크리트를 부어넣은 후 블리딩 수의 증발에 따라 그 표면에 발생하는 백색의 미세한 물질
② 크리프 : 콘크리트에 일정한 하중이 계속 작용하면 하중의 증가 없이도 시간과 더불어 변형이 증가하는 현상

문제 11

① 수화열이 적은 시멘트(중용열 시멘트) 사용
② Pre Cooling, Pipe Cooling 이용
③ 단위시멘트량 저감

문제 12

철골기둥의 이음부를 가공하여 상하부 기둥 밀착을 좋게 하여 축력의 50%까지 하부 기둥 밀착면에 직접 전달시키는 이음 방법

문제 13

① X선 및 γ선(방사선) 투과법
② 초음파 탐상법
③ 침투수압법
④ 자기분말 탐상법

문제 14

① 가새   ② 버팀대   ③ 귀잡이

문제 15

코너비드

문제 16

㉮ : ③   ㉯ : ①   ㉰ : ②

1. 공정표

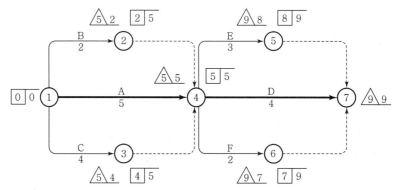

2. 여유시간

작업	TF	FF	DF	CP
A	0	0	0	*
B	3	3	0	
C	1	1	0	
D	0	0	0	*
E	1	1	0	
F	2	2	0	

문제 18

1. 시멘트 중량

$$\frac{W}{C} = 50\% = 0.5 \qquad W = 160\text{kg/m}^3 \qquad \therefore \ C = 320\text{kg/m}^3$$

2. 공기, 물, 시멘트 체적(V_a, V_w, V_c)

V(체적) $\times g$(비중) $= W$(중량)

① 공기체적 $V_a = 1\% = 0.01\text{m}^3$

② 물체적 $V_w = \dfrac{W_w}{g_w} = \dfrac{0.16}{1} = 0.16\text{m}^3$

③ 시멘트체적 $V_c = \dfrac{W_c}{g_c} = \dfrac{0.32}{3.15} = 0.102\text{m}^3$

3. 모래체적(V_s), 자갈체적(V_g)

① 모래와 자갈 체적 $= V_s + V_g = 1 - (V_a + V_w + V_c)$

$$= 1 - (0.01 + 0.16 + 0.102) = 0.728\text{m}^3$$

② 모래체적(V_s)

물시멘트비(W/C)는 중량비이나 잔골재율$\left(\dfrac{S}{A}\right)$은 부피비이다.

$$잔골재율\left(\frac{S}{A}\right) = \frac{모래\,(Sand)}{골재\,(Aggregate)} = \frac{모래\,(Sand)}{모래\,(Sand) + 자갈\,(Graval)} = 40\% = 0.4$$

$$\frac{S}{A} = \frac{V_s}{V_s + V_g} = \frac{V_s}{0.728} = 0.4 \quad \therefore \ V_s = 0.291 \text{m}^3$$

③ 자갈체적(V_g)

$$V_s + V_g = 0.728 \text{m}^3 \quad V_g = 0.437 \text{m}^3$$

4. 모래중량(W_s), 자갈중량(W_g)

① 모래중량 $W_s = V_s \times g_s = 0.291 \times 2.6 = 0.757 \text{t/m}^3 = 757 \text{kg/m}^3$

② 자갈중량 $W_g = V_g \times g_g = 0.437 \times 2.6 = 1.136 \text{t/m}^3 = 1{,}136 \text{kg/m}^3$

이상을 정리하면 다음 표와 같다.

재료	부피 $V\,(\text{m}^3)$	비중(g)	중량 $W\,(\text{t/m}^3)$
공기(A)	0.01		
물(W)	0.16	1	0.16
시멘트(C)	0.102	3.15	0.32
모래(S)	0.291	2.6	0.757
자갈(G)	0.437	2.6	1.136
합계	1m^3		2.37t/m^3

문제 19

1. 콘크리트량

① 기둥(C_1) 1층 $= 0.3 \times 0.3 \times (3.3 - 0.13) \times 9개 = 2.568 \text{m}^3$

2층 $= 0.3 \times 0.3 \times (3 - 0.13) \times 9개 = 2.325 \text{m}^3$

② 보(G_1)　1층 $= 0.3 \times 0.47 \times 5.7 \times 6개 = 4.822 \text{m}^3$

2층 $= 0.3 \times 0.47 \times 5.7 \times 6개 = 4.822 \text{m}^3$

　(G_2)　1층 $= 0.3 \times 0.47 \times 4.7 \times 6개 = 3.976 \text{m}^3$

2층 $= 0.3 \times 0.47 \times 4.7 \times 6개 = 3.976 \text{m}^3$

③ 슬래브(S_1) 1층 $= 12.3 \times 10.3 \times 0.13 = 16.470 \text{m}^3$

2층 $= 12.3 \times 10.3 \times 0.13 = 16.470 \text{m}^3$

∴ 콘크리트 물량 = 기둥 + 보 + 슬래브 $= 55.429 \text{m}^3 \rightarrow 55.43 \text{m}^3$

2. 거푸집 면적

   ① 기둥(C_1) 1층 = 2(0.3+0.3) × (3.3−0.13) × 9개 = 34.236m²

            2층 = 2(0.3+0.3) × (3−0.13) × 9개 = 30.996m²

   ② 보(G_1)   1층 = 0.47 × 2 × 5.7 × 6개 = 32.148m²

             2층 = 0.47 × 2 × 5.7 × 6개 = 32.148m²

      (G_2)   1층 = 0.47 × 2 × 4.7 × 6개 = 26.508m²

             2층 = 0.47 × 2 × 4.7 × 6개 = 26.508m²

   ③ 슬래브(S_1) 1층 = (12.3 × 10.3) + 2(12.3+10.3) × 0.13 = 132.566m²

               2층 = (12.3 × 10.3) + 2(12.3+10.3) × 0.13 = 132.566m²

   ∴ 거푸집 면적 = 기둥 + 보 + 슬래브 = 447.676m² → 447.68m²

문제 20

결과에 원인이 어떻게 관계하고 있는가를 한눈에 알 수 있도록 작성한 그림

문제 21

$$f_{ck} = \frac{P}{A} = \frac{P}{\dfrac{\pi D^2}{4}} = \frac{400 \times 10^3}{\dfrac{\pi \times 150^2}{4}} = 22.635 \text{N/mm}^2 = 22.635 \text{MPa}$$

문제 22

$\sum H = 0 : H_A = 0$

$\sum V = 0 : -\left(\dfrac{1}{2} \times 3 \times 2\right) + V_A = 0 \quad \therefore V_A = 3\text{kN}$

$\sum M_A = 0 : 12 - \left(\dfrac{1}{2} \times 3 \times 2\right) \times \left(3 \times \dfrac{1}{3} + 3\right) + M_A = 0 \quad \therefore M_A = 0$

$\therefore H_A = 0, \ V_A = 3\text{kN}, \ M_A = 0$

문제 23

$w = 1.0w_D + 1.0w_L$

$= 1 \times 10 + 1 \times 20 = 30\text{kN/m} = 30\text{N/mm}$

$\delta_{\max} = \dfrac{5wL^4}{384EI} = \dfrac{5 \times 30 \times (7 \times 10^3)^4}{384 \times 205,000 \times 4,870 \times 10^4} = 93.94\text{mm}$

문제 24

① 1.0

② 1.3

문제 25

① 최대 휨 모멘트

$M_{\max} = \dfrac{wL^2}{8} = \dfrac{5 \times 12^2}{8} = 90\text{kN} \cdot \text{m}$

② 균열 모멘트 및 균열 발생 여부 판정

$M_{cr} = Z \times f_r = \dfrac{bh^2}{6} \times 0.63\lambda\sqrt{f_{ck}}$

$= \dfrac{200 \times 600^2}{6} \times 0.63 \times 1 \times \sqrt{24} = 37.036\text{kN} \cdot \text{m}$

∴ $M_{\max} > M_{cr}$ 이므로 균열이 발생한다.

문제 26

① SN 강재 : 내진성과 용접성을 강화시킨 강재지만, 두께 40mm 초과 시 항복강도가 저감됨
② TMCP 강재 : 두께 40mm 이상에서도 항복강도가 거의 저하되지 않음

문제 01

① 부대입찰제도 : 건설업계의 하도급 계열화를 촉진하고자 입찰자로 하여금 하도급자와의 계약서를 첨부하여 입찰하도록 하는 방식

② 대안입찰제도 : 발주기관이 제시하는 원안설계에 대하여 동등 이상의 기능 및 효과를 가진 신공법, 신기술, 공기단축 등이 반영된 설계를 대안으로 제시하여 입찰하는 방식

문제 02

① 조립설치 용이
② 구조적 안정성 확보 용이
③ 사고 위험성이 낮음

문제 03

① 장점 : • 인접건물에 근접시공이 가능하다.
  • 소음 · 진동이 적다.
  • 강성이 높아 주변침하의 악영향이 적다.
  • 차수성이 크다.
  • 형상, 치수가 자유롭다.

② 단점 : • 공사비가 고가이다.
  • 콘크리트 타설 시 품질관리에 유의해야 한다.
  • 수평방향의 연속성이 부족하다.
  • 고도의 경험과 기술이 필요하다.
  • Joint부의 구조적 처리가 미흡하다.

문제 04

점토질 지반의 대표적인 탈수공법으로 지반지름 40~60cm 구멍을 뚫고 모래를 넣은 후, 성토 및 기타 하중을 가하여 점토질 지반을 압밀함으로써 탈수하는 공법

문제 05

① 강한 타격에도 견디며 다져진 중간지층의 관통도 가능하다.

② 지지력이 크고 이음이 강하고 안전하다.

③ 길이 조절이 용이하고 경량이므로 운반취급이 간단하다.

④ 상부구조와 결합이 용이하다.

⑤ 부식되기 쉬우며 재료비가 고가이다.

문제 06

① 도시 :

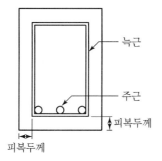

② ㉮ 정의 : 콘크리트 표면에서 제일 외측에 가까운 철근 표면까지의 치수

㉯ 목적 : • 내화성

• 내구성(방청)

• 시공상 유동성 확보

• 적절한 응력 전달

문제 07

① 슬럼프가 클수록

② 부배합일수록

③ 부어넣기 속도가 빠를수록

④ 벽 두께가 두꺼울수록

⑤ 습도가 높을수록

⑥ 온도가 낮을수록

⑦ 다짐이 과다할수록

⑧ 거푸집 강성이 클수록

⑨ 철골 또는 철근량이 적을수록

① 2　　② 3　　③ 3　　④ 6

화재 시 급격한 고온에 의해서 내부 수증기압이 발생하고, 이 수증기압이 콘크리트 인장강도보다 크게 되면, 콘크리트 부재 표면이 심한 폭음과 함께 박리 및 탈락하는 현상

① 프리텐션(Pre-tension) 방식 : PS강재에 미리 인장력을 가한 상태로 콘크리트를 넣고 경화한 후에 인장력을 풀어주는 방법
② 포스트텐션(Post-tension) 방식 : 콘크리트 타설, 경화 후 미리 묻어둔 쉬스(Sheath) 내에 PS강 재를 삽입하여 긴장시키고 정착한 다음 그라우팅하는 방법

전체둘레 현장용접

㉮ : ①, ④, ⑦　　　　　　㉯ : ②, ③, ⑧　　　　　　㉰ : ⑤, ⑥

① 타설공법 : 콘크리트, 경량 콘크리트
② 조적공법 : 콘크리트 블록, 경량 콘크리트 블록, 돌, 벽돌
③ 미장공법 : 철망 모르타르, 철망 펄라이트 모르타르

드라이브 핀(Drive Pin)

문제 **15**

① 390 × 190 × 190(mm)
② 390 × 190 × 150(mm)
③ 390 × 190 × 100(mm)

문제 **16**

① 섬유포화점 이상에서는 강도가 일정함
② 섬유포화점 이하에서는 함수율에 따른 강도의 변화가 급속히 이루어짐

문제 **17**

① 열가소성 수지 : 염화비닐수지, 초산비닐수지, 아크릴수지, 폴리에틸렌수지, 폴리스티렌수지
② 열경화성 수지 : 실리콘수지, 에폭시수지, 페놀수지, 멜라민수지, 요소수지, 폴리우레탄수지, 폴리에스테르수지

문제 **18**

1. 공정표

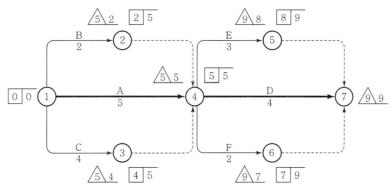

2. 여유시간

작업	TF	FF	DF	CP
A	0	0	0	*
B	3	3	0	
C	1	1	0	
D	0	0	0	*
E	1	1	0	
F	2	2	0	

문제 19

②, ⑤, ④, ③, ①

문제 20

1. 터파기량
$$V = 17.6 \times 12.6 \times 6.5 = 1,441.44 \text{m}^3$$

2. 기초 구조부 체적(G.L 이하)
   ① 잡석량 + 밑창콘크리트
   $$S_1 = 15.6 \times 10.6 \times 0.3 = 49.608 \text{m}^3$$
   ② 지하실
   $$S_2 = 15.2 \times 10.2 \times 6.2 = 961.248 \text{m}^3$$
   $$S = S_1 + S_2 = 1,010.86 \text{m}^3$$

3. 되메우기량
   $$V - S = 1,441.44 - 1,010.86 = 430.58 \text{m}^3$$

4. 잔토처리량
   $$S' = S \times 1.2 = 1,010.86 \times 1.2 = 1,213.03 \text{m}^3$$

문제 21

$$\sum H = 0 : H_A - H_B = 0$$
$$\sum V = 0 : V_A - 6 + V_B = 0$$
$$\sum M_B = 0 : V_A \times 4 - 6 \times 3 = 0$$
$$\therefore V_A = 4.5 \text{kN}, \quad V_B = 1.5 \text{kN}$$

$$\sum M_C = 0 : \ V_A \times 2 - H_A \times 3 - 6 \times 1 = 0$$

$$\therefore \ H_A = 1\text{kN}, \ H_B = 1\text{kN}$$

$$\therefore \ V_A = 4.5\text{kN}, \ H_A = 1\text{kN}$$

문제 22

$$f_b = \frac{M_{\max}}{Z} = \frac{(12 \times 10^3) \times 150}{\dfrac{150 \times 150^2}{6}} = 3.2\text{N/mm}^2 = 3.2\text{MPa}$$

문제 23

① A지점의 처짐각

$$\theta_A = \frac{Pl^2}{16EI} = \frac{(30 \times 10^3) \times (6 \times 10^3)^2}{16 \times (206 \times 10^3) \times (1.6 \times 10^8)}$$

$$= 0.002\text{rad}$$

② C점의 최대처짐량

$$\delta_c = \frac{Pl^3}{48EI} = \frac{(30 \times 10^3) \times (6 \times 10^3)^3}{48 \times (206 \times 10^3) \times (1.6 \times 10^8)}$$

$$= 4.096\text{mm}$$

문제 24

① 0.004   ② 2

문제 25

① 3   ② 450

문제 26

$$A_n = A_g - n \cdot d \cdot t$$

$$= (200 - 7) \times 7 - 2 \times 22 \times 7$$

$$= 1{,}043\text{mm}^2$$

문제 01

① 고정관념의 제거
② 사용자 중심의 사고
③ 기능중심의 접근
④ 조직적 노력

문제 02

① LCC : 건물의 초기 건설비로부터 유지관리, 해체에 이르는 건축물의 전생애(Life Cycle)에 소요되는 총비용(Total Cost)으로서 건물의 경제성 평가에 기준이 된다.
② VE : 최저의 비용(Cost)으로 제품이나 서비스에서 요구되는 기능(Function)을 확실히 달성하도록 공사를 관리하는 원가절감기법

문제 03

공사 중에 높낮이의 기준이 되도록 건축물 인근에 설치하는 것

문제 04

① 페이퍼 드레인(Paper Drain) : 점토지반에서 모래 대신 합성수지로 된 Card Board를 사용하여 탈수하는 공법
② 생석회 공법 : 연약한 점토층에 생석회 말뚝을 박아서 생석회가 흡수 팽창하는 원리를 이용하여 연약 지반 중의 수분을 탈수하는 공법

① 흙막이벽의 타입깊이를 늘린다.
② 웰포인트로 지하수위를 낮춘다.

문제 06

① 강판접착공법
② 앵커접합공법
③ 탄소섬유판 접착공법
④ 단면증가공법

문제 07

운반거리, 품질관리, 제조능력

문제 08

① • 석회질(시멘트, 석회)
   • 규산질(규석, 규사슬러그, 플라이 애시)
② 발포제(알루미늄 분말) 첨가

문제 09

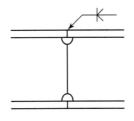
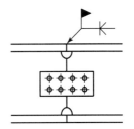

문제 10

① 습식공법 : 콘크리트나 모르타르와 같이 물을 혼합한 재료를 타설 또는 미장 등의 공법으로 부착하는 내화피복공법

② 습식공법의 종류와 사용재료

- 뿜칠공법 : 뿜칠암면, 뿜칠 모르타르, 뿜칠 플라스터
- 타설공법 : 콘크리트, 경량 콘크리트
- 미장공법 : 철망 모르타르, 철망 펄라이트 모르타르
- 조적공법 : 콘크리트 블록, 경량 콘크리트 블록, 돌, 벽돌

문제 11

스터드 볼트(Stud Bolt)

문제 12

① 소성이 잘된 벽돌을 사용한다.
② 줄눈 모르타르에 방수제를 혼합하고 밀실하게 사춤시킨다.
③ 벽면에 비막이를 설치한다.
④ 벽면에 파라핀 도료 등을 발라 방수처리를 한다.

문제 13

에폭시 접착제

문제 14

② → ⑤ → ④ → ① → ③

문제 15

수지, 건성유, 건조제

① 메탈라스 : 얇은 철판에 자름금을 내어 당겨 늘린 것으로 미장바름에 사용
② 펀칭메탈 : 얇은 철판에 각종 모양을 도려낸 것으로 장식용, 라디에이터 등에 사용

문제 **17**

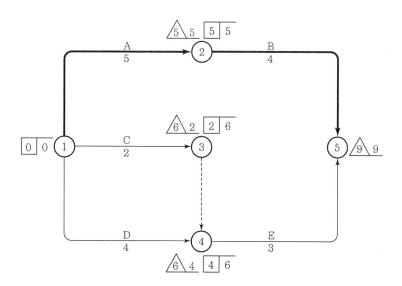

문제 **18**

1. Con'c량 : $0.5 \times 0.8 \times (9-0.7) + \dfrac{1}{2} \times 1.0 \times 0.3 \times 0.5 \times 2 - 3.47\text{m}^3$

2. 거푸집면적 ① 옆면 : $\left\{ 0.68 \times (9-0.7) + \dfrac{1}{2} \times 1.0 \times 0.3 \times 2 \right\} \times 2 = 11.888\text{m}^2$

　　　　　② 밑면 : $0.5 \times (9-1.0-1.0-0.7) + \sqrt{1.0^2 + 0.3^2} \times 0.5 \times 2 = 4.194\text{m}^2$

　　　　　∴ 합계 16.08m^2

문제 **19**

표준형 벽돌 1.5B의 정미량은 224장/m²이므로
∴ 벽면적 $= 1,000 \div 224 = 4.46\text{m}^2$

공극률 $= \dfrac{(G \times 0.999) - M}{G \times 0.999} \times 100 = \dfrac{(2.65 \times 0.999) - 1.6}{2.65 \times 0.999} \times 100\% = 39.56\%$

(여기서, G : 비중, M : 단위용적중량)

① 평균인장강도 $= \left(\dfrac{37,200 + 40,570 + 38,150}{\dfrac{\pi \times 14^2}{4}} \right) \div 3 = 251.01\text{MPa}$

② 판정 : 합격 ($\because$ 251.01MPa > 240MPa)

sin 법칙 이용

$\dfrac{1}{\sin 30°} = \dfrac{T}{\sin 90°}$

$T = 2\text{kN}$

$I_X = I_{x_0} + A y^2$

$\quad = \dfrac{600 \times 200^3}{12} + (600 \times 200) \times 200^2 = 5,200,000,000 \text{mm}^4$

① $f_y = 400\text{MPa}$ 이하일 때 $\rho = 0.002$ 적용

② $A_s = \rho \cdot b \cdot d = 0.002 \times 1,000 \times 250 = 500\text{mm}^2$

③ $n = \dfrac{A_s}{a_1} = \dfrac{500}{127} = 3.93 = 4$개

$$\varepsilon_t = \frac{d_t - c}{c} \times \varepsilon_c$$

$$= \frac{550 - 250}{250} \times 0.003 = 0.0036$$

ε_t가 $0.002 < \varepsilon_t < 0.005$이므로 변화구간 지배단면이며

$$\phi = 0.65 + (\varepsilon_t - 0.002) \times \frac{200}{3}$$

$$= 0.65 + (0.0036 - 0.002) \times \frac{200}{3}$$

$$= 0.76$$

$$\lambda_f = \frac{(200/2)}{13} = 7.69$$

$$\lambda_w = \frac{400 - 2 \times 13 - 2 \times 16}{8} = 42.75$$

문제 01

① 대리인형 CM(CM for free) : 프로젝트 전반에 걸쳐 발주자의 컨설턴트 역할만을 수행하는 공사관리 계약방식
② 시공자형 CM(CM at risk) : 직접 공사를 수행하거나 전문시공자와 계약을 맺어 공사 전반을 책임지는 공사관리 계약방식

문제 02

BTL(Build Transfer Lease) 방식

문제 03

① 오거 보링   ② 수세식 보링
③ 충격식 보링   ④ 회전식 보링

문제 04

① 공벽 붕괴 방지   ② 지하수 유입 차단
③ 굴착부의 마찰저항 감소

문제 05

① 건물 경사계(Tilt Meter) ② 지표면 침하계(Level and Staff)
③ 지중 경사계(Inclino Meter) ④ 지중 침하계(Extension Meter)
⑤ 변형률계(Strain Gauge) ⑥ 하중계(Load Cell)
⑦ 토압계(Earth Pressure Meter) ⑧ 간극수압계(Piezometer)
⑨ 지하수위계(Water Level Meter)

문제 06

① 기초 : 건물의 상부 하중을 지반에 안전하게 전달시키는 구조부분
② 지정 : 기초를 보강하거나 지반의 지지력을 증가시키기 위한 구조부분

문제 07

① 겹침이음 ② 용접이음 ③ 기계적 이음

문제 08

① 물시멘트비가 적은 밀실한 콘크리트를 사용
② 방청제를 사용하거나 염소이온을 적게 한다.
③ 콘크리트 표면에 수밀성이 높은 마감(라이닝 등)을 실시
④ 피복두께를 충분히 확보
⑤ 방청철근(에폭시수지 도장, 아연도금)을 사용

문제 09

Pre Cooling

문제 10

① 합성섬유 ② 강섬유 ③ 유리섬유 ④ 탄소섬유

문제 **11**

① 맞댄용접(Groove Welding)
② 모살용접(Fillet Welding)

문제 **12**

① 용어 : 스칼럽(Scallop)
② 도시 :

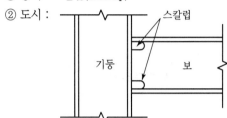

문제 **13**

철골보와 콘크리트 바닥판을 일체화시키기 위해 설치하는 전단력을 부담하는 역할

문제 **14**

① 핀 주각　　　　　　② 고정 주각　　　　　　③ 매입형 주각

문제 **15**

고층 건물에서 건축구조물의 높이가 증가함에 따라 발생하는 기둥의 축소변위량으로 구조물의 안전성은 물론 건축마감재, 엘리베이터, 설비 등에 변형을 유발하며 건물의 기능 및 사용성을 저해한다.

문제 **16**

① 사춤모르타르 불충분
② 치장줄눈의 불완전 시공
③ 이질재 접촉부
④ 물흘림, 물끊기 및 빗물막이의 불완전
⑤ 벽돌 또는 블록을 쌓을 때 비계장선 구멍의 메우기를 불충분히 했을 때

구체방수공법

유리의 중앙부와 주변부와의 온도차로 인한 팽창성 차이가 응력을 발생시켜 유리가 파손되는 현상

1. 단축한 네트워크 공정표

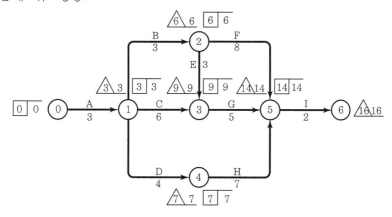

2. 총공사 금액

　추가공사비 : 2B+3D+1E+2F+3G+2H=27,500

　∴ 총공사비＝정상공기 시 공사비＋추가공사비＝66,000＋27,500＝93,500

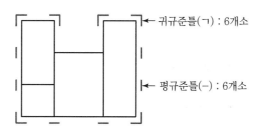

귀규준틀(ㄱ) : 6개소

평규준틀(一) : 6개소

문제 21

① 10m² 면적에 50cm 두께로 돋우기한 다짐상태의 체적 : $10\text{m}^2 \times 0.5\text{m} = 5\text{m}^3$

② 다짐상태의 흙 5m³을 흐트러진 상태로 환산 : $5\text{m}^3 \times \dfrac{1.2}{0.9} = 6.67\text{m}^3$

③ 시공완료된 후 흐트러진 상태로 남는 흙의 양 : $10\text{m}^3 - 6.67\text{m}^3 = 3.33\text{m}^3$

문제 22

⑥ → ④ → ⑤ → ③ → ② → ①

문제 23

$$\text{인장강도} = \frac{2P}{\pi d l} = \frac{2 \times 100{,}000}{\pi \times 300 \times 500} = 0.42\text{MPa}$$

문제 24

① 전단력

$$\sum V = 0 : \quad V_A - 3 - 4 - 2 = 0$$
$$V_A = 9$$
$$\therefore \ V_C = 9 - 3 = 6\text{kN}$$

② 휨모멘트

$$\sum M_A = 0 : \quad M_A + 3 \times 3 + 4 \times 6 + 2 \times 8 = 0$$
$$M_A = -49$$
$$\therefore \ M_C = -49 + 9 \times 4 - 3 \times 1 = -16\text{kN} \cdot \text{m}$$

문제 25

① $l_{db} = \dfrac{0.25 d_b f_y}{\lambda \sqrt{f_{ck}}} = \dfrac{0.25 \times 22 \times 400}{1 \times \sqrt{24}} = 449.07\text{mm}$

② $l_{db} = 0.043 d_b f_y = 0.043 \times 22 \times 400 = 378.4\text{mm}$

∴ ①, ② 중 최대값인 449.07mm

철근량 = 전체철근량 $\times \dfrac{2}{1+ \text{변장비}}$

$$A_s{}' = A_s \times \frac{2}{1+\lambda} = 3{,}000 \times \frac{2}{1+\dfrac{3}{2}} = 2{,}400\,\text{mm}^2$$

문제 01

민간이 자금조달을 하여 시설을 준공한 후 소유권을 정부에 이전하되, 정부의 시설임대료를 통해 투자비를 회수하는 민간투자사업 계약방식

문제 02

① 에너지 소비 및 온실 가스배출 저감계획
② 자원의 효율적인 관리계획
③ 작업장 대지 및 대지·주변의 환경관리계획
④ 수자원 관리계획

문제 03

톱다운 공법은 토공사에 앞서 지상 1층 바닥슬래브를 선시공하여 작업공간으로 활용하여 협소한 부지를 넓게 쓸 수 있다.

문제 04

① 파워 셔블   ② 클램셸

① 정의 : 지반을 천공하여 철근 또는 강봉 등을 삽입하고 그라우팅하여 형성된 직경 300mm 이하의 소구경 말뚝
② 장점 : • 시공 시 주변 지반 교란 최소화
　　　　 • 시공조건과 토질에 관계없이 시공 가능
　　　　 • 기존 말뚝의 대안 또는 기존 구조물 보강 등 적용범위가 다양

온도변화에 따른 콘크리트의 수축으로 생긴 균열을 최소화하기 위한 철근

① 슬라이딩 폼(Sliding Form) : 콘크리트를 부어 넣으면서 거푸집을 연속적으로 끌어올려 Silo, 굴뚝 등 단면 형상의 변화가 없는 구조물에 사용되는 거푸집
② 터널 폼(Tunnel Form) : 벽과 바닥의 콘크리트 타설을 일체화하기 위한 ㄱ자 또는 ㄷ자형의 기성재 거푸집으로 아파트 공사에 주로 사용되는 거푸집

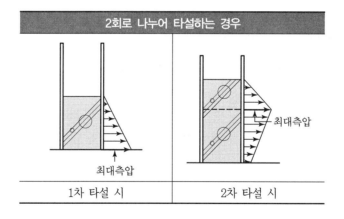

문제 **09**

화재 시 급격한 고온에 의해서 내부 수증기압이 발생하고, 이 수증기압이 콘크리트 인장강도보다 크게 되면, 콘크리트 부재 표면이 심한 폭음과 함께 박리 및 탈락하는 현상

문제 **10**

100mm

문제 **11**

① 전단절단   ② 톱절단   ③ 가스절단

문제 **12**

① 숙련공이 필요
② 용접 결함에 대한 검사가 어려움

문제 **13**

벽표면에서 침투하는 빗물에 의해 모르타르 중의 석회분이 유출되어 공기 중의 탄산가스와 결합하여 벽돌벽의 표면에 백색의 미세한 물질이 생기는 현상

문제 **14**

① 침재법   ② 증재법   ③ 훈재법
④ 자재법   ⑤ 열기건조법

문제 **15**

① 로이(Low-E) 유리 : 열적외선을 반사하는 은소재 도막으로 코팅하여 방사율과 열관류율을 낮추고 가시광선 투과율을 높인 유리
② 단열간봉 : 복층 유리의 간격을 유지하며 열전달을 차단하는 재료

① : ㉮, ㉯, ㉰, ㉲   ② : ㉯, ㉱, ㉳

문제 17

① 손질바름 : 콘크리트, 콘크리트 블록 바탕에서 초벌바름하기 전에 마감두께를 균등하게 할 목적으로 모르타르 등으로 미리 요철을 조정하는 것
② 실러바름 : 바탕 조정, 바름재와 바탕과의 접착력 증진 등을 위해 합성수지 에멀션 희석액 등을 바탕에 바르는 것

문제 18

수지미장

문제 19

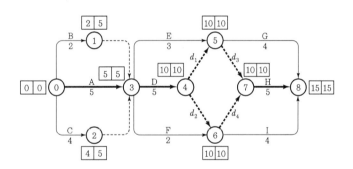

문제 20

① 벽돌량
- 외벽(1.5B) : $2(20+6.5) \times 3.6 - (2.2 \times 2.4 + 0.9 \times 2.4 + 1.8 \times 1.2 \times 3 + 1.2 \times 1.2)$
  $= 175.44\text{m}^2 \times 224\text{매}/\text{m}^2 \times 1.05 = 41{,}263.5 \rightarrow 41{,}264\text{매}$
- 내벽(1.0B) : $(6.5 - 0.29) \times 3.6 - (0.9 \times 2.1)$
  $= 20.466\text{m}^2 \times 149\text{매}/\text{m}^2 \times 1.05 = 3{,}201.9 \rightarrow 3{,}202\text{매}$

∴ $(41{,}264 + 3{,}202) = 44{,}466\text{매}$

② 미장면적
- 외벽 : $2(20.29+6.79) \times 3.6 - (2.2 \times 2.4 + 0.9 \times 2.4 + 1.8 \times 1.2 \times 3 + 1.2 \times 1.2)$
$= 179.616\text{m}^2$
- 내벽(창고 A) : $2(4.76+6.21) \times 3.6 - (0.9 \times 2.4 + 0.9 \times 2.1 + 1.2 \times 1.2)$
$= 73.494\text{m}^2$
  (창고 B) : $2(14.76+6.21) \times 3.6 - (2.2 \times 2.4 + 1.8 \times 1.2 \times 3 + 0.9 \times 2.1)$
$= 137.334\text{m}^2$
$\therefore 179.616 + 73.494 + 137.334 = 390.44\text{m}^2$

문제 21

① 공극률 $= \dfrac{G \times 0.999 - M}{G \times 0.999} \times 100(\%) = \dfrac{2.65 \times 0.999 - 1.8}{2.65 \times 0.999} \times 100 = 31.998\%$

$\therefore 32\%$

② 실적률 $= 100\% - 32\% = 68\%$

※ 실적률 $= \dfrac{M}{G \times 0.999} \times 100(\%) = \dfrac{1.8}{2.65 \times 0.999} \times 100 = 68\%$

문제 22

① 하우트러스
② 프랫트러스

문제 23

① 콘크리트 탄성계수
$E_c = 8,500 \sqrt[3]{f_{cu}} = 8,500 \sqrt[3]{(24+4)} = 25,811\text{MPa}$

② 탄성계수비
$n = \dfrac{E_s}{E_c} = \dfrac{200,000}{25,811} = 7.748 \rightarrow 8$

① $16t_f + b_w = 16 \times 200 + 300 = 3,500$

② 양측 슬래브 중심 간 거리 $= 3,000$

③ $\dfrac{l}{4} = \dfrac{6,000}{4} = 1,500$

위의 산출된 값 중 최소값을 적용하므로

$\therefore \; b_e = 1,500\text{mm}$

$$M_{cr} = Z \times f_r$$

$$= \dfrac{bh^2}{6} \times 0.63\lambda\sqrt{f_{ck}}$$

$$= \dfrac{300 \times 600^2}{6} \times 0.63 \times 1 \times \sqrt{30}$$

$$= 62,111,738\text{N} \cdot \text{mm}$$

$$= 62.112\text{kN} \cdot \text{m}$$

전단중심

문제 01

사회간접시설의 확충을 위해 민간이 시설물을 완성(Build)하여 소유권을 공공부분에 먼저 양도 (Transfer)하고, 그 시설물을 일정기간 동안 운영(Operate)하여 투자금액을 회수하는 방식

문제 02

공사수행능력, 입찰가격, 사회적 책임점수가 높은 자를 낙찰자로 선정하는 제도

문제 03

㉮ 기준점 : 공사 중에 높낮이의 기준이 되도록 건축물 인근에 설치하는 것
㉯ 방호선반 : 작업 중 재료나 공구 등의 낙하로 인한 피해를 방지하기 위하여 강판 등의 재료를 사용하여 비계 내측 및 외측 그리고 낙하물의 위험이 있는 장소에 설치하는 가설물

문제 04

① 소성한계
② 액성한계

문제 05

① 샌드 드레인 공법
② 웰포인트 공법

문제 06

㉮ Trench Cut 공법
㉯ Island Cut 공법

문제 07

철근이 거푸집에 밀착하는 것을 방지하여 피복간격을 확보하기 위한 간격재(굄재)

문제 08

- 골조품질측면 : 수직, 수평 정밀도 우수 및 면처리(견출) 감소
- 해체작업측면 : 폼 탈형의 용이성 증대

문제 09

① 반죽질기(Consistency)
② 시공연도(Workability)

문제 10

① 타격법(슈미트 해머법)
③ 복합법
⑤ 인발법

② 음속법(초음파법)
④ 공진법

문제 11

① 초기강도가 5MPa에 이를 때까지 구조물이 0℃ 이하로 되지 않도록 관리
② 한풍에 의한 온도 저하 유의
③ 초기양생 종료 시 급속한 온도 저하 방지

문제 12

① 아연도 철판을 절곡하여 제작한 바닥(Slab) 콘크리트 타설을 위한 슬래브 하부 거푸집판
② 철골보와 콘크리트 바닥판을 일체화시키기 위해 설치하는 전단력을 부담하는 연결재

문제 13

① 엇모쌓기
② 영롱쌓기

문제 14

① 외부버팀기둥을 구성하는 부재 모든 면
② 급수 및 배수시설에 근접된 목부로서 부식의 우려가 있는 부위
③ 납작마루틀의 멍에 및 장선

문제 15

① 안방수는 수압이 적고 얕은 지하실에, 바깥방수는 수압이 크고 깊은 지하실에 사용한다.
② 안방수는 보호누름이 필요하며, 바깥방수는 없어도 무방하다.
③ 안방수는 공사비가 싸고, 바깥방수는 고가이다.
④ 안방수는 시공이 간단하며, 바깥방수는 시공이 복잡하다.

문제 16

유리의 중앙부와 주변부와의 온도차로 인한 팽창성 차이가 응력을 발생시켜 유리가 파손되는 현상

문제 17

① 예비시험   ② 기밀시험
③ 정압수밀시험   ④ 동압수밀시험
⑤ 구조시험

③ → ① → ② → ④ → ⑤

문제 19

① 공정표

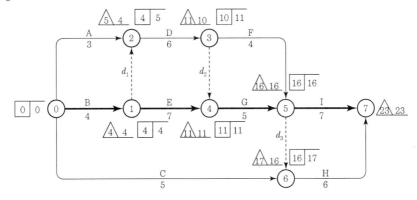

② 여유시간

작업명	TF	FF	DF	CP
A	2	1	1	
B	0	0	0	*
C	12	11	1	
D	1	0	1	
E	0	0	0	*
F	2	2	0	
G	0	0	0	*
H	1	1	0	
I	0	0	0	*

문제 20

① 터파기량 : $V = \dfrac{10}{6}\{(2 \times 60 + 40) \times 50 + (2 \times 40 + 60) \times 30\} = 20,333.33\text{m}^3$

② 운반대수 : $\dfrac{\text{터파기량} \times L}{1\text{대 적재량}} = \dfrac{20,333.33 \times 1.3}{12} = 2,202.7 \rightarrow 2,203\text{대}$

③ 표고 : $\dfrac{\text{터파기량} \times C}{\text{성토면적}} = \dfrac{20,333.33 \times 0.9}{5,000} = 3.66\text{m}$

문제 21

㉮ 히스토그램   ㉯ 파레토도   ㉰ 특성요인도

문제 22

㉮ 흡수율 $= \dfrac{3.95 - 3.6}{3.6} \times 100 = 9.72$

㉯ 표건비중 $= \dfrac{3.95}{3.95 - 2.45} = 2.63$

㉰ 겉보기비중 $= \dfrac{3.6}{3.95 - 2.45} = 2.4$

㉱ 진비중 $= \dfrac{3.6}{3.6 - 2.45} = 3.13$

문제 23

$$f_{ck} = \frac{P}{A} = \frac{P}{\dfrac{\pi D^2}{4}}$$

$$= \frac{400 \times 10^3}{\dfrac{\pi \times 150^2}{4}}$$

$$= 22.635\text{N/mm}^2 = 22.635\text{MPa}$$

문제 24

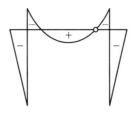

문제 25

㉮ 지판의 최소크기 $(b_1 \times b_2)$

계산과정 : $b_1 = \dfrac{6,000}{6} + \dfrac{6,000}{6} = 2,000\,\mathrm{mm}$

$b_2 = \dfrac{4,500}{6} + \dfrac{4,500}{6} = 1,500\,\mathrm{mm}$

$\therefore\ b_1 \times b_2 = 2,000\,\mathrm{mm} \times 1,500\,\mathrm{mm}$

㉯ 지판의 최소두께

계산과정 : $\dfrac{t_s}{4} = \dfrac{200}{4} = 50\,\mathrm{mm}$

문제 26

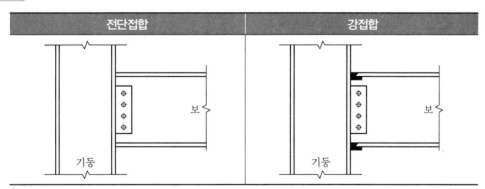

전단접합	강접합

① 전단접합 : H형강의 Web만 볼트 등으로 체결시키고, Flange는 연결시키지 않으므로 접합부가 보의 회전에 대한 저항력을 갖지 못한다.

② 강접합 : H형강의 Web와 Flange를 체결시키므로 접합부가 보의 회전에 대한 저항력을 갖는다.

문제 01

점토질지반의 대표적인 탈수공법으로 지반지름 40~60cm 구멍을 뚫고 모래를 넣은 후, 성토 및 기타 하중을 가하여 점토질지반을 압밀함으로써 탈수하는 공법

문제 02

① 지하와 지상 동시작업으로 공기 단축
② Slab 밑에서 작업하므로 전천후 시공 가능
③ 1층 바닥 선시공으로 작업공간 활용 가능
④ 주변지반 및 인접건물에 악영향 적음
⑤ 소음 및 진동이 적어 도심지 공사에 적합
⑥ 흙막이 안전성이 높음

문제 03

① 토압계 : 흙막이벽 배면
② 하중계 : Strut 또는 Earth Anchor
③ 경사계 : 흙막이벽 또는 배면지반
④ 변형률계 : Strut, 띠장, 각종 강재

문제 04

① 서중   ② 1.5   ③ 35

문제 05

① 내화도료의 도포   ② 내화모르타르의 도포   ③ 유기질 섬유의 혼입

문제 06

① 수화열이 적은 시멘트(중용열 시멘트) 사용
② Pre Cooling, Pipe Cooling 이용
③ 단위시멘트량 저감

문제 07

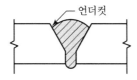 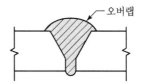

문제 08

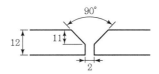

문제 09

① 고정 매입공법   ② 가동 매입공법   ③ 나중 매입공법

문제 10

① 10   ② 화란식
③ 1.2   ④ 1.5
⑤ 3

문제 11

① 소성이 잘 된 벽돌을 사용한다.
② 줄눈 모르타르에 방수제를 혼합하고 밀실하게 사춤시킨다.
③ 벽면에 비막이를 설치한다.
④ 벽면에 파라핀도료 등을 발라 방수처리를 한다.

문제 12

① 방부제 칠하기(도포법) : 방부제(크레오소트, 콜타르 등)를 표면에 바르는 것
② 표면탄화법 : 목재 표면을 불로 태워서 처리하는 것
③ 침지법 : 목재 방부액(크레오소트, PCP)에 장기간 담가 두는 것
④ 가압주입법 : 방부제 용액을 고기압으로 가압주입하는 것

문제 13

⑤ → ① → ② → ③ → ④

문제 14

싱두리판벽

문제 15

① 1
② 2

문제 16

1. 공정표

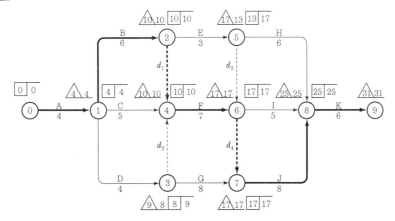

2. 여유시간

작업명	TF	FF	DF	CP
A	0	0	0	*
B	0	0	0	*
C	1	1	0	
D	1	0	1	
E	4	0	4	
F	0	0	0	*
G	1	1	0	
H	6	6	0	
I	3	3	0	
J	0	0	0	*
K	0	0	0	*

문제 17

① 산출근거 : $A = \dfrac{9,000 - 6,000}{4 - 2} = 1,500$원/일

$B = \dfrac{16,000 - 14,000}{15 - 14} = 2,000$원/일

$C = \dfrac{8,000 - 5,000}{7 - 4} = 1,000$원/일

② 작업순서 : $C \rightarrow A \rightarrow B$

문제 18

① 500포 : $A = 0.4 \times \dfrac{500}{12} = 16.67\text{m}^2$

② 1,600포 : $A = 0.4 \times \dfrac{600}{12} = 20\text{m}^2$

③ 2,400포 : $A = 0.4 \times \dfrac{2,400}{12} \times \dfrac{1}{3} = 26.67\text{m}^2$

문제 19

① 옥상방수면적 : $(7 \times 7) + (4 \times 5) + 0.43 \times 2(11+7) = 84.48\text{m}^2$

② 누름콘크리트량 : $\{(7 \times 7) + (4 \times 5)\} \times 0.08 = 5.52\text{m}^3$

③ 보호벽돌량 : $0.35 \times 2\{(11-0.09) + (7-0.09)\} \times 75\text{매/m}^2 \times 1.05 = 982.3 \rightarrow 983\text{매}$

문제 20

히스토그램, 파레토 그림, 특성요인도, 체크시트, 각종 그래프(관리도), 산점도, 층별

문제 21

① 초유동화 콘크리트의 워커빌리티를 측정하는 시험법
② 여러 가지 입자를 포함하는 골재의 평균입경을 대략적으로 나타내는 것

문제 22

$P = k \cdot \Delta L$에서

$\Delta L = \dfrac{PL}{EA}$ 을 대입하면

$k = \dfrac{P}{\Delta L} = \dfrac{P}{\dfrac{PL}{EA}} = \dfrac{EA}{L}$

$$P_{cr} = \frac{\pi^2 EI_{\min}}{(K \cdot L)^2} = \frac{\pi^2 \times 205,000 \times (134 \times 10^4)}{(2 \times 2.5 \times 10^3)^2} = 108,477.21\text{N} = 108.477\text{kN}$$

문제 **24**

$$\lambda = \frac{\xi}{1 + 50\rho'} = \frac{2.0}{1 + 50 \times 0.005} = 1.6$$

$$(\text{압축철근비}(\rho') = \frac{A_s'}{bd} = \frac{1,000}{400 \times 500} = 0.005)$$

장기처짐 = 순간처짐 × λ = 20 × 1.6 = 32mm

∴ 총처짐량 = 순간처짐 + 장기처짐 = 20mm + 32mm = 52mm

문제 **25**

① 주근 지름의 16배 이하 : 16 × 22mm = 352mm 이하

② 띠근 지름의 48배 이하 : 48 × 10mm = 480mm 이하

③ 기둥의 최소폭 이하 : 300mm 이하

∴ ① ② ③ 중 최소값인 300mm

문제 **26**

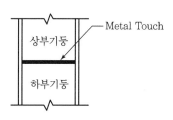

기둥 접합면에 인장력이 생길 우려가 없고, 접합부 단면을 절삭 등으로 밀착하는 경우 압축력과 휨모멘트는 각각 50%씩 접촉면에서 직접 전달되도록 한다.

문제 01

사회간접시설의 확충을 위해서 민간자본으로 시설물을 완성(Build)하고, 그 시설을 일정기간 동안 운영(Operate)하여 투자자금을 회수한 후 발주자에게 그 시설을 양도(Transfer)하는 방식

문제 02

지방업체의 보호정책으로 시공되는 해당지역의 업체만이 입찰에 참가하는 경쟁입찰제도

문제 03

① 바라보기 좋고 공사에 지장이 없는 곳에 설치한다.
② 이동의 염려가 없는 곳에 실지한다.
③ 지반선(G.L)에서 0.5~1m 위에 둔다.
④ 최소 2개소 이상 여러 곳에 표시해 두는 것이 좋다.

문제 04

① 비교적 연약한 토사에 수압을 이용하여 탐사하는 방식으로 물을 파인 흙과 같이 배출·침전시켜 토질을 판정
② 지층의 변화를 연속적으로 비교적 정확히 알고자 할 때 이용하는 방식으로 불교란 시료의 채취가 가능하다.

문제 05

① 사운딩 : 로드에 붙인 저항체를 지중에 넣고 관입, 회전, 빼올리기 등의 저항으로부터 토층의 성상을 탐사하는 방법
② 탐사방법 : 표준관입시험, 베인테스트, 화란식 관입시험, 스웨덴식 사운딩시험

문제 06

점토지반에서 하부지반이 연약할 때 흙막이 바깥에 있는 흙의 중량과 지표면의 적재하중으로 인하여 저면 흙이 붕괴되어 흙막이 바깥에 있는 흙이 안으로 밀려 들어와 불룩하게 되는 현상

문제 07

① 저알칼리(고로슬래그, 플라이애시)시멘트 사용
② 비반응성 골재 사용
③ 수분의 흡수방지
④ 염분의 침투방지
⑤ 콘크리트에 포함되어 있는 알칼리 총량을 저감

문제 08

엔드 탭(End Tab)

문제 09

강관을 기둥의 거푸집으로 하며, 강관 내부에 콘크리트를 채운 합성구조로서 좌굴방지, 내진성 향상, 기둥단면 축소, 휨강성 증대 등의 효과가 있으므로, 초고층건물의 기둥구조물에 유리한 구조

문제 10

① 뿜칠공법   ② 타설공법
③ 미장공법   ④ 조적공법

① 줄기초(연속기초)　　　　　　　　② 190mm
③ 10m　　　　　　　　　　　　　　④ 80m²

㉮ 정의
벽표면에서 침투하는 빗물에 의해 모르타르 중의 석회분이 유출되어 공기 중의 탄산가스와 결합하여
벽돌벽의 표면에 백색의 미세한 물질이 생기는 현상
㉯ 방지대책
① 소성이 잘 된 벽돌을 사용
② 줄눈 모르타르에 방수제를 혼합하고 밀실하게 사춤시킨다.
③ 벽면에 비막이를 설치한다.
④ 벽면에 파라핀도료 등을 발라 방수처리를 한다.

① 방부제 칠하기(도포법)　　　　　② 표면탄화법
③ 침지법　　　　　　　　　　　　④ 주입법(상압주입법, 가압주입법)

① 재의 길이방향으로 부재를 길게 접합하는 것
② 부재를 서로 경사 또는 직각으로 접합하는 것

① 바탕과 시트 사이의 접착 불완전에 따른 균열, 박리 우려
② Sheet 두께가 얇으므로 파손의 우려
③ 내구성이 있는 보호층이 필요

문제 16

구체방수공법

문제 17

① 방진덮개   ② 방진벽   ③ 살수시설

문제 18

1. 표준 네트워크 공정표

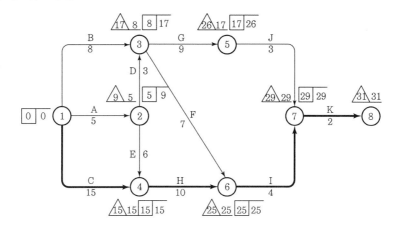

2. 공기단축된 네트워크 공정표

① 공기단축

경로	1차 단축공기	2차 단축공기	3차 단축공기	4차 단축공기
B−G−J−K(22일)	22	22	22	21
B−F−I−K(21일)	21	21	19	18
A−D−G−J−K(22일)	22	22	22	21
A−D−F−I−K(21일)	21	21	19	18
A−E−H−I−K(27일)	24	24	22	21
C−H−I−K(31일)	28	24	22	21
단축작업 및 일수	H−3일	C−4일	I−2일	A, B, C−1일

② 단축된 네트워크 공정표

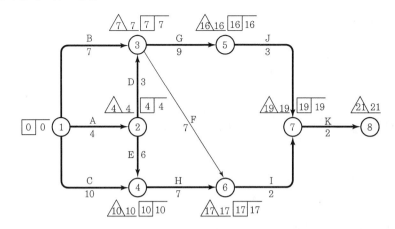

3. 총공사비

추가비용 = A + B + 5C + 3H + 2I

$$= 10,000 + 15,000 + 45,000 + 25,500 + 19,000$$

$$= 114,500$$

∴ 총공사비 = $1,000,000 + 114,500$

$$= 1,114,500원$$

문제 19

• 소요 레미콘 대수 : $\dfrac{0.15 \times 100 \times 6}{6} = 15$대

• 배차간격 : $\dfrac{8 \times 60}{15} = 32$분

문제 20

① 팽창도(%) = $\dfrac{늘어난\ 길이}{유효표점길이} \times 100 = \dfrac{255.78 - 254}{254} \times 100\% = 0.7\%$

② 판정 : 합격(∵ $0.7\% < 0.80\%$)

문제 21

① $Z = \dfrac{bh^2}{6} = \dfrac{b(2b)^2}{6} = \dfrac{4b^3}{6} = \dfrac{2b^3}{3}$

② $D^2 = b^2 + h^2 = b^2 + (2b)^2 = 5b^2$에서 $b = \dfrac{D}{\sqrt{5}}$

$\therefore Z = \dfrac{2}{3}\left(\dfrac{D}{\sqrt{5}}\right)^3 = \dfrac{2\sqrt{5}}{75}D^3$

문제 22

공칭강도에서 최외단 인장철근의 순인장변형률이 인장지배변형률 한계 이상인 단면

문제 23

$\lambda = \dfrac{\xi}{1+50\rho'} = \dfrac{2.0}{1+50\times0} = 2$

장기처짐 = 탄성처짐(즉시처짐) $\times \lambda = 5 \times 2 = 10\text{mm}$

$\therefore$ 총처짐량 = 순간처짐 + 장기처짐 = $5 + 10 = 15\text{mm}$

문제 24

① 큰보(Girder) : 기둥과 기둥에 걸리는 보로 작은보, 중도리 등을 받는 수평부재

작은보(Beam) : 큰보에 얹히는 보로 바닥판, 장선 등을 받는 수평부재

②

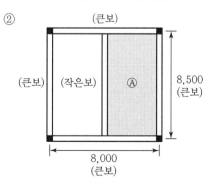

③ 변장비$(\lambda) = \dfrac{\text{장변 스팬}(l_y)}{\text{단변 스팬}(l_x)} = \dfrac{8,500}{4,000} = 2.125 > 2 : 1방향 슬래브$

문제 **25**

① SM : 용접구조용 압연강재
② 355 : 항복강도(MPa)

 문제 **26**

면진구조

문제 01

① 비판금지 : 다른 사람 아이디어에 대해서 절대로 비판하지 않는다.
② 자유분방 : 자유로운 분위기에서 편안하게 발표한다.
③ 질보다 양 : 발언내용의 질에 관계없이 많이 발표한다.
④ 결합과 개선 : 아이디어의 결합과 조합을 통해 개선을 시도한다.

문제 02

민간이 자금조달을 하여 시설을 준공한 후 소유권을 정부에 이전하되, 정부의 시설임대료를 통해 투자비를 회수하는 민간투자사업 계약방식

문제 03

① 소음, 진동이 적다.
② 차수성이 크다.
③ 벽체 강성이 높아 인접건물 근접시공이 가능하다.
④ 신속한 시공이 가능하다.
⑤ 지하연속벽에 비해 가격이 저렴하다.

문제 04

① 용도 : 방사선 차단용
② 사용골재 : 자철광(Magnetite), 중정석(Barite)

문제 05

① 철골부재 용접 시 이음 및 접합부위의 용접선이 교차되어 재용접된 부위가 열영향을 받아 취약해지기 때문에 모재에 부채꼴 모양의 모따기를 한 것

② Blow Hole, Crater 등의 용접결함이 생기기 쉬운 용접 Bead의 시작과 끝지점에 용접을 하기 위해 용접 접합하는 모재의 양단에 부착하는 보조강판

문제 06

① – ㉣　　　　　　　　　　　② – ㉯

③ – ㉰　　　　　　　　　　　④ – ㉮

문제 07

① 히빙 현상 : 점토지반에서 하부 지반이 연약할 때 흙막이 바깥에 있는 흙의 중량과 지표면의 적재하중으로 인해 저면 흙이 붕괴되어 흙막이 바깥에 있는 흙이 안으로 밀려 들어와 불룩하게 되는 현상

② 보일링 현상 : 투수성이 좋은 사질지반에서 흙막이 뒷 벽면의 수위가 높아서 지하수가 흙막이 벽을 돌아서 모래와 같이 솟아오르는 현상

문제 08

① 슬라이딩 폼(Sliding Form) : 콘크리트를 부어 넣으면서 거푸집을 연속적으로 끌어올려 Silo, 굴뚝 등 단면 형상의 변화가 없는 구조물에 사용되는 거푸집

② 터널 폼(Tunnel Form) : 벽과 바닥의 콘크리트 타설을 일체화하기 위한 ㄱ자 또는 ㄷ자형의 기성재 거푸집으로 아파트 공사에 주로 사용되는 거푸집

문제 09

실리카 퓸(Silica Fume)

문제 10

① 강판 접착공법　　　　　　　② 앵커 접합공법

③ 탄소 섬유판 접착공법　　　　④ 단면 증가공법

문제 11

① 표면처리법 : 미세한 균열에 적용되는 공법으로 균열부위에 시멘트 페이스트 등으로 도막을 형성하는 공법
② 주입공법 : 균열 부위에 주입용 파이프를 적당한 간격으로 설치하고 저점성의 에폭시 수지 등을 주입하는 공법

문제 12

① 120　　　　　　　　　　　　　② 150

문제 13

① 공식 : $\tau = c + \sigma \tan \phi$
② 설명
　　τ – 전단강도　　　　　　　c – 점착력
　　$\tan\phi$ – 마찰계수　　　　　ϕ –내부마찰각
　　σ – 파괴면에 수직인 힘

문제 14

① AE제
② 방청제
③ 기포제(발포제)

문제 15

① 원형깔기　　　　　　　② 오늬무늬깔기
③ 바자무늬깔기　　　　　④ 빗깔기
⑤ 일자깔기　　　　　　　⑥ 바둑판깔기
⑦ 마름모깔기　　　　　　⑧ 화문깔기

⑤ → ⑥ → ⑦ → ④ → ① → ② → ③

문제 17

① 공정표

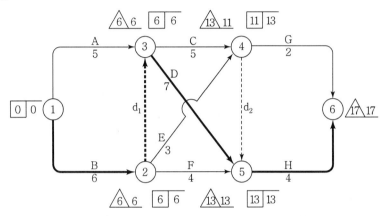

② 여유시간

작업명	TF	FF	DF	CP
A	1	1	0	
B	0	0	0	*
C	2	0	2	
D	0	0	0	*
E	4	2	2	
F	3	3	0	
G	4	4	0	
H	0	0	0	*

문제 18

① 터파기량
$$V = 17.6 \times 12.6 \times 6.5 = 1,441.44 \text{m}^3$$

② 기초 구조부 체적(G.L 이하)
- 잡석량 + 밑창콘크리트
$$S_1 = 15.6 \times 10.6 \times 0.3 = 49.608 \text{m}^3$$
- 지하실
$$S_2 = 15.2 \times 10.2 \times 6.2 = 961.248 \text{m}^3$$
$$S = S_1 + S_2 = 1,010.86 \text{m}^3$$

③ 되메우기량
$$V - S = 1,441.44 - 1,010.86 = 430.58 \text{m}^3$$

④ 잔토처리량
$$S' = S \times 1.2 = 1,010.86 \times 1.2 = 1,213.03 \text{m}^3$$

문제 19

① 옥상방수면적 : $(7 \times 7) + (4 \times 5) + 0.43 \times 2(11 + 7) = 84.48 \text{m}^2$

② 누름콘크리트량 : $\{(7 \times 7) + (4 \times 5)\} \times 0.08 = 5.52 \text{m}^3$

③ 보호벽돌량 : $0.35 \times 2\{(11 - 0.09) + (7 - 0.09)\} \times 75$매$/\text{m}^2 \times 1.05 = 982.3 \rightarrow 983$매

문제 20

문제 21

① $Z = \dfrac{bh^2}{6} = \dfrac{b(2b)^2}{6} = \dfrac{4b^3}{6} = \dfrac{2b^3}{3}$

② $D^2 = b^2 + h^2 = b^2 + (2b)^2 = 5b^2$에서 $b = \dfrac{D}{\sqrt{5}}$

$\therefore Z = \dfrac{2}{3} \left(\dfrac{D}{\sqrt{5}} \right)^3 = \dfrac{2\sqrt{5}}{75} D^3$

문제 22

(A)의 최대휨모멘트 = (B)의 최대휨모멘트

$\dfrac{wl^2}{8} = \dfrac{Pl}{4}$

$\dfrac{10 \times 8^2}{8} = \dfrac{P \times 8}{4}$ 이므로

$P = 40\text{kN}$

문제 23

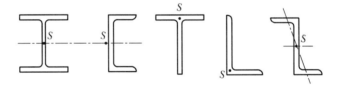

문제 24

$\sigma_{\max} = -\dfrac{P}{A} - \dfrac{M}{Z}$

$= -\dfrac{36 \times 10^3}{600 \times 600} - \dfrac{(36 \times 10^3) \times 1,000}{\dfrac{600 \times 600^2}{6}} = -1.1\text{N/mm}^2 = -1.1\text{MPa}$

문제 01

① - ㉑   ② - ㉒
③ - ㉓   ④ - ㉔

문제 02

1. 습식공법 : 콘크리트나 모르타르와 같이 물을 혼합한 재료를 타설 또는 미장 등의 공법으로 부착하는
   내화피복공법
2. 종류와 사용재료
   ① 뿜칠공법 : 뿜칠암면, 뿜칠 모르타르, 뿜칠 플라스터
   ② 타설공법 : 콘크리트, 경량 콘크리트
   ③ 미장공법 : 철망 모르타르, 철망 펄라이트 모르타르
   ④ 조적공법 : 콘크리트 블록, 경량 콘크리트 블록, 돌, 벽돌

문제 03

① 수화열이 적은 시멘트(중용열 시멘트) 사용
② Pre Cooling, Pipe Cooling 이용
③ 단위시멘트량 저감

문제 04

① 불도저(Bulldozer) : 운반거리 50~60m 이내의 배토작업
② 앵글도저(Angle Dozer) : 산허리 등을 깎는 데 유용, 배토판 30° 회전 가능
③ 그레이더(Grader) : 정지작업(땅고르기, 노면정리)에 적당
④ 스크레이퍼(Scraper) : 토사의 운반과 100~150m의 중거리 정지공사에 적당

① 수경성 재료
- 순석고 플라스터
- 경석고 플라스터
- 배합석고 플라스터
- 시멘트 모르타르

② 기경성 재료
- 진흙
- 돌로마이트 플라스터
- 회반죽

① V(Value) : 가치   ② F(Function) : 기능   ③ C(Cost) : 비용

① 스캘럽 : 철골부재 용접 시 이음 및 접합부위의 용접선이 교차되어 재용접된 부위가 열영향을 받아 취약해지기 때문에 모재에 부채꼴 모양의 모따기를 한 것
② 뒷댐재 : 맞댄용접을 한 면으로만 실시하는 경우에 충분한 용입을 확보하고, 용융금속의 용락을 방지할 목적으로 동종 또는 이종의 금속판을 루트 뒷면에 받치는 것

① 워커빌리티가 우수하다.
③ 강도(휨, 인장, 전단, 장기)가 뛰어나다.
⑤ 내약품성이 뛰어나다.
⑦ 크리프가 적다.
② 블리딩 및 재료분리에 대한 저항성이 우수하다.
④ 내동결융해성, 내후성이 양호하다.
⑥ 건조수축이 감소한다.

① 물·시멘트비가 적은 밀실한 콘크리트를 사용한다.
② 방청제를 사용하거나 염소이온을 적게 한다.
③ 콘크리트 표면에 수밀성이 높은 마감(라이닝 등)을 실시한다.
④ 피복두께를 충분히 확보한다.
⑤ 방청철근(에폭시수지 도장, 아연도금)을 사용한다.

① 수직철근공법   ② 슬라이드 공법
③ 볼트조임공법   ④ 커버플레이트공법

문제 11

① 베인 테스트(Vane Test)   ② 아스팔트 컴파운드

문제 12

① Mullion System, Panel System, Cover System
② Unit Wall 방식, Stick Wall 방식, Window Wall 방식

문제 13

유리의 중앙부와 주변부와의 온도차로 인한 팽창성 차이가 응력을 발생시켜 유리가 파손되는 현상

문제 14

㉮ → ㉣ → ㉯ → ㉰

문제 15

① 압입식 공법   ② 수사식 공법
③ 프리보링 공법   ④ 중굴공법

문제 16

탑다운 공법은 토공사에 앞서 지상 1층 바닥슬래브를 선시공하여 작업공간으로 활용하여 협소한 부지를 넓게 쓸 수 있다.

문제 17

① 벽끝

② 모서리

③ 교차부

④ 문꼴 주위

문제 18

① 공정표

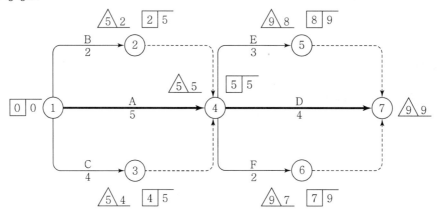

② 여유시간

작업명	TF	FF	DF	CP
A	0	0	0	*
B	3	3	0	
C	1	1	0	
D	0	0	0	*
E	1	1	0	
F	2	2	0	

문제 19

$$Q = \frac{3,600 \times q \times k \times f \times E}{Cm} = \frac{3,600 \times 2 \times 0.7 \times 1.25 \times 0.6}{5 \times 60} = 12.6 \mathrm{m^3/hr}$$

문제 20

① 벽돌량
- 외벽(1.5B) : $2(20+6.5)\times3.6-(2.2\times2.4+0.9\times2.4+1.8\times1.2\times3+1.2\times1.2)$
  $=175.44\text{m}^2\times224\text{매}/\text{m}^2\times1.05=41,263.5\rightarrow41,264\text{매}$
- 내벽(1.0B) : $(6.5-0.29)\times3.6-(0.9\times2.1)=20.466\text{m}^2\times149\text{매}/\text{m}^2\times1.05$
  $=3,201.9\rightarrow3,202\text{매}$
- $\therefore\ (41,264+3,202)=44,466\text{매}$

② 미장면적
- 외벽 : $2(20.29+6.79)\times3.6-(2.2\times2.4+0.9\times2.4+1.8\times1.2\times3+1.2\times1.2)$
  $=179.616\text{m}^2$
- 내벽(창고 A) : $2(4.76+6.21)\times3.6-(0.9\times2.4+0.9\times2.1+1.2\times1.2)=73.494\text{m}^2$
  (창고 B) : $2(14.76+6.21)\times3.6-(2.2\times2.4+1.8\times1.2\times3+0.9\times2.1)=137.334\text{m}^2$
- $\therefore\ 179.616+73.494+137.334=390.44\text{m}^2$

문제 21

① 파레토도 : 불량 등 발생건수를 분류 항목별로 나누어 크기 순서대로 나열해 놓은 그림으로 불량의 원인 파악 용이
② 특성요인도 : 결과에 원인이 어떻게 관계하고 있는가를 한눈에 알 수 있도록 작성한 그림
③ 층별 : 집단을 구성하는 많은 Data를 어떤 특징에 따라 몇 개의 부분 집단으로 나눈 것
④ 산점도 : 서로 대응하는 2개의 짝으로 된 데이트를 그래프에 점으로 나타낸 그림

문제 22

① 주근지름의 16배 이하
   $16\times22\text{mm}=352\text{mm}$ 이하
② 띠근지름의 48배 이하
   $48\times10\text{mm}=480\text{mm}$ 이하
③ 기둥의 최소폭 이하
   300mm 이하
$\therefore$ ①, ②, ③ 중 최솟값인 300mm

$$M_{OA} = 10 \times \frac{1}{1+1+2} = 2.5\text{kN} \cdot \text{m}$$

$$\therefore M_{AO} = 2.5\text{kN} \cdot \text{m} \times \frac{1}{2} = 1.25\text{kN} \cdot \text{m}$$

$$I_X = \frac{300 \times 600^3}{12} + (300 \times 600) \times 300^2 = 2.16 \times 10^{10}\text{mm}^4$$

$$I_Y = \frac{600 \times 300^3}{12} + (600 \times 300) \times 150^2 = 5.4 \times 10^9\text{mm}^4$$

$$\therefore \frac{I_X}{I_Y} = \frac{2.16 \times 10^{10}}{5.4 \times 10^9} = 4$$

① 균형철근비(ρ_b)

$$\rho_b = 0.85\beta_1 \cdot \frac{f_{ck}}{f_y} \cdot \frac{600}{600 + f_y}$$

$$= 0.85 \times 0.85 \times \frac{27}{300} \times \frac{600}{600 + 300}$$

$$= 0.04335$$

② 최대철근량

최대철근비($\rho_{\max}$)

$$\rho_{\max} = 0.85\beta_1 \cdot \frac{f_{ck}}{f_y} \cdot \frac{d_t}{d} \cdot \frac{0.003}{0.003 + \varepsilon_{a\min}}$$

$$= 0.85 \times 0.85 \times \frac{27}{300} \times \frac{750}{750} \times \frac{0.003}{0.003 + 0.004}$$

$$= 0.02786$$

∴ 최대철근량($A_{s\max}$)

$$= \rho_{\max} \cdot b \cdot d = 0.02786 \times 500 \times 750$$

$$= 10,450.446\text{mm}^2$$

문제 01

① 가새   ② 버팀대   ③ 귀잡이

문제 02

① → ② → ④ → ⑤ → ③ → ⑥

문제 03

① Rock Anchor를 기초 저면 암반까지 정착시킨다.
② 부력에 대항하도록 구조물의 자중을 증대시킨다.
③ 배수공법을 이용하여 지하수위를 저하시킨다.
④ 마찰말뚝을 이용하여 마찰력을 증대시킨다.
⑤ 인접건물에 긴결시켜 수압상승에 대처한다.
⑥ Braket을 설치하여 상부 매립토 하중으로 수압에 저항한다.

문제 04

가수 후 발열하지 않고 10~20분에 굳어졌다가 다시 묽어지며 이후 순조롭게 경화되는 현상으로 이중응결이라고도 한다.

문제 05

① 장애물로 회전이 불가능한 경우
② Jib가 대지 경계선을 넘어갈 경우

문제 06

① 장점
- 준불연재료
- 방화성이 우수
- 단열성이 우수
- 가공이 용이

② 단점
- 내수성이 낮아 습기에 약함
- 접착제 시공 시 온도, 습도에 의한 동절기 작업 우려
- 못 사용 시 녹막이 필요

문제 07

① 합성섬유
③ 유리섬유
② 강섬유
④ 탄소섬유

문제 08

① 1층 : 아스팔트 프라이머
③ 3층 : 아스팔트 펠트
⑤ 5층 : 아스팔트 루핑
⑦ 7층 : 아스팔트 루핑
② 2층 : 아스팔트
④ 4층 : 아스팔트
⑥ 6층 : 아스팔트
⑧ 8층 : 아스팔트

문제 09

① 타격방향에 대한 보정
③ 응력상태에 따른 보정
② 재령에 대한 보정
④ 건조상태에 따른 보정

문제 10

설계볼트장력은 고력볼트의 설계 시 허용전단력을 구하기 위해서 사용되며 현장시공에서는 설계볼트장력보다 큰 표준볼트장력을 목표로 설계볼트장력에 10%를 할증한 표준볼트장력으로 조임을 실시한다.

문제 11

① 사전조사　　　　　　　② 예비조사　　　　　　　③ 추가조사

문제 12

고층 건물에서 건축구조물의 높이가 증가함에 따라 발생하는 기둥의 축소변위량으로 구조물의 안전성은 물론 건축마감재, 엘리베이터, 설비 등에 변형을 유발하며 건물의 기능 및 사용성을 저해한다.

문제 13

① 뉴머틱 해머 (라)　　　　　　② 진 폴 (다)
③ 드리프트 핀 (나)　　　　　　④ 임팩트 렌치 (가)

문제 14

① BOT 방식　　　　　　② BOO 방식
③ BTO 방식　　　　　　④ 성능발주방식

문제 15

콘크리트 타설 윗면으로부터 최대측압이 생기는 지점까지의 거리

문제 16

① 작업분류체계(WBS ; Work Breakdown Structure)
② 조직분류체계(OBS ; Organization Breakdown Structure)
③ 원가분류체계(CBS ; Cost Breakdown Structure)

문제 17

① 예민비 : 흙을 이김에 의해 약해지는 정도로서 '자연시료의 강도 / 이긴 시료'의 강도이다.
② 지내력 시험 : 지반에 하중을 가하여 지반의 지지력을 파악하기 위한 재하시험(Loading Test)으로 평판재하시험, 말뚝재하시험 등이 있다.

문제 18

④ - ② - ③ - ①

문제 19

②, ⑤, ⑥

문제 20

① 공정표

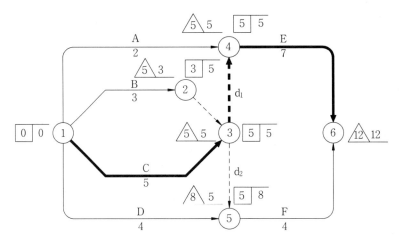

② 여유시간

작업명	TF	FF	DF	CP
A	3	3	0	
B	2	2	0	
C	0	0	0	*
D	4	1	3	
E	0	0	0	*
F	3	3	0	

쌍줄비계면적 : $A = (\sum l + 8 \times 0.9) \times H$

$\qquad\qquad = \{2(18+12) + 7.2\} \times 13.5$

$\qquad\qquad = 907.2 \text{m}^2$

① 앵글량(kg)
- L$-65 \times 65 \times 6$: $(6.65 \times 2 + 7.65 \times 2 + 3.7) \times 2 \times 5.91 = 381.79$kg
- L$-50 \times 50 \times 6$: $(1.2 + 2.3 + 2.45 + 3.1) \times 2 \times 2 \times 4.43 = 160.37$kg

② 플레이트(PL-6)량

$\{(0.3 \times 0.4 + 0.3 \times 0.3 + 0.5 \times 0.4 + 0.35 \times 0.35 + 0.4 \times 0.4) \times 2(양쪽) + 0.7 \times 0.5$

$+ 0.4 \times 0.4\} \times 46.1 = 87.36$kg

$\sum H = 0$: $H_A - H_B = 0$

$\sum V = 0$: $V_A - P + V_B = 0$

$\sum M_B = 0$: $V_A \times l - P \times \dfrac{3}{4}l = 0$

$\qquad\qquad \therefore V_A = \dfrac{3P}{4}$

$\sum M_c = 0$: $V_A \times \dfrac{l}{2} - P \times \dfrac{l}{4} - H_A \times h = 0$

$\qquad\qquad \therefore H_A = \dfrac{Pl}{8h}$

$\therefore V_A = \dfrac{3P}{4}$, $H_A = \dfrac{Pl}{8h}$

① 비례한계점   ② 탄성한계점
③ 상위항복점   ④ 하위항복점
⑤ 최고강도점   ⑥ 파괴강도점
⑦ 탄성영역   ⑧ 소성영역
⑨ 변형도 경화영역   ⑩ 파괴영역

m=n+s+r-2k에서

   =3+4+2-2×5=-1차

불안정 구조이므로 휨모멘트도가 존재하지 않음

① A지점의 처짐각

$$\theta_A = \frac{Pl^2}{16EI} = \frac{(30 \times 10^3) \times (6 \times 10^3)^2}{16 \times (206 \times 10^3) \times (1.6 \times 10^8)} = 0.002\,\text{rad}$$

② C점의 최대처짐량

$$\delta_C = \frac{Pl^3}{48EI} = \frac{(30 \times 10^3) \times (6 \times 10^3)^3}{48 \times (206 \times 10^3) \times (1.6 \times 10^8)} = 4.096\,\text{mm}$$

$$\lambda = \frac{l_k}{r_{\min}} = \frac{l_k}{\sqrt{\dfrac{I_{\min}}{A}}} = \frac{1.0 \times l}{\sqrt{\dfrac{\dfrac{200 \times 150^3}{12}}{200 \times 150}}} = 150$$

   ∴ $l = 6,495\text{mm} = 6.495\text{m}$

문제 01

① - ㉔   ② - ㉕   ③ - ㉓

문제 02

① 메탈라스 : 얇은 철판에 자름금을 내어 당겨 늘린 것으로 미장바름에 사용
② 펀칭메탈 : 얇은 철판에 각종 모양을 도려낸 것으로 장식용, 라디에이터 등에 사용

문제 03

① 구조
　강관을 기둥의 거푸집으로 하여, 강관 내부에 콘크리트를 채운 합성구조로서, 좌굴방지, 내진성
　향상, 기둥 단면 축소, 휨강성 증대 등의 효과가 있으므로, 초고층 건물의 기둥구조물에 유리한 구조
② 장점
　• 충전 콘크리트가 강관에 구속되어 내력 및 연성 향상
　• 철근, 거푸집 공사의 축소로 인한 현장 작업의 절약으로 생산성 향상
③ 단점
　• 내화성능이 우수하나 별도의 내화피복 필요
　• 콘크리트의 충전성에 대한 품질검사 곤란

문제 04

① 오버 랩   ② 언더 컷
③ 슬래그 감싸들기   ④ 블로 홀

문제 05

① 주요 화합물
- 규산 이석회(2CaO · SiO₂)
- 규산 삼석회(3CaO · SiO₂)
- 알루민산 삼석회(3CaO · Al₂O₃)
- 알루민산철 사석회(4CaO · Al₂O₃ · FC₂O₃)

② 28일 이후 장기강도에 관여하는 화합물
규산 이석회(2CaO · SiO₂)

문제 06

① 2중 널말뚝공법
② 현장타설 콘크리트 말뚝공법
③ 강재 말뚝공법
④ 모르타르 및 약액주입법

문제 07

① 다시비빔(Remixing) : 콘크리트나 모르타르가 아직 굳지 않았지만 비비고 나서 상당 시간이 경과한 후이거나 재료가 분리된 경우에 다시 비비는 것
② 되비빔(Retempering) : 콘크리트나 모르타르가 엉기기 시작한 것을 다시 비비는 것

문제 08

①, ③, ④

문제 09

① 용도 : 방사선 차단용
② 사용골재 : 자철광(Magnetite), 중정석(Barite)

문제 10

① 시공 시나 시공 완료 후 기온이 5℃ 이하가 되면 작업중단할 것
② 콘크리트 또는 모르타르 바탕은 평탄하게 마무리할 것

① 예비시험   ② 기밀시험

③ 정압수밀시험   ④ 동압수밀시험

⑤ 구조시험

① 프리텐션 방식 : PS 강재에 미리 인장력을 가한 상태로 콘크리트를 넣고 경화한 후에 인장력을 풀어 주는 방법

② 포스트텐션 방식 : 콘크리트 타설, 경화 후 미리 묻어둔 쉬스(Sheathe) 내에 PS 강재를 삽입하여 긴장시키고 정착한 다음 그라우팅하는 방법

① 광명단   ② 산화철 녹막이 도료

③ 징크로메이트 도료   ④ 아연분말 도료

① 도막방수 : 도료상의 방수제를 여러 번 칠하여 상당한 두께의 방수막을 형성하는 공법

② 시트방수 : 합성고무 또는 합성수지를 주성분으로 하는 시트 1겹을 접착제로 바탕에 붙여서 방수층을 형성하는 공법

㉮ 프라이머 칠하기   ㉯ 시트 붙이기   ㉰ 마무리

① 방부제 칠하기(도포법) : 방부제(크레오소트, 콜타르 등)를 표면에 바르는 것

② 표면 탄화법 : 목재 표면을 불로 태워서 처리하는 것

③ 침지법 : 목재 방부액(크레오소트, PCP)에 장기간 담가두는 것

④ 가압 주입법 : 방부제 용액을 고기압으로 가압 주입하는 것

슬럼프시험, 흐름시험, 비비시험, 리몰딩시험

① 표준 네트워크 공정표

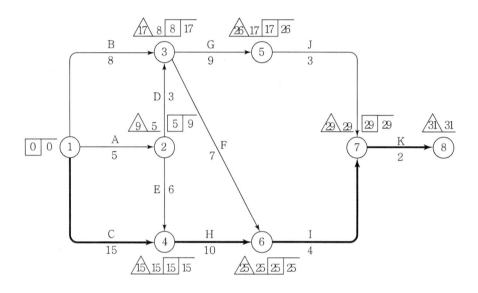

② 공기단축된 네트워크 공정표

[공기단축]

경 로	1차 단축공기	2차 단축공기	3차 단축공기	4차 단축공기
B−G−J−K(22일)	22	22	22	21
B−F−I−K(21일)	21	21	19	18
A−D−G−J−K(22일)	22	22	22	21
A−D−F−I−K(21일)	21	21	19	18
A−E−H−I−K(27일)	24	24	22	21
C−H−I−K(31일)	28	24	22	21
단축작업 및 일수	H−3일	C−4일	I−2일	A, B, C−1일

[단축된 네트워크 공정표]

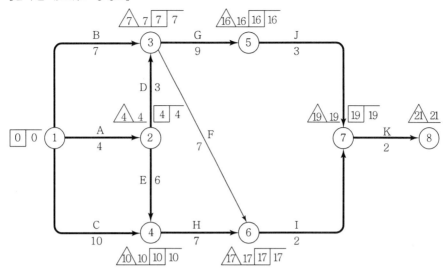

③ 총 공사비

추가비용 = A + B + 5C + 3H + 2I = 10,000 + 15,000 + 45,000 + 25,500 + 19,000 = 114,500

∴ 총 공사비 = 1,000,000 + 114,500 = 1,114,500원

문제 19

① 철근량

D16 : $4 \times 9 \times 2 \times 1.56 = 112.32$kg

D13 : $\sqrt{(4^2 + 4^2)} \times 3 \times 2 \times 0.995 = 33.77$kg

∴ 철근량 : $112.32 + 33.77 = 146.09$kg

② 콘크리트량

$4 \times 4 \times 0.4 + \dfrac{0.4}{6}\{(2 \times 4 + 0.6) \times 4 + (2 \times 0.6 + 4) \times 0.6\} = 8.9$m^3

③ 거푸집량

$0.4 \times 2(4 + 4) = 6.4$m^2

문제 20

① 콘크리트량
- 기둥(C_1)　1층 $= 0.3 \times 0.3 \times (3.3 - 0.13) \times 9개 = 2.568\text{m}^3$

　　　　　　2층 $= 0.3 \times 0.3 \times (3 - 0.13) \times 9개 = 2.325\text{m}^3$

- 보(G_1)　1층 $= 0.3 \times 0.47 \times 5.7 \times 6개 = 4.822\text{m}^3$

　　　　　2층 $= 0.3 \times 0.47 \times 5.7 \times 6개 = 4.822\text{m}^3$

　(G_2)　1층 $= 0.3 \times 0.47 \times 4.7 \times 6개 = 3.976\text{m}^3$

　　　　　2층 $= 0.3 \times 0.47 \times 4.7 \times 6개 = 3.976\text{m}^3$

- 슬래브(S_1) 1층 $= 12.3 \times 10.3 \times 0.13 = 16.470\text{m}^3$

　　　　　　　2층 $= 12.3 \times 10.3 \times 0.13 = 16.470\text{m}^3$

∴ 콘크리트 물량 = 기둥 + 보 + 슬래브 $= 55.429\text{m}^3 \rightarrow 55.43\text{m}^3$

② 거푸집 면적
- 기둥(C_1)　1층 $= 2(0.3 + 0.3) \times (3.3 - 0.13) \times 9개 = 34.236\text{m}^2$

　　　　　　2층 $= 2(0.3 + 0.3) \times (3 - 0.13) \times 9개 = 30.996\text{m}^2$

- 보(G_1)　1층 $= 0.47 \times 2 \times 5.7 \times 6개 = 32.148\text{m}^2$

　　　　　2층 $= 0.47 \times 2 \times 5.7 \times 6개 = 32.148\text{m}^2$

　(G_2)　1층 $= 0.47 \times 2 \times 4.7 \times 6개 = 26.508\text{m}^2$

　　　　　2층 $= 0.47 \times 2 \times 4.7 \times 6개 = 26.508\text{m}^2$

- 슬래브(S_1) 1층 $= (12.3 \times 10.3) + 2(12.3 + 10.3) \times 0.13 = 132.566\text{m}^2$

　　　　　　　2층 $= (12.3 \times 10.3) + 2(12.3 + 10.3) \times 0.13 = 132.566\text{m}^2$

∴ 거푸집 면적 = 기둥 + 보 + 슬래브 $= 447.676\text{m}^2 \rightarrow 447.68\text{m}^2$

문제 21

$$공극률 = \frac{(\text{G} \times 0.999) - \text{M}}{\text{G} \times 0.999} \times 100 = \frac{(2.65 \times 0.999) - 1.6}{2.65 \times 0.999} \times 100\% = 39.56\%$$

$\sum M_B = 0$에서

$V_A \times 8 - (20 \times 4) \times \left(4 \times \dfrac{1}{2} + 4\right) = 0$

$\therefore \ V_A = 60 \text{kN}$

구하고자 하는 위치는 전단력이 0이 되는 지점이므로

$V_x = V_A - w \cdot x = 0$

$\quad = 60 - 20 \cdot x = 0$

$\therefore \ x = 3\text{m}$

문제 23

$I_X = I_{x_0} + Ay^2$

$\quad = \dfrac{bd^3}{12} + (b \times d) \times \left(\dfrac{d}{4}\right)^2$

$\quad = \dfrac{7bd^3}{48}$

문제 24

최대전단력 $V_{\max} = \dfrac{P}{2} = \dfrac{200}{2} = 100\text{kN}$

$\therefore$ 최대전단응력 $\tau_{\max} = K \cdot \dfrac{V_{\max}}{A} = \dfrac{3}{2} \times \dfrac{100 \times 10^3}{300 \times 500} = 1\text{N/mm}^2 - 1\text{MPa}$

문제 25

① $a = \dfrac{A_s \cdot f_y}{0.85 \cdot f_{ck} \cdot b} = \dfrac{2,000 \times 400}{0.85 \times 30 \times 1,500} = 20.92\text{mm}$

② $f_{ck} > 28\text{MPa}$인 경우 : $\beta_1 = 0.85 - 0.007(f_{ck} - 28) = 0.836$

③ $c = \dfrac{a}{\beta_1} = \dfrac{20.92}{0.836} = 25.02\text{mm}$

문제 01

① 장점
- 신장성, 내후성, 접착성이 우수
- 상온 시공으로 복잡한 장소의 시공이 용이
- 공기가 짧으며 내약품성이 우수

② 단점
- 바탕과 시트 사이의 접착 불완전에 따른 균열, 박리 우려
- Sheet 두께가 얇으므로 파손의 우려
- 내구성 있는 보호층이 필요

문제 02

① 제치상 콘크리트   ② 매스(Mass) 콘크리트   ③ 고강도 콘크리트

문제 03

① 블리딩 : 아직 굳지 않은 시멘트풀, 모르타르 및 콘크리트 윗면에 물이 스며오르는 현상
② 레이턴스 : 콘크리트를 부어넣은 후 블리딩 수의 증발에 따라 그 표면에 발생하는 백색의 미세한 물질

문제 04

① 부대입찰제도 : 건설업계의 하도급 계열화를 촉진하고자 발주자가 입찰자로 하여금 하도급자와의 계약서를 첨부하여 입찰하도록 하는 방식
② 대안입찰제도 : 발주기관이 제시하는 원안설계에 대하여 동등 이상의 기능 및 효과를 가진 신공법, 신기술, 공기단축 등이 반영된 설계를 대안으로 제시하여 입찰하는 방식

문제 05

① 건조 공기층을 사이에 두고 판유리를 이중으로 접합하여 테두리를 둘러서 밀봉한 것으로, 단열 · 방음 · 결로 방지에 유리하다.
② 일반 서랭 유리를 연화점 부근까지 재가열한 후 찬 공기로 강화유리보다 서서히 냉각하여 제조한 반강화유리로 파손 시 유리가 이탈하지 않아 고층건축물 사용 시 적합한 유리

문제 06

① 이음 : 재의 길이 방향으로 부재를 길게 접합하는 것
② 맞춤 : 부재를 서로 경사 또는 직각으로 접합하는 것

문제 07

① 스페이서 : 슬래브에 배근되는 철근이 거푸집에 밀착되는 것을 방지하기 위한 간격재(굄재)
② 온도조절 철근 : 온도 변화에 따른 콘크리트의 수축으로 생긴 균열을 최소화하기 위한 철근

문제 08

① Top Down 공법에 비해 지하의 환기 · 조명 양호
② 철골과 RC Slab가 띠장 역할을 하므로 구조적으로 안정
③ 기초 완료 후 지상과 지하 동시 시공 가능
④ 구조체 철골 간격이 가설재 간격보다 넓어 작업공간 확보
⑤ 공기단축 및 시공성 향상으로 원가 절감

문제 09

① Pr : 보행 등에 견딜 수 있는 보호층이 필요한 방수층(Protected)
② Mi : 최상층에 모래 붙은 루핑을 사용한 방수층(Mineral Surfaced)
③ Al : 바탕이 ALC 패널용의 방수층(Alc)
④ Th : 방수층 사이에 단열재를 삽입한 방수층(Thermal Insulated)
⑤ In : 실내용 방수층(Indoor)

화재 시 급격한 고온에 의해서 내부 수증기압이 발생하고, 이 수증기압이 콘크리트 인장강도보다 크게 되면, 콘크리트 부재 표면이 심한 폭음과 함께 박리 및 탈락하는 현상

① 지지각 분리방식   ② 지지각 일체방식
③ 조정 지지각방식   ④ 트렌치 구성방식

① - 라   ② - 마
③ - 다   ④ - 바

① 바탕처리 : 요철 또는 변형이 심한 개소를 고르게 덧바르거나 깎아 내어 마감두께가 균등하게 되도록 조정하는 것
② 덧먹임 : 바르기의 접합부 또는 균열의 틈새, 구멍 등에 반죽된 재료를 밀어넣어 때우는 것

$$공극률 = \frac{(G \times 0.999) - M}{G \times 0.999} \times 100 = \frac{(2.65 \times 0.999) - 1.6}{2.65 \times 0.999} \times 100\% = 39.56\%$$

(여기서, G : 비중, M : 단위용적중량)

① 접합유리 : 2장 이상의 판유리를 투명한 합성수지로 겹붙여 댄 것
② 로이 유리 : 열적외선을 반사하는 은소재 도막으로 코팅하여 방사율과 열관류율을 낮추고 가시광선 투과율을 높인 유리

공사발주 시 기술능력 우위업체를 선정하기 위한 방법으로 기술능력이 우수한 3개 업체를 선정하여
기술능력 점수가 우수한 업체 순으로 예정가격 내에서 입찰가를 협상하여 계약하는 방식

① 콘크리트의 시공성 확보
② 재료분리 방지
③ 소요강도 확보

① 표준 네트워크 공정표

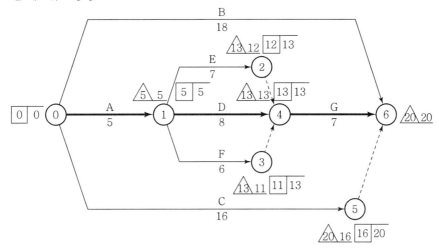

② 표준공기시 총 공사비

170,000 + 300,000 + 320,000 + 200,000 + 110,000 + 120,000 + 150,000 = 1,370,000원

③ 4일 단축된 총 공사비

경로	1차 단축공기	2차 단축공기	3차 단축공기	4차 단축공기
B(18일)	18	18	17	16
A−E−G(19일)	19	18	17	16
A−D−G(20일)	19	18	17	16
A−F−G(18일)	18	17	16	15
C(16일)	16	16	16	16
단축작업 및 일수	D−1일	G−1일	B, G−1일	A, B−1일

추가비용＝A＋2B＋D＋2G＝40,000＋2×30,000＋30,000＋2×35,000＝200,000원

∴ 총 공사비＝1,370,000＋200,000＝1,570,000원

문제 19

① 넘버링 더미(Numbering Dummy) ② 로지컬 더미(Logical Dummy)
③ 커넥션 더미(Connection Dummy) ④ 타임 랙 더미(Time Lag Dummy)

문제 20

- 상부근 : (6＋40×0.022×2)×3＝23.28m
- 하부근 : (6＋25×0.022×2)×3＝21.3m
- 벤트근 : (6＋40×0.022×2＋0.414×0.5×2)×2＝16.348m
- ∴ 전체 주근량 : (23.28＋21.3＋16.348)×3.04＝185.22kg

문제 21

① 지판의 최소크기($b_1 \times b_2$)

계산과정 : $b_1 = \dfrac{6,000}{6} + \dfrac{6,000}{6} = 2,000mm$

$b_2 = \dfrac{4,500}{6} + \dfrac{4,500}{6} = 1,500mm$

∴ $b_1 \times b_2 = 2,000mm \times 1,500mm$

② 지판의 최소두께

계산과정 : $\dfrac{t_s}{4} = \dfrac{200}{4} = 50mm$

철근량 = 전체철근량 × $\dfrac{2}{1+변장비}$

$A_s' = A_s \times \dfrac{2}{1+\lambda} = 3{,}000 \times \dfrac{2}{1+\dfrac{3}{2}} = 2{,}400\,\text{mm}^2$

문제 23

$A_n = A_g - n \cdot d \cdot t$

$\quad = (200-7) \times 7 - 2 \times 22 \times 7$

$\quad = 1{,}043\,\text{mm}^2$

문제 24

- $M_{\max} = \dfrac{wl^2}{8} = \dfrac{30 \times 8^2}{8} = 240\,\text{kN} \cdot \text{m} = 240 \times 10^6\,\text{N} \cdot \text{mm}$

- $Z = \dfrac{bh^2}{6} = \dfrac{200 \times 300^2}{6} = 3 \times 10^6\,\text{mm}^3$

- $\sigma_{\max} = \dfrac{M_{\max}}{Z} = \dfrac{240 \times 10^6}{3 \times 10^6} = 80\,\text{N/mm}^2 = 80\,\text{MPa}$

∴ 최대휨응력 : 80MPa

문제 25

$m = n + s + r - 2k$

$\quad = 9 + 17 + 20 - 2 \times 14$

$\quad = 18차\ 부정정$

저자약력

김우식
- 한양대학교 공과대학 졸업
- 공학박사
- 한양대학교 공과대학 대학원 겸임교수
- 한국건축시공기술사협회 회장
- 국민안전처 안전위원
- 제2롯데월드 아쿠아리움 정부합동안전점검단
- 기술고등고시합격
- 국가직 건축기좌(시설과장)
- 국가공무원 7급, 9급 시험출제위원
- 국토교통부 주택관리사보 시험출제위원
- 한국산업인력공단 검정사고예방협의회 위원
- 브니엘고, 브니엘여고, 브니엘예술중·고등학교 이사장
- 새누리당 중앙위원(교육분과 부위원장)
- 건축시공기술사 / 건축구조기술사 / 건설안전기술사
- 토목시공기술사 / 토질기초기술사 / 품질시험기술사

이중호
- (대구)현대건축토목학원장
- [성안당] 건축설비, 건축법규
- [세진사] 건축산업기사
- [청운] 건축기사실기

유민수
- 부산건축토목학원 대표강사

길잡이

건축기사 실기
15개년 과년도 문제풀이

발행일 | 2017년 5월 30일 초판발행
2021년 2월 10일 개정1판1쇄
2022년 2월 20일 개정2판1:

저 자 | 김우식 · 이중호 · 유민수
발행인 | 정용수

발행처 | 예문사

주 소 | 경기도 파주시 직지길 460(출판도시) 도서출판 예문사
T E L | 031) 955 – 0550
F A X | 031) 955 – 0660
등록번호 | 11 – 76호

정가 : 28,000원

ISBN 978–89–274–4408–4 13540